Restaurieren wie die Profis

Die „Ente" restaurieren: eine anspruchsvolle Aufgabe gerade für junge Leute. Carolin und Vincent jedenfalls machen sich voller Enthusiasmus ans Werk. Und auch sie fangen an mit Rostlöser und Schraubendreher. Aber als dieser 1965er 2 CV AZAM dann zerlegt ist, zeigen sich überall blühende Rostlandschaften. Danach heißt es: Haltung bewahren!

PAUL FRAYSSE • PHILIPPE SAUVAT

RESTAURIEREN WIE DIE PROFIS

1000 Tipps für die professionelle Oldtimer-Restaurierung von den Achsen bis zum Auspuff

So wird's gemacht
Special

MOTOR
FAHRWERK
KAROSSERIE
INTERIEUR

SCHNEIDER MEDIA

Impressum

Titel der französischen Originalausgabe: „Techniques de Restauration“, Pixel Press Studio, F-78870 Bailly.

Umschlaggestaltung
Dr. Valentin Schneider

Übersetzung aus dem Französischen
Gabriele Schneider

Herstellung
Gestaltung, Redaktion:
Hans-Jürgen Schneider
Lektorat: Gabriele und Valentin Schneider
Digitale Produktion: Vincent Schneider

Druck und Verarbeitung
Offizin Andersen Nexö GmbH, Leipzig

Vertrieb
Delius Klasing Verlag GmbH, Siekerwall 21, D-33602 Bielefeld; Tel. 0521/5590, Fax: 0521/559113; E-Mail: info@delius-klasing.de

Verlag
SCHNEIDER MEDIA UK LTD.
E-Mail: info@schneider-text.com
Website: www.schneider-text.com

ISBN D, A, CH
978-3-7688-5811-3

Printed in Germany

MIX
Papier aus verantwortungsvollen Quellen
FSC® C012425
FSC www.fsc.org

Inhalt

Bildnachweis

Bildnachweis
1253 Fotos (inkl. Umschlagrückseite) stammen von Sven Larsson und dem französischen Oldtimer-Magazin „Gazoline"/DR.

Weitere Fotos von:
BMW AG/Prospekt: S. 186/1
Daimler AG/Grafik: S.181/1
Mike Jordan: S. 118/1
Hans J. Schneider (gesamt 75 Fotos; Seite/Anzahl):
Cover/1, S. 2/1, S. 6/1, S. 8/1, S. 9/1, S. 10/1, S.16/1, S. 22/1, S. 28/1, S. 39/1, S. 40/1, S. 43/9, S. 44/1, S. 47/1, S. 55/3, S. 63/5, S. 64/1, S. 72/1, S. 79/3, S. 80/1, S. 91/7, S. 92/1, S. 93/1, S. 101/1, S. 102/1, S. 103/1, S. 104/2, S. 105/2, S. 107/1, S. 112/1, S. 115/1, S. 116/1, S. 121/1, S. 122/1, S. 123/1, S. 125/1, S. 128/1, S. 140/1, S. 141/1, S. 143/1, S. 150/1, S. 154/1, S. 164,1, S. 168/1, S. 174/1, S. 182/1, S. 183/1, S. 184/1, S. 192/1, S. 203/1, S. 216/1

Vorwort

Wer sich zum ersten Mal daranmacht, einen Oldtimer zu restaurieren, steht meist vor unüberwindbaren Problemen: Wie organisiert man die Zerlegung des Wagens, wie werden Lager, Wellen, Antriebsaggregate demontiert, revidiert und wieder eingebaut? Was ist zu tun, wenn der Rost Teile der Karosserie zerfressen hat, und wie geht das überhaupt, das Einschweißen von Blechteilen? Und wenn der Rohbau wieder steht, was muß bei Grundierung und Lackierung beachtet werden?

Die französischen Fachjournalisten Philippe Sauvat und Paul Fraysse haben seit den 1990er Jahren zahlreiche Klassiker restauriert und ihre Arbeit bis ins Detail dokumentiert. Dieser reiche Erfahrungsschatz kommt diesem Buch zugute, das auf 216 Seiten und anhand von fast 1400 Farbfotos zeigt, wie's gemacht wird.

Es hätte allerdings den Rahmen dieser Publikation gesprengt, alle denkbaren Restaurierungsarbeiten zu beschreiben – dazu ist die Vielfalt der Modelle, Motoren, Karosserien und Fahrwerke einfach zu groß. Es bleiben daher noch genügend Themen übrig für einen Folgeband, den wir in absehbarer Zeit zu realisieren gedenken.

Viel Erfolg beim Schrauben, Schleifen, Schweißen und Lackieren!

Hans-Jürgen Schneider (Herausgeber)
Normandie, Oktober 2014

1

Dokumentation, Vorbereitung

Sehr gesucht und teuer gehandelt werden edle Klassiker wie dieser Mercedes 220 S des Typs W 111/2, wie er von 1959 bis 1965 produziert wurde. Fahrzeuge in perfektem und originalem Zustand sind meist auch sehr gut dokumentiert. Bei Daimler, aber auch bei BMW oder Porsche kann man zudem ein Auslieferunsgzertifikat anfordern.

Fotos, Notizen, Original-Dokumente

Für eine erfolgreiche Restaurierung braucht man einen langen Atem. Das Projekt beginnt lange bevor die erste Schraube ausgedreht wird! Ein Großteil des späteren Erfolgs beruht auf einer präzisen Arbeitsvorbereitung. Das fängt bei der Durchsicht von Dokumenten an und geht bis zu genauen handschriftlichen Notizen, Zeichnungen, Fotos.

1 Notizblock, Kugelschreiber und Fotoapparat sind ebenso wichtig wie das Werkzeug zur Demontage. Mit den Notizen wird die Restaurierung leichter!

2 Die Zusammenstellung aller Dokumente zu Ihrem Auto wie Reparatur-Handbuch, Teile-Katalog, Wartungsaufzeichnungen, TÜV-Zettel usw. ist die Basis für eine erfolgreiche Restaurierung.

Ein Auto auseinandernehmen und die Einzelteile in einer Ecke der Werkstatt aufeinandertürmen, das kann jeder! Die Komponenten säuberlich zerlegen, um sie später zu restaurieren, ist auch nicht schwer. Aber es muß methodisch vorgegangen und alles sehr pingelig vorbereitet werden. Das menschliche Erinnerungsvermögen ist bekanntlich sehr flüchtig, und da müßte schon ein Fotoapparat das Gehirn ersetzen, zusätzlich im Kopf eine Festplatte mit 650 Gigabyte versteckt sein, sonst hätten Sie kaum Chancen, sich ohne vorangegangene Dokumentation daran zu erinnern, in welcher **Reihenfolge** sich die verschiedenen Elemente etwa einer Tür wieder montieren lassen. Auch etwas Erfahrung ist nötig, und mit Gefühl und Intuition werden Sie letztlich die Lösung finden – vor allem, wenn Sie so umsichtig waren und alle demontierten Teile für diese eine Tür in dieselbe Kiste sortiert haben – und alle dazugehörigen Schrauben auch! Um zu verhindern, daß man die Nerven verliert und frustriert alles in die Ecke der Garage knallt, muß man systematisch vorgehen und sich Stück für Stück vorwärtsarbeiten – und zwar lange, bevor man zum ersten Mal zum Schraubendreher greift und die erste Schraube löst!

Erster Schritt: Alles beginnt mit der präzisen **Identifikation** des Fahrzeugs und seiner genauen Datierung. Das hört sich zunächst ziemlich banal an. Aber gegenüber dem Verkäufer, der (angeblich) nicht so genau weiß, was er loswerden will, oder einem Käufer, der einen originalen Renault 8 Gordini nicht von einem R 8 S, an dem herumgebastelt wurde, unterscheiden kann, sollte man als Kenner auftreten und das Fahrzeug zunächst genau identifizieren.

Jedes Auto sollte mit einer **Identifikationsplakette** ausgestattet sein, die den Namen des **Konstrukteurs** trägt, den **Fahrzeugtyp** und seine **Seriennummer.** Diese drei Informationen müssen selbstverständlich mit den Eintragungen im Fahrzeugbrief übereinstimmen, sonst verweigert der TÜV die Plakette und eine Zulassung wird unmöglich. Der Typ ist entscheidend für die Modellkennzeichnung. Bei manchen Herstellern ist das ganz einfach, wenn der Typ auch das Modell bezeichnet. Bei anderen, wie beispielsweise bei Renault, wurde die **Typenbezeichnung** bis in die 1980er Jahre zusammengesetzt aus dem Buchstaben R gefolgt von vier Ziffern. Sie ist zusammen mit der **Fabrikationsnummer** in eine rautenförmige Plakette eingeprägt. So lautet die Typenbezeichnung eines 4 CV „R1060", wenn er vor 1951 gebaut wurde und „R1062", wenn er ab Januar 1951 hergestellt wurde, weil er von da an mit einem anderen Motor ausgerüstet wurde. Die Nummer lautet „R1063", wenn es sich um eines der 80 Fahrzeuge der Motorsportflotte von Renault oder der Renault-Filiale SAPRAR handelt oder auch um eines von Hunderten ebenfalls von SAPRAR mit einem Kit getunten Fahrzeugs.

3 Die Identifikation erfolgt über die Hersteller-Plakette, der hier Simca heißt.

Jedes Modell kann durch die **Typenbezeichnung** einer bestimmten Produktionsreihe zugeordnet werden. Die **Seriennummer** dokumentiert das Herstellungsjahr bzw. den Monat, in dem das Fahrzeug produziert wurde. Haben Sie Typ- und Seriennummer, können Sie den Hersteller bzw. dessen Classic-Abteilung oder auch Markenclubs nach dem Auslieferungsdokument fragen. So können Sie mit chirurgischer Genauigkeit das exakte Datum vom Stapellauf ihres Oldtimers herausfinden. Dies ist umso wichtiger, da die Hersteller schon damals regelmäßig ihre Modelle modifizierten. Es verging fast kein Tag, an dem nicht irgendwelche Verbesserungen vorgenommen wurden und wenn es sich nur um andere Schrauben oder ein längeres Kabel und seine Befestigung handelte. Wenn Sie sich darangeben, nach Ersatzteilen zu suchen, werden Sie schnell merken, wie bedeutend Typ- und Seriennummern sind.

Zweiter Schritt: Besorgen Sie sich alle irgendwie verfügbaren technischen Informationen für das betreffende Fahrzeug. Ein Reparatur-Handbuch ist für den Aufbau unverzichtbar, weil die Methodik darin detailliert dargestellt wird. Aber das alleine reicht nicht, um die Wiederbeschaffung oder den Ersatz von fehlenden oder nicht mehr restaurierbaren Teilen zu garantieren: Dafür braucht man **Teilekataloge.** Davon gibt es meist mehrere Ausgaben, denn sie wurden, wenigstens von den großen Herstellern, jährlich aktualisiert und neu aufgelegt, von den kleinen Herstellern dagegen nur nach jeder größeren Modelländerung. Besorgen sie sich auf jeden Fall die Ausgabe, die für ihr eigenes Modell nach Typ und eventuell nach Seriennummer zutrifft.

Die **Seriennummer** ist hilfreich bei der Suche im Teilekatalog. Sie werden feststellen, daß selbst ein und dasselbe Teil verschiedene Referenz-Nummern haben kann, begleitet von manchmal völlig unverständlichen Kommentaren. Aber meist enthält der Katalog eine Gebrauchsanweisung, die erklärt, wie man die Auflistungen richtig liest. Wir schauen beim Restaurieren ständig in den Teilekatalog, einerseits um die notwendigen Teile zu finden, andererseits um sie richtig einzubauen. So können wir bei der Arbeit **Beutel mit kleinen Einzelteilen** zusammenstellen, uns vergewissern, daß nichts fehlt. Und wenn doch, finden wir das Teil gleich auf dem zugehörigen Schema im Katalog.

Dritter Schritt: Nehmen Sie ein **Schreibheft** zur Hand und tragen Sie dort jede Kleinigkeit ein, die Ihnen während der Demontage auffällt. Ein **Beispiel:** „Um an die innere rechte Befestigungsschraube des Armaturenbretts heranzukommen, muß erst das Handschuhfach herausgenommen werden, sonst kommt man mit dem Schraubendreher nicht heran."

So wissen Sie beim späteren Zusammenbau, daß das Handschuhfach erst eingebaut werden kann, wenn das Armaturenbrett festgeschraubt ist. In dieses Heft tragen Sie, so wie es kommt, auch alle Teile ein, die ersetzt werden müssen. So haben Sie stets eine **übersichtliche Liste** zur Hand, und können nichts vergessen!

4 Vor dem Ausbau der Verkabelung ist es wichtig, so viel wie möglich zu markieren, wie etwa die Position und die Farbe der verschiedenen Kabel.

5 Blick in den Motorraum eines VW Golf I von 1981. Wer nicht den Verlauf aller Kabel und Züge notiert, verliert nachher garantiert den Überblick.

6 Die Kabelbäume laufen beim 1955er Simca Aronde an der oberen Motorraumkante und an der Spritzwand entlang.

7 Auch der Verlauf der Kabelbäume im Motorraum und ihre Verteilung müssen festgehalten werden. Blick in den Motorraum eines BMW 2002 von 1974, dessen Wiederaufbau bereits weit fortgeschritten ist.

Um den späteren Wiederaufbau zu erleichtern, muß bei der Demontage alles aufgeschrieben werden!

Von diesen Heften, vollgekritzelt und ölverschmiert, werden Sie etliche benötigen, denn Sie sollten auch **gut kommentierte Skizzen** zeichnen, besonders wichtig bei der elektrischen **Verkabelung.** Man braucht kein Künstler zu sein: das Wichtigste ist, daß Sie mit absoluter Sicherheit auch nach ein, zwei, drei oder auch fünf Jahren noch die richtigen Kabelverbindungen herstellen können. Zum **Beispiel:** schwarzes Kabel/schwarze Muffe = Masse. Wenn Sie pfiffig sind, heften Sie an jedes Kabelende etwas Klebeband und nummerieren es. So erhalten Sie eine noch komplettere Skizze: Kabel 1 schwarz = Masse Regler. Und die ganz Schlauen markieren ebenfalls mit Klebeband den Verbindungspunkt auf dem Regler mit derselben Ziffer 1.

Dasselbe gilt für die Position von abmontierten **Blechteilen** mit ihren **Clipsen, Türdichtungen** oder **Zierleisten.** Sie werden ganz schnell merken, daß eine gewisse Demontage-Ordnung einzuhalten ist und daß der Wiederaufbau genau in der umgekehrten Reihenfolge durchgeführt werden muß.

Es müssen auch so wesentliche Informationen eingetragen werden wie z.B. die **Einstellung** des Kabels für die Getriebeschaltung („8 mm zwischen den Muttern"), oder man notiert einige kleine Bemerkungen, die wesentliche Fragen beim Zusam-

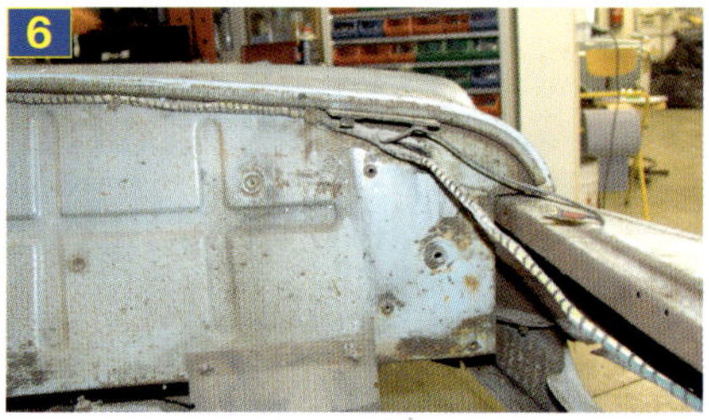

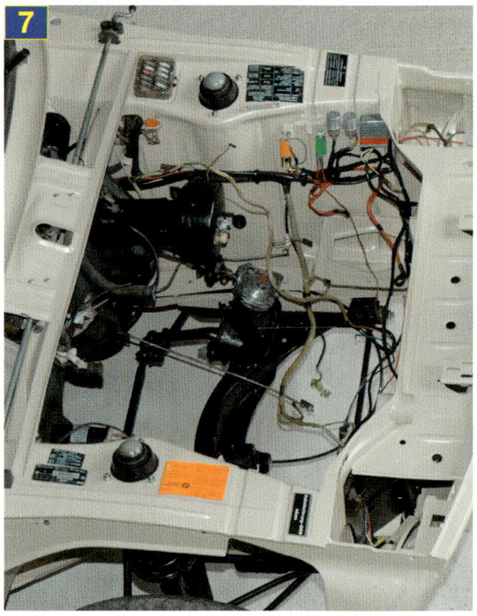

menbau unnötig machen, wie **beispielsweise:** „Achtung: Der Kontaktschalter für die Innenbeleuchtung ist verbunden mit dem Schließmechanismus der Beifahrertür. Trotzdem sind beide Verschlüsse mit der Verbindungstechnik ausgerüstet."

Vierter Schritt: Machen Sie **Fotos** von jeder Etappe, soviele wie möglich. Hunderte, Tausende, man kann gar nicht genug davon haben! Dank der digitalen Fototechnik ist es kinderleicht, und es wäre fast ein Verbrechen, es nicht zu tun.

Trotzdem braucht man nicht zu übertreiben und nun jede eingesetzte Schraube im Bild festzuhalten. Aber bevor man mit der Demontage beginnt, sollte man schon so oft wie möglich **fotografieren** und zwar so **hochauflösend** wie möglich. So können Sie an Ihrem Computer auch Elemente heranzoomen, die Sie vergessen haben, aufzunehmen und von denen Sie nun nicht mehr wissen, ob sie vor oder hinter dem Schutzblech angebracht waren.

Jedes Mal, wenn Sie sich einer Ansammlung von scheinbar unkomplizierten Montageteilen gegenübersehen, vergessen Sie nicht, sie **aus verschiedenen Blickwinkeln** zu betrachten. Notieren Sie ebenso die Anschlüsse der elektrischen Sicherungen. Was uns betrifft, so machen wir, bevor wir überhaupt mit der Arbeit beginnen, zwei- bis dreihundert Fotos vom Motorraum, mit allen Verkabelungen und Sicherungen, vom Innenraum, vom Kofferraum, vom Unterboden und vor allem vom Verlauf der Kabelbäume, der Rohre und Schläuche, der Sicherungen.

Es können gut tausend Aufnahmen während der ganzen Demontage sein, oft auch viel mehr, selten aber weniger. Und trotz dieser ganzen Vorkehrungen kommt es immer wieder mal vor, daß wir uns den Kopf zermartern, weil wir nun ausgerechnet ein bestimmtes Foto zu schießen vergessen haben, das uns jetzt die Arbeit erleichtern würde! Aber so ist das, nobody is perfect, aber man bemüht sich! Vom Gordini hatten wir sträflicherweise nur etwa 50 Aufnahmen vor der Demontage gemacht, so etwas rächt sich später. Beim Simca Grand Large waren es rund 300 Fotos, weil wir dachten, wir kennen den Simca sehr, sehr gut. Irrtum: Wir hätten mehr fotografieren sollen. Hinterher ist man natürlich schlauer, und macht den gleichen Fahler nicht noch einmal.

Fachgerecht demontieren, ordentlich sortieren

An dieser Stelle gleich noch ein Tipp zum Thema **Arbeitsvorbereitung:** Halten Sie stapelweise **Plastikbeutel** und -tüten (am besten solche mit Schnellverschluß) sowie Klebe-Etiketten oder Filzstifte zum Beschriften bereit, denn so ein Auto besteht aus bis zu 10.000 Einzelteilen! Im Rahmen der Demontagearbeiten können Sie so alle Kleinteile bis hin zu Schrauben und Muttern sortieren und präzise kennzeichnen. Man sollte dabei bis ins Detail gehen und z.B. eine Tüte anlegen für die Befestigungsschrauben des Kühlers. In diese Tüte gehören dann auch die Silentblöcke und Befestigungsklammern. Für die Blechabdeckung des Kühlers nimmt man tunlichst eine separate Tüte.

Am besten arbeitet man präzise identifizierbare Einzelteile wieder auf, steckt sie in passend beschriftete Beutel und bewahrt sie so für den Wiederaufbau auf. Wir empfehlen sogar, selbst **kaputte Teile aufzuheben.** Denn damit besitzt man **Muster,** um passenden Ersatz (Länge, Stärke) zu finden. Die Tüten müssen **nach Baugruppen sortiert** aufbewahrt werden, damit man sie später bei Bedarf leicht wiederfindet. Nützlich sind auch steife Kartons und Kisten, etwa für Scheinwerfer, Glühlampen, Blinker, Heckleuchten, Gehäuse und Abdeckungen, Zierringe sowie die zugehörigen Verbinder und Verschraubungen. Mit etwas Erfahrung kann man beim Abschrauben bereits sehen, welches Teil wiederverwendbar ist und welches besser ersetzt wird. Und immer alles notieren, das geht schnell und hilft gegen die Vergeßlichkeit.

Nun kommen wir zur **Arbeitsweise.** Wir dürfen nicht vergessen, daß der Oldtimer, wie der Name schon sagt, ein langes Leben hinter sich hat und daß der Rost in all den Jahren seine Arbeit verrichtet hat, besonders auch an den Schraubverbindungen. Deshalb müssen zuerst Schrauben und Muttern so gut es geht mit einer Drahtbürste **gesäubert** und dann mit WD 40 oder einem speziellen Rostlöser eingesprüht werden. Eine Weile einwirken lassen, bei starkem Rostbefall gerne auch über Nacht. Erst danach versuchen, die Schraube zu öffnen.

Dafür ist **Qualitätswerkzeug** erforderlich. Nehmen Sie möglichst keine Gabelschlüssel, denn sie drehen leicht Schraubenkopf oder Mutter rund. Geeignet sind exakt passende Ring- oder Steckschlüssel und Einsätze aus einem Knarrenkasten. Sie werden bald feststellen, daß es am besten ist, in Werkzeuge eines Markenherstellers zu investieren, die zwar teuer sind, aber ein Leben lang halten.

Seien Sie **vorsichtig** beim Versuch, die Schrauben zu öffnen, um möglichst wenig zu zerstören. Vor allem die Bolzen sind oft widerspenstig, aber keine Gewalt anwenden! Schlagen Sie mit dem Handballen oder auch mit einem Hammer leicht gegen das Schlüsselende, das hilft unter Umständen. Wenn sich die Schraube zu lösen beginnt, zieht man sie gleich wieder etwas an; dieses Verfahren dann fortlaufend weiter anwenden. Dabei erhitzt sich die Schraube und ist dann einfacher zu lösen. Nützlich kann es auch sein, mit einem Hammer leicht auf den Schraubenkopf zu schlagen, nie aber auf eine Mutter, da dadurch das Gewinde des zugehörigen Bolzens beschädigt würde.

Nie die **logische Reihenfolge** aus den Augen verlieren, dabei eine Baugruppe nach der anderen bearbeiten, etwa in der Reihenfolge Herausnehmen der Scheiben und Innenausstattung, Motor- und Getriebeausbau, Demontage von Stoßstangen, Hauben, Kotflügeln und Türen, Abbau der Fahrwerks- und Bremskomponenten. Dabei möglichst immer die Empfehlungen des dem Typ entsprechenden Reparatur-Handbuchs beachten.

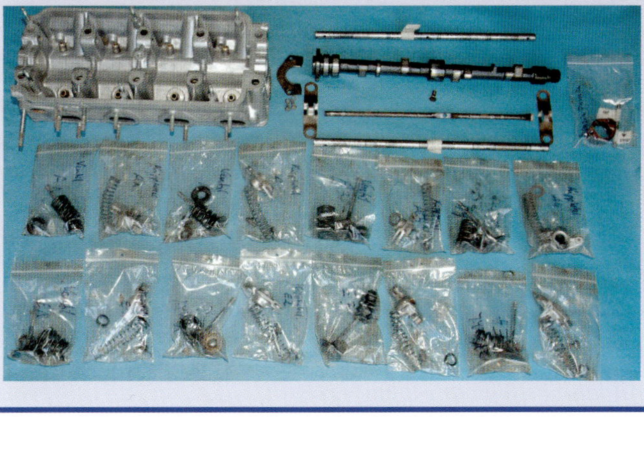

So soll es sein: ordentlich in Plastiktüten sortierte Einzelteile eines zerlegten BMW 02-Zylinderkopfes.

2

Verbindungen lösen, erneuern

Schönes Käfer Cabrio aus den frühen 1960er Jahren inmitten zahlreicher französischer Klassiker. Der Käfer heißt in Frankreich „Coccinelle“ oder „Cox“ und hat eine sehr große Fangemeinde. Bei alten Volkswagen erfordert das Lösen von Schrauben und Muttern im Radhaus- und Unterbodenbereich viel Geduld.

Behutsames Lösen von Schrauben und Muttern

Der Zahn der Zeit und die Korrosion können das Lösen von Schrauben und Muttern zu einem wahren Kraftakt werden lassen, wenn man keine besonderen Vorkehrungen trifft. Man muß aber immer versuchen, so viele originale Schraubverbindungen wie möglich zu retten ohne sie zu beschädigen oder zu zerstören, denn sie sind oft nur schwer wieder zu beschaffen.

Das Leben eines Restaurators ist nicht immer rosig, und schon bei den ersten Versuchen, etwas abzuschrauben, stößt man auf ein ständig wiederkehrendes Problem: das **Aufschrauben störrischer Muttern,** vom Rost wie an die Schraube geschweißt, oder das **Lösen von Schrauben,** die mit ihrer Gewindeführung zu einer Einheit verbacken sind. Je älter ein Fahrzeug ist, desto länger war es den Schwankungen der Luftfeuchtigkeit ausgesetzt, und desto mehr wird der Rost Ihnen den Spaß verderben.

Unzählige Schrauben, Bolzen und Muttern halten so ein Auto zusammen, wobei es wichtig ist, die Originale zu erhalten, nicht nur aus Respekt vor dem Alter und im Hinblick auf die Originalität, sondern auch aus dem praktischen Grund, daß manche Kleinteile sehr spezifisch und **nur schwer durch neue zu ersetzen** sind. Was will man mit einer Schraube 7 x 100, wenn für die Einstellung der Motorhaube auf einer Seite eine mit den Maßen 8 x 125 und gefrästem Sockel benötigt wird und auf der gegenüberliegenden Seite eine mit rechteckigem Kopf, die den Aufsteller aufnimmt? Wenn Sie eine solche Schraube beim Ausbau abreissen, dann sieht es düster aus und Sie brauchen einen Kumpel, der Dreher und Fräser ist und das kaputte Teil identisch nachbauen kann. Dazu benötigt er die abgerissenen Schraubenteile wegen der exakten Maße. Außerdem kann es sein, daß durch die Zerstörung des Bolzens die Teile in Mitleidenschaft gezogen wurden, die davon zusammen gehalten wurden.

Mit **kleinen Tricks** lassen sich allerdings manche Probleme aus dem Weg räumen, auch wenn einige Methoden auf den ersten Blick barbarisch erscheinen mögen, beispielsweise wenn es sich um die mutwillige Zerstörung einer Mutter handelt. Die Muttern lassen sich in den allermeisten Fällen ersetzen, was man von diversen Schrauben eben nicht behaupten kann. Daher kann man von der Kombination Schraube/Mutter am ehesten die Mutter opfern.

Bevor es an die praktischen Arbeiten geht, hier noch ein paar kleine Ratschläge:

1 Hier haben wir eine total verrostete Schraube.

2 Erster Versuch: den Rostlöser auf den Bereich zwischen den beiden festgerosteten Teilen sprühen, dabei auf das Schraubengewinde zielen, sofern es hervorsteht, aber nicht auf den Schraubenkopf.

3 Kräftig mit der Drahtbürste schrubben, das löst grobe Rostpartikel.

4 Für einen Sechskantkopf nimmt man eine Sechskantnuß, keine mit zwölf Kanten.

5 Bevor man weitermacht, bringt man die Schraube in Schwingung, indem man mit dem Hammer leicht auf den Kopf klopft. Das reicht manchmal schon, um den Rost zu lösen.

6 Wenn der Kopf schon durch frühere vergebliche Versuche rundgedreht ist, müssen die Kanten mit einer Feile nachgearbeitet werden.

7 Setzen Sie die Nuß paßgenau auf und drehen Sie mit einer Verlängerung gegen den Uhrzeigersinn; keine Knarre benutzen, da der Mechanismus Schaden nehmen kann.

Es gibt viele **Rostlöser** auf dem Markt. Seit wir uns in unserer Werkstatt mit dem Thema Restaurierung beschäftigen, haben wir sie reihenweise ausprobiert. Und dabei war ein hoher Preis meistens kein Garant für Effizienz. Heute nehmen wir nur noch Loctite 8018. Da, wo andere Produkte schlapp machen, entfaltet es seine ganze Wirkung, greift den Rost erfolgreich an und ermöglicht es, eingerostete Schrauben zu lösen.

Wie bereits erwähnt, ist es wichtig, mit adäquatem **Werkzeug** zu arbeiten. Um eine Sechskantmutter zu lösen, nimmt man einen Sechskant-Steck- oder Ringschlüssel, keinen Gabelschlüssel. Damit setzen Sie viel mehr Kraft an und zwar auf alle sechs Kanten gleichzeitig. Außerdem nutzen sich so die Kanten nicht ab, was sich auch mit einem Zwölfkantschlüssel oft nicht verhindern lässt. Nehmen Sie niemals einen Steckschlüssel mit zu langem Arm und zu großer Hebelkraft, die Schraube kann unterhalb der Mutter abbrechen! Gewalt ist nicht die Lösung, Vibrationen sind weitaus effektvoller.

Beim Versuch, eine Mutter/Schraube aufzudrehen, immer das Werkzeug zu sich hinziehen, nicht von sich wegdrücken. So hat man die angewandte Kraft besser unter Kontrolle.

Schließlich, und das ist nicht so ganz einfach, darf man die **Geduld** und die **Nerven** nicht verlieren, wenn man alle Schrauben retten will. Besser ist es, einen ganzen Tag lang immer wieder **Rostlöser** auf die bestimmte Stelle zu sprühen, als eine Trennscheibe zu holen und den Bolzen zu zerstören. Von dieser Lösung nur dann Gebrauch machen, wenn wirklich kein anderes Mittel helfen konnte. Die Erfahrung hat uns gezeigt, daß mit Know-how etwa 90 Prozent aller Original-Schrauben und -Bolzen gerettet werden können, ohne daß man dafür mehr Schaden anrichtet als zuvor der Zahn der Zeit.

8

9

8 Wenn die Schraube sich immer noch nicht löst, leicht mit einem Hammer auf das Ende des Schlüssels schlagen, was wiederum Schwingungen auslöst. Wer einen Schlagschrauber besitzt, kommt auch damit weiter.

9 Geht's immer noch nicht? Nicht weitermachen, jetzt gehen wir zur Phase „Erhitzen" über. Die Bohrung wird erhitzt, sie dehnt sich aus und damit kommt die Schraube frei. Den Brenner nur kurz und gezielt auf die entsprechende Stelle halten. Mit leichten Bewegungen des Schlüssels das Lösen unterstützen. Die Bohrung darf bis zum Glühen erhitzt werden, natürlich nur, wenn keine brennbaren Materialen in der Nähe sind!

10 Den Brenner beiseitelegen und versuchen, die Schraube zu lösen.

11 Wenn es immer noch nicht klappt, wieder mit leichten Hammerschlägen nachhelfen und erneut erhitzen.

12 Das Ganze ohne Gewaltanwendung nochmal versuchen.

13 Jetzt hat's geklappt! Wir haben nicht nur die Schraube gerettet, sondern auch die Teile, die von ihr zusammengehalten wurden. Und nichts hat bei der Behandlung gelitten.

10

11

12

13

Gewaltsames Lösen von Schrauben und Muttern

1 Es ist sehr schwierig, eine Mutter zu lösen, die durch den Rost regelrecht mit der Schraube „verschweißt" ist. Wir fangen wieder mit der Stahlbürste an.

2 Immer wieder Rostlöser aufsprühen.

3 Die Mutter sitzt ungeheuer fest.

4 Wir haben alles versucht, ohne Erfolg. Wir müssen nun die Mutter opfern, dürfen aber nicht die Schraube in Mitleidenschaft ziehen, denn sie ist ein Spezialteil am Gelenk des Motorhaubenscharniers. Man nimmt einen Meißel zu Hilfe, mit dem ein Spalt in die Mutter getrieben wird.

5 Diese Öffnung muß nicht sehr tief sein, höchstens in extremen Fällen, wobei dann allerdings meist auch der Bolzen geopfert werden muß. In unserem Fall reichte es, die Mutter zur Hälfte zu sprengen.

6 Am Spalt können nun Hammer und Meißel angesetzt werden, um die Mutter zu lösen. Dabei immer sauber gegen den Uhrzeigersinn und in Richtung Achse schlagen, nicht schräg. In neun von zehn Fällen klappt diese Methode. In hoffnungslosen Fällen muß die Mutter ganz zerstört werden; dabei aufpassen, daß nicht das Bolzengewinde beschädigt wird oder im schlimmsten Fall der ganze Bolzen zerstört wird.

7 Die beschädigten Teile mit einer Feile nacharbeiten.

8 Nochmal Rostlöser aufsprühen und Gabel- oder (besser) Ringschlüssel ansetzen; die Mutter hat sich gedehnt.

9 Es hat geklappt, der spezielle Bolzen ist gerettet.

Bremsleitungen und Bremsschläuche lösen

1

2

3

1 Durch ein Gemisch von altem Fett, Staub und Rost sind die Schraubverbindungen im Bereich der Bremsleitungen oft oxydiert und verbacken, zumal wenn sie seit dem Verlassen der Produktionshalle nie auseinandergenommen wurden und daher nun Widerstand leisten. Um zu verhindern, daß das Gewinde beschädigt oder gar die Bremsleitung selbst in Mitleidenschaft gezogen wird, muß man Vorsicht und Methode walten lassen. Sprühen Sie zunächst Rostlöser auf die Sicherungsmutter am Halter und die Überwurfmutter der Bremsleitung.

2 Einen Bremsleitungsschlüssel mit breiten Backen auf die Überwurfmutter setzen, je nach Größe der Mutter SW 10, 11 oder 12.

3 Einen flachen Gabelschlüssel auf den Sechskant der Haltermutter für den Bremsschlauch setzen.

4

4 Um sich nicht unnütz anzustrengen, beide Schlüssel kreuzen, so daß sie eine Art Zange in der Hand bilden. Es reicht dann (meist), mit der Hand beide Schlüssel zusammenzudrücken, um die Schraubverbindung zu lockern – großer Effekt bei wenig Kraftanwendung!

5 Die Überwurfmutter der Leitung ist nun gelockert. Bei starkem Rostbefall nicht versuchen, die Teile sofort ganz auseinander zu schrauben, sondern sie zunächst nur etwas hin- und herbewegen, etwa um je eine Viertelumdrehung vor und wieder zurück, dies mehrmals hintereinander; das löst den Rost und macht das Gewinde gängig.

6 Verbindung nun um zwei, drei Umdrehungen lösen und an der Leitung ruckeln.

7 Nochmals mit Rostlöser einsprühen, er wird die letzten Dreckreste entfernen.

8 Nun die Verbindung ganz losschrauben, dabei immer Rostlöser gegen den Schmutz einsetzen und weiter an der Leitung wackeln.

9 Bevor die Verschraubung nun mit der Hand auseinandergezogen wird, eine Auffangschale unterstellen, weil Bremsflüssigkeit austreten kann.

10 Am anderen Ende der Bremsleitung genauso vorgehen.

5

6

7

8

9

10

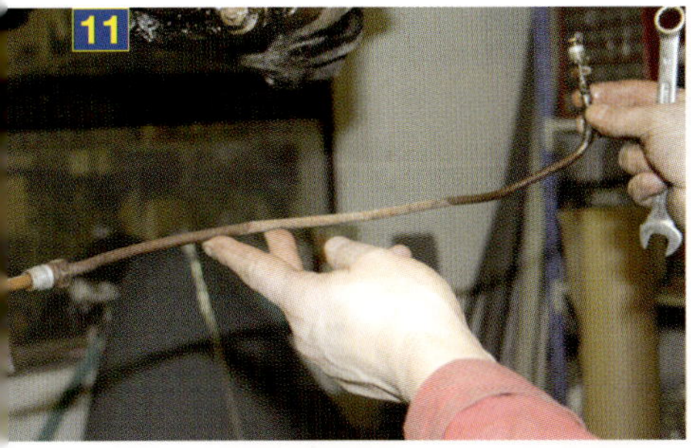

11 Die Bremsleitung zusammen mit ihren beiden Überwurfmuttern abnehmen und zur Seite legen.

12 Nun wird der Bremsschlauch vom Halter abgeschraubt. Hier geht man genauso vor, doch es werden zwei Sechskant-Gabelschlüssel verwendet.

13 Die Zangenwirkung erleichtert das Lösen der Mutter.

14 Sowie das Gewinde sichtbar wird, wieder Rostlöser aufspritzen.

15 Mit der Hand wird die Haltemutter schließlich abgeschraubt.

16 Mutter und Sprengring abnehmen.

17 Den Bremsschlauch mit seinem Sechskant aus seinem Sitz herausziehen.

18 Provisorisch Sprengring und Mutter wieder aufsetzen, damit sie nicht verlorengehen.

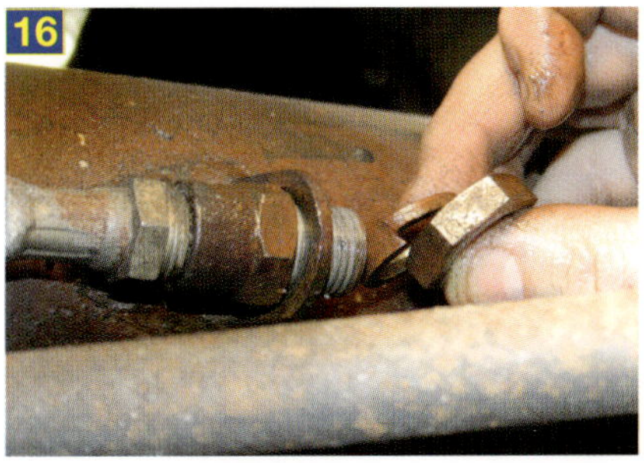

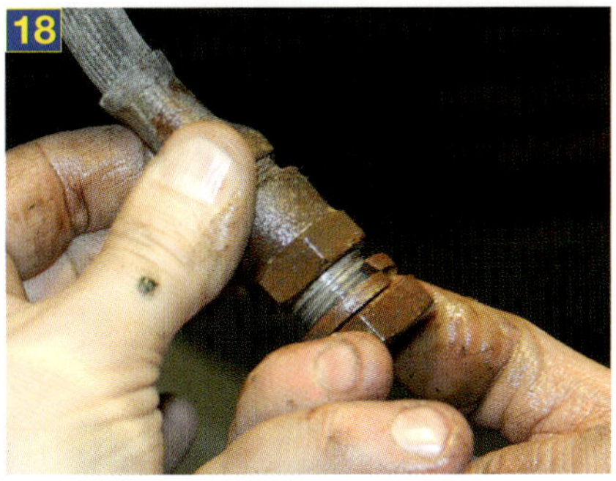

Auspuffschellen

1 Die beiden Muttern an der Schelle lösen, bei Bedarf Rostlöser einsetzen.

2 Mit leichten Schlägen eines Schlosserhammers die Schelle drehen. Muttern, Unterlegscheiben abnehmen.

3 Bei Bedarf die Mutter nochmal mit höchstens zwei Gewindegängen aufsetzen und mit leichten Schlägen den Schraubbügel austreiben.

4 Die Schelle abnehmen.

3

Bolzen, Gewinde reparieren

Dieser Citroën „Traction“ 11 CV von 1952 schaffte es 2011 von Hamburg bis in die Normandie. Doch endlich angekommen, machte der Vergaser Ärger. Ersatz war im Mutterland des französischen Klassikers schnell gefunden. Die selbstgebauten Rampen aus Holzbohlen haben sich seit Jahren bewährt, die Äpfel sind von der Sorte „Calville“.

Gebrochene Bolzen entfernen, erneuern

Verdammt! Beim Abbauen des Auspuffkrümmers ist ein Bolzen abgebrochen. Und das, obwohl wir reichlich Rostlöser verwendet, das Gewinde gebürstet und keine Brachialgewalt eingesetzt hatten. So etwas kommt leider immer wieder vor. Nun muß mit speziellen Methoden vorgegangen werden, um das abgebrochene Teil herauszuholen.

Vielleicht hätte man das Problem vermeiden können. Denn wir haben hinterher festgestellt, daß die Mutter durch Erhitzen doch zu lösen gewesen wäre. So wie wir es gemacht haben, mit offenbar zu viel Kraft, hat der Bolzen nicht standgehalten. Er ist glatt durchgebrochen. In unserem Fall konnte man nicht die Methode **Mutter/Kontermutter** anwenden oder versuchen, den Bolzenrest mit der Zange herauszudrehen. Erstens, weil nicht genug Gewinde freilag, um eine Kontermutter anzubringen und zweitens, weil der Bolzen durch Oxydierung mit seinem Sitz eins geworden war, wie man es kennt, wenn Stahl und Leichtmetall Kontakt haben (hier: Zylinderkopf).

Bei der unvermeidlichen **Oxydierung** entsteht ein Aluminiumpulver, das als Reduktionsmittel des Eisenoxyds wirkt. Einfacher ausgedrückt: Die beiden Stoffe reagieren miteinander und verschweißen die Teile regelrecht. Dann wird es schwierig, den Bolzenrest anders als mit Gewalt zu entfernen. Dieses Problem tritt vor allem im Bereich der Befestigung von Auspuffkrümmer und Wasserpumpe auf. Um erfolgreich einen ins Leichtmetall eingefressenen Bolzen auszudrehen, müssen wir einen **thermischen Schock** produzieren. Die Erwärmungs-Koeffizienten von Stahl und Aluminium sind unterschiedlich und somit hat der thermische Schock zur Folge, daß eine chemische Reaktion zwischen beiden Stoffen, die wie zusammengeschweißt wirken, einsetzt und so die Verbindung geschwächt wird. Die Bildfolge zeigt, wie's gemacht wird.

Werkzeug, Material: Schweißbrenner und Hartlot, Gabelschlüssel, Schraube, Metallsäge, Gewindebohrer und Gewindeschneider, eventuell Gewinde-Reparatursatz (Helicoil, Böllhoff).
Kosten: Fast keine: ein paar Deziliter Sauerstoff und Azetylen sowie ein paar Stängel Hartlot.
Einsatz: Immer, wenn ein Bolzen abgebrochen und die Methode Mutter/Kontermutter nicht möglich ist.

1 Hier ist ein gebrochener Bolzen zu sehen. Unmöglich, den Auspuffkrümmer wieder aufzusetzen. Der Überrest muß entfernt und dann durch einen neuen Bolzen ersetzt werden.

2 Es ist zu wenig vom Gewinde übrig geblieben, um Mutter und Kontermutter aufzusetzen. Eine Mutter muß aufgeschweißt werden. Damit kann der Bolzenrest herausgedreht werden.

3 Zuerst die Mutter rotglühend erhitzen (mittelgroße Spitze des Schweissbrenners benutzen).

4 Nun wird Hartlot verflüssigt. Man kann auch anderes Metall dazu verwenden, aber eigentlich reicht Hartlot aus.

5 Die Mutter ist fest auf den Bolzen geschweißt.

6 Aluminium hat einen niedrigeren Schmelzpunkt als Eisen. Das macht man sich für diese Operation zunutze, indem wir den Zylinderkopf erhitzen.

7 Der Bereich rund um den Bolzen wird gut erhitzt, aber Vorsicht: Das Aluminium darf nicht schmelzen! Eine lange Brennerdüse verwenden; zunächst etwa eine Minute lang erhitzen.

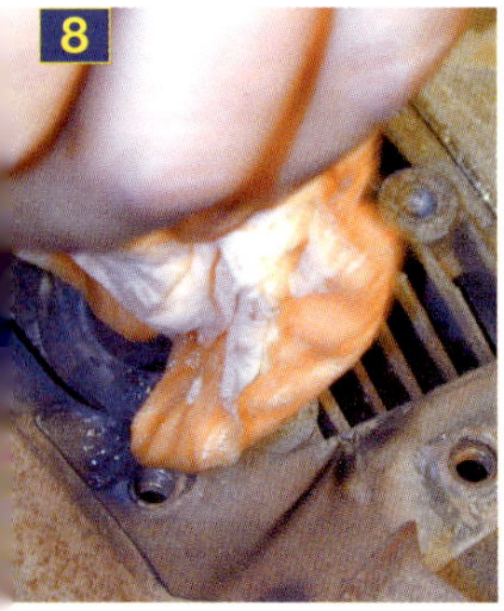

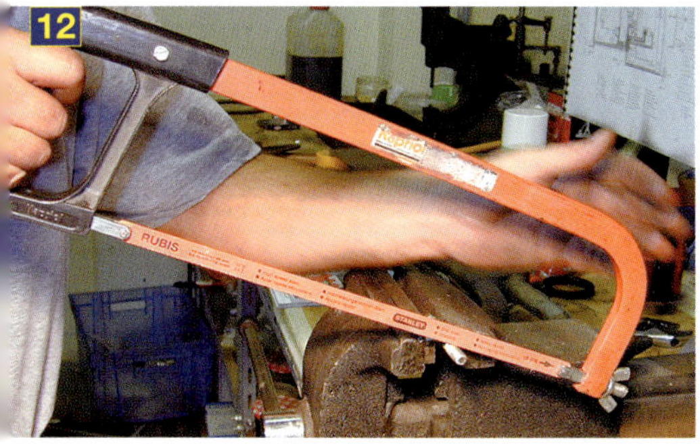

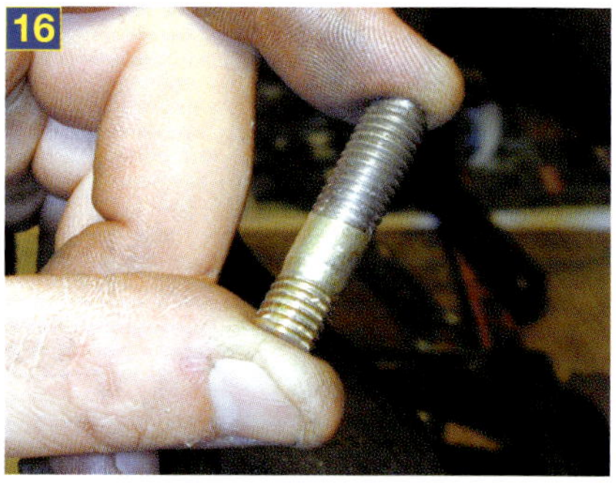

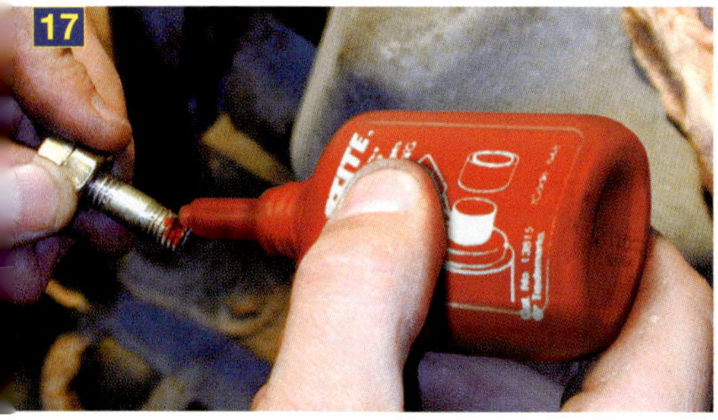

8 Mit einem feuchten Lappen den Bolzenkopf mit der Mutter benetzen, um einen thermischen Schock zu provozieren; der Stahl zieht sich dadurch zusammen.

9 Jetzt den Gabelschlüssel auf die Mutter setzen und versuchen, den Bolzen loszuschrauben, aber ohne Gewaltanwendung.

10 Wenn sich nichts rührt, wieder erhitzen. Wenn es dann immer noch nicht klappt, müssen chirurgische Maßnahmen ergriffen werden: Den Bolzen bis zur Trägerplatte abschleifen, mit einem Dorn die Mitte des Bolzens körnen, dann den Bolzen genau passend bis hin zum Gewindegang im Leichtmetall ausbohren; dabei Bohrer nicht verkanten und Gewinde nicht beschädigen. Bei einer Bohrung von 8 mm Durchmesser einen Bohrer mit 7 mm Durchmesser einsetzen. Zuletzt mit einer Spitzzange alle Metallreste aus der Bohrung herausholen.

11 Nun muß das Gewinde im Bolzenloch für den Abgaskrümmer in zwei Stufen mit genau passenden Gewindeschneidern nachgeschnitten werden. Wurde das alte Gewinde beschädigt, muß die Bohrung vergrößert werden, passend zum Bolzen, der eingesetzt werden soll.

12 Jetzt müssen wir uns einen passenden Bolzen selbst nachfertigen. Dazu nehmen wir eine Schraube, deren Partie un- terhalb des Kopfes kein Gewinde hat. Wenn das gebohrte Loch 8 mm Durchmesser und einen Gewindegang von 1.25 hat, muß eine Schraube M8-1.25 genommen werden. Den oberen Teil der Schraube mit dem Kopf sägt man so ab, daß die gewünschte Länge des Gewindes für den Bolzen übrig bleibt, z.B. 33 mm.

13 So wird die Schraube auf Länge geschnitten.

14 Um das unberührte Gewindeende der Schraube nicht zu beschädigen, setzen wir eine Mutter auf, bevor die Schraube in den Schraubstock gespannt wird. Oder wir spannen das Gewinde in Aluminiumbacken; dann verdreht sich der Bolzten nicht beim Bearbeiten. Nun wird in den glatten Bereich der abgesägten Schraube mit einem Gewindeschneider M8-1.25 das Gewinde geschnitten.

15 Den Schneidvorgang mit einigen Tropfen Schneidöl unterstützen.

16 Schließlich haben wir einen neuen Bolzen, der fertig ist zum Einbauen.

17 Einen Tropfen Schraubensicherung (Loctite 271) aufs Gewinde geben.

18 Jetzt braucht der Bolzen nur noch eingesetzt zu werden, und zwar mit der Kontermutter-Methode. Die beiden Muttern blockieren sich beim Anziehen gegenseitig und führen den Bolzen ins Gewinde.

19 Endlich geschafft! Nun braucht nur noch der Auspuffkrümmer mit seiner Dichtung aufgeschraubt zu werden.

Gewindeeinsatz montieren

Das Montieren eines Gewindeeinsatzes ist bei der Restaurierung oft unvermeidlich. Wenn das Gewinde eines ausgebohrten Lochs geschwächt oder beschädigt ist, dann ist das Einsetzen eines Bolzens oder einer Schraube unmöglich.

Das Problem kommt besonders häufig bei Zylinderköpfen aus Leichtmetall vor, da die **Aluminium-Legierung weicher als der Stahl** ist, aus dem die Schrauben, Bolzen oder Zündkerzengewinde bestehen. Wenn beim gewaltsamen Demontieren dieser Elemente das Gewinde regelrecht ausgerissen wurde, ist guter Rat teuer. Es ist dann nicht mehr möglich, ein neues Gewinde in der Originalgröße zu schneiden. Man kann natürlich ein größeres Maß schneiden, aber das kann sich als unmöglich erweisen, wenn zu wenig Materie stehengeblieben ist. Wenn es sich um den Sitz der Zündkerze handelt, verbietet sich diese Methode von selbst.

Was tun? Es gibt eine bewährte Lösung: ein Hilfsgewinde mit größeren Außen-, aber originalen Innenmaßen einsetzen. Das ist eine Art Prothese, die es ermöglicht, Schraube, Bolzen oder Originalzündkerze wieder korrekt einzudrehen. Entsprechende Einsätze werden unter dem Markennamen **Helicoil** angeboten, auch von Würth gibt es Gewinde-Reparatursätze. Wikipedia sagt dazu: „Der Prototyp des Drahtgewindeeinsatzes trägt das Warenzeichen Helicoil und wurde Ende der 1940er Jahre in den USA entwickelt. Helicoil wird heute von den Firmen Böllhoff und Emhart Teknologies hergestellt und vertrieben. Weitere Hersteller von Drahtgewindeeinsätzen sind u.a. die Firma Baercoil mit dem gleichnamigen Produkt und die Firma Alcoa mit dem Recoil."

Das Produkt sieht aus wie eine **Feder,** ist stahlhart und trägt ein inneres und ein äußeres Gewinde. Helicoil-Einsätze gibt es in allen Größen.

Diese intelligente Reparaturtechnik ist allerdings nicht billig, denn es gibt die Einsätze nicht einzeln, sondern nur im Kit, der zweistufigen **Gewindebohrer,** Gewindeeinsatz, Montagewerkzeug mit Spindel und ein Werkzeug enthält, mit dem der für die Montage nötige Steg später abgebrochen wird.

Die erste Reparatur dieser Art in Ihrer Karriere als Restaurator wird sich daher kaum amortisieren. Und wir wetten, daß Sie im Laufe der Zeit nicht nur eine einzige Größe benötigen. Nach unserer Erfahrung braucht man Helicoil-Einsätze mindestens in den Maßen M6, M8, M10 und M14 (für Zündkerzeneinsätze). Ein **Kit** für eine Größe mit etwa sechs Einsätzen kostet um die 30 Euro. Ein Kit mit Einsätzen in drei Größen kann 100 bis 160 Euro kosten. Spätestens, wenn Sie den sechsten Einsatz M8 montieren, sehen Sie ein, daß sich die Ausgabe für die Rettung des Zylinderkopfs gelohnt hat. Er kann nun wieder die Bolzen des Auspuffkrümmers aufnehmen oder die Befestigungsschrauben der Wasserpumpe.

Material: Kit Helicoil mit zweistufigem Gewindebohrer, Windeisen zum Drehen, Gewindeeinsatz, Montagewerkzeug und Werkzeug zum Abbrechen des Montagestegs (auch Spitzzange), Bohrmaschine, Bohröl (ersatzweise Motoröl), Universalfett, Bremsenreiniger, Loctite Bremsenkleber 271, Schlüsselsatz.
Kosten: ca. 30 Euro für einen Kit M10 x1.25; ein Einsatz allein kostet nur etwa 80 Cents, wenn man ihn separat auftreiben kann.
Zweck: Reparatur eines Gewindes in Originalgröße.

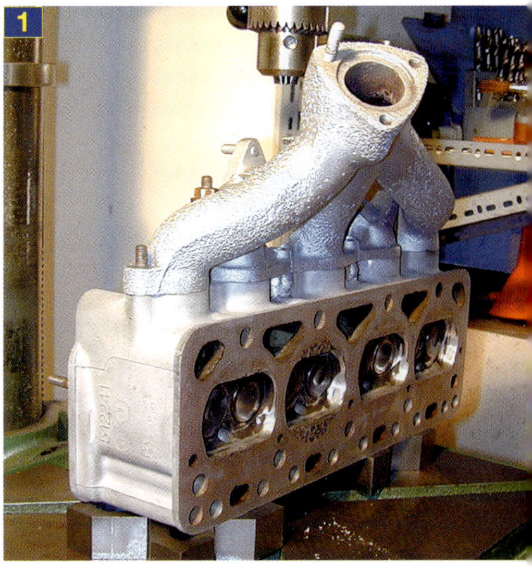

1 Zuerst muß das Bolzenloch vergrößert werden, das den Gewindeeinsatz aufnehmen soll. Der im Kit enthaltene zweistufige Gewindebohrer ist speziell an das Außengewinde des Einsatzes angepaßt. Ganz wichtig ist es, senkrecht und gerade zu bohren. Hilfreich zur Ausrichtung des Werkstücks sind Lot oder Wasserwaage. Vor allem bei Zündkerzen-Bohrungen die Bohrachse exakt ausrichten.

2 Die Tiefe der Bohrung sollte präzise kalkuliert werden, sie braucht nicht tiefer zu sein als die Länge des Gewindeeinsatzes.

3 Bohrreste mit Druckluft ausblasen.

4 Das Gewinde des Gewindeschneiders einfetten oder mit Öl benetzen. Achtung: Keinen anderen Gewindeschneider benutzen als den im Kit befindlichen, da das Gewinde ganz speziell für den Einsatz gearbeitet ist. Wird Fett verwendet, soll es dafür sorgen, daß die winzigen Metallsplitter daran hängen bleiben und nicht in das Bohrloch fallen. Beim hier abgebildeten Fall wäre das nicht so schlimm, bei einer Zündkerzenbohrung ist es nur ein Notbehelf. Die Späne dürfen auf keinen Fall in den Brennraum fallen. Daher ist es am besten, den Zylinderkopf auszubauen und zu zerlegen.

5 Der Gewindeschneider wird mit dem Windeisen im Bohrloch gedreht. Das Gewinde wird mit einem zweistufigen Bohrer in einem Arbeitsgang geschnitten. Bei einstufigen Bohrern nach dem ersten Durchgang Bohrer herausdrehen, dann den Vorgang noch einmal durchführen. Das Gewindeschneiden muß in einem Zug erfolgen.

6 Wie auf dem Bild zu sehen, bleibt an dem gefetteten Gewindeschneider ein Großteil der Metallsplitter hängen.

7 Die Bohrung ist geglückt.

8 Mit Bremsenreiniger wird die Gewindebohrung vom Fett gesäubert.

9 Der Gewindeeinsatz wird mit Hilfe des im Kit mitgelieferten Montagewerkzeugs eingesetzt.

10 Das einzusetzende Gewinde wird zunächst auf das Hilfsgerät geschraubt, bis der Steg aufsitzt.

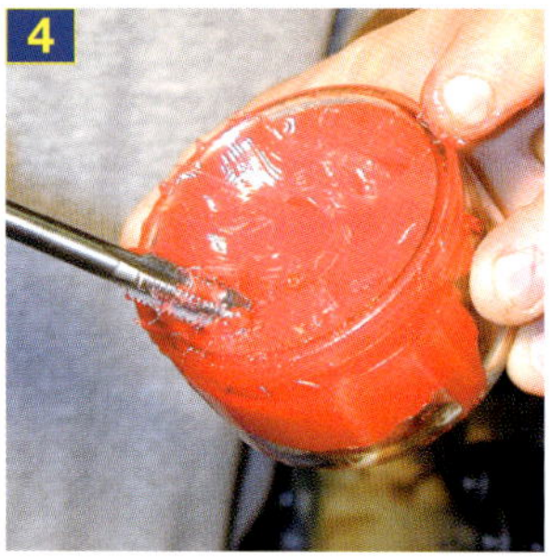

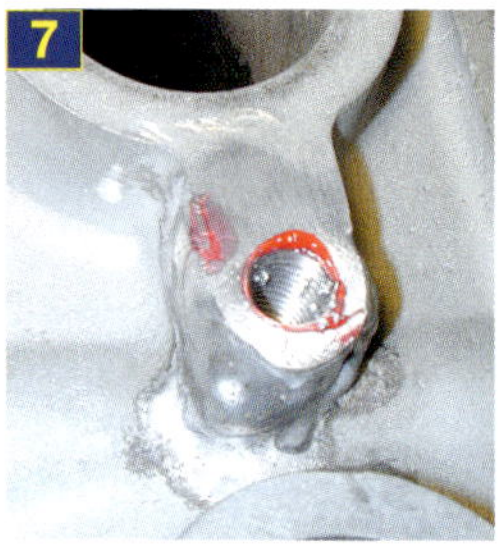

11 Die korrekte Positionierung prüfen; beim Einführen des Einsatzes muß der Steg unten im Bohrloch sitzen.

12 Nun den Gewindeeinsatz mit Bremsenreiniger gründlich entfetten.

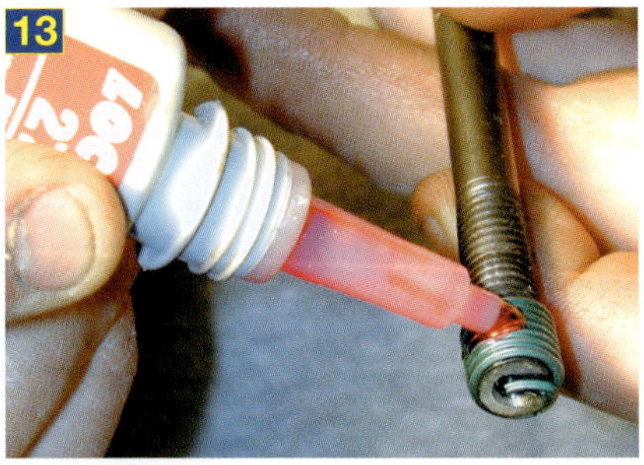

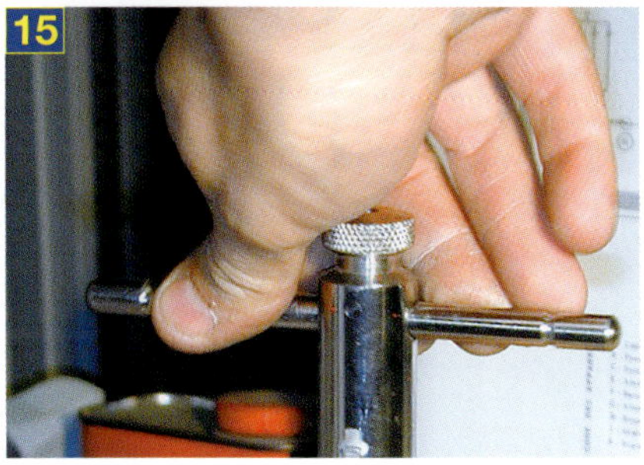

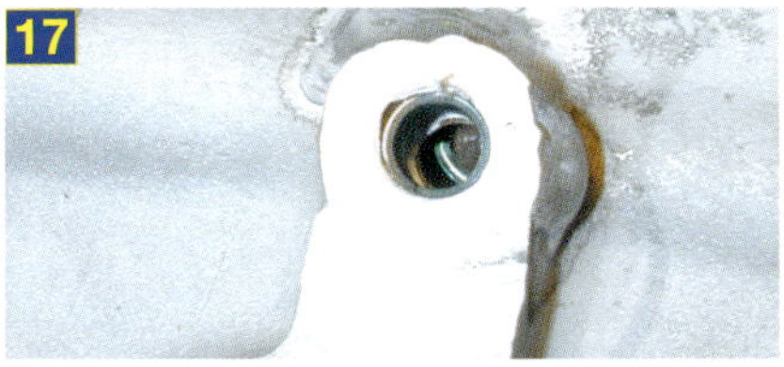

13 Das Gewinde muß passgenau in das Bohrloch passen, in das es eingesetzt wird. Vorher wird es mit Loctite Bremsenkleber 271 bestrichen.

14 Das Gewinde mit dem Einsetzwerkzeug einführen.

15 Das Gewinde mit dem Werkzeug ganz einschrauben.

16 Der Gewindeeinsatzkragen muß bündig mit der Oberfläche abschließen. Anschließend das Einsatzwerkzeug herausschrauben.

17 Jetzt ist der Einsatz an seinem Platz. Unten sieht man noch den Steg, der nun entfernt werden muß.

18 Nun das Werkzeug fetten, mit dem der Montage-Steg abgebrochen wird und einen kurzen Hammerschlag draufsetzen; der Steg klebt dann am Fett und kann herausgenommen werden. Aufpassen, daß er nicht in das Loch fällt! Bei größeren Bohrungen kann auch eine Spitzzange eingesetzt werden.

19 Hier im Bild der abgebrochene Steg.

20 Nun kann z.B. ein neuer Bolzen eingesetzt werden. Auf dem Foto wird er zuerst mit reichlich Bremsenreiniger entfettet.

21 Das Gewinde braucht nicht mit Bremsenreiniger behandelt zu werden. Ein Bolzen wird sich wieder bequem mit der Hand herausdrehen lassen und dies, ohne auf den Gewindeeinsatz mit Kraft einzuwirken.

22 Sie kennen bereits die Technik, mit der ein Bolzen angezogen wird: mit Mutter und Kontermutter.

23 Mit Hilfe von zwei Schlüsseln wird der Bolzen angezogen.

24 Abschließend werden Mutter und Kontermutter wieder abgenommen, und z.B. der Ansaugkrümmer kann problemlos montiert werden. Geschafft! Der Gewindeeinsatz kann sofort belastet werden.

4

Silentblöcke und Dichtringe

Extrem selten, vor allem in Frankreich: Opel Rekord P2 Coupé von 1961, und dies noch ein einem bemerkenswert guten Zustand, gesehen in der Normandie im Sommer 2014. Die Technik des Opel-Klassikers bietet dem Restaurator kaum Schwierigkeiten, bei der Karosserie sieht es schon anders aus.

Austreiben eines Silentblocks mit Abzieher und Meißel

Das Auswechseln eines Silentblocks gehört zu den schwierigeren Arbeiten. Vom Zustand der elastischen Lager hängt das Fahrverhalten ab, denn Quer- und Längslenker sind bei vielen Modellen über Silentblöcke mit dem Chassis oder den Achsträgern verbunden.

Ein Silent- oder Flexiblock ist ein elastisches Gelenk, das als Puffer zwischen zwei Anlenkungen wirkt. Der äußere Ring besteht aus kohlenstoffarmem Stahl oder Polyamid, der innere aus halbfestem, härterem Stahl. Es gibt verschiedene Typen:

Flexiblock: Block aus zwei konzentrischen Ringen, zwischen denen ein runder Puffer aus Elastomer (auch „Elaste"; Kunststoff auf Basis von Natur- oder Silikonkautschuk) eingeklebt ist.

Silentblock: Block aus zwei konzentrischen Ringen, zwischen die unter Druck ein Ring aus Elastomer eingepreßt wurde. Der gummiartige Puffer kann über den äußeren Ring hinausragen und als Anschlagbegrenzer dienen. Der Block kann auch einen Kragen haben, der verhindert, daß sich das Elastomer selbständig machen kann.

Silentblock mit umgebogenen Rändern: würfelförmiges Element, bei dem umgebogene Ränder das Austreten des Elastomers verhindern.

Fluidbloc: Hier ist das elastische Element mit einem der Ringe verklebt, während es an dem anderen gleiten kann, was durch ein Schmiermittel gefördert wird.

Es existieren auch Anlenkungen, bei denen ein dünnes Metallrohr konzentrisch in das Elastomer einvulkanisiert ist. Ferner kennt man Systeme, die als Kugelpfanne oder konisch ausgebildet sind.

Trotz der Unterschiede im Detail werden elastische Anlenkungen gemeinhin mit dem **Sammelbegriff Silentblock** bezeichnet. Es ist meist schwierig, einen Silentblock auszubauen bzw. auseinanderzunehmen, weil die Elemente extrem fest miteinander verklebt oder verpreßt sind. Hinzu kommt, daß die Metallringe sich mit den (Fahrwerks-)Elementen, zu denen sie gehören, im Laufe der Zeit (das können 50 Jahre sein) durch **Korrosion** verbacken haben. Wir beschreiben zunächst am Beispiel des Silentblocks am Längslenker eines Panhard einige Methoden des Ausbaus. Anschließend wird beschrieben, wie man einen neuen Silentblock einbaut.

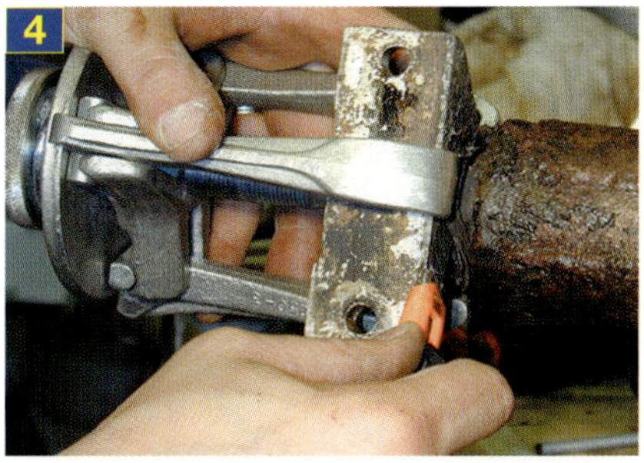

1 Der erste Teil der Operation bereitet keine Sorgen. In den Typ von Silentblock, den wir am Panhard vorfinden, ist Elastomer mit hohem Druck eingepreßt worden. Man muß den umgekehrten Weg gehen, um die beiden Teile zu entkoppeln. Man setzt einen Abzieher so an, daß die Krallen außen am Träger packen und die Spitze des Dorns auf den Innenring des Silentblocks drückt. Mechanisch kann das Elastomer der Abziehkraft, die gegenläufig auf die Metallteile einwirkt, nicht widerstehen, es muß nachgeben. Im Bild ist der Abzieher entsprechend angesetzt.

2 Ordentlich Rostlöser aufsprühen, um das Trennen des Außenträgers vom Elastomer zu erleichtern.

3 Dorn mit Schlüssel anziehen.

4 Sinnvoll ist es, hervorstehenden Elastomer abzuschneiden.

5 Weiter anziehen, langsam tut sich etwas. Bei Bedarf immer wieder Rostlöser aufsprühen

6 Endlich: Das Außenelement und der innere Ring sind getrennt; dieser ist auf dem Lenkerzapfen festgerostet.

7 Jetzt wird die elastische Masse ganz herausgezogen. Sie hat sich im Laufe der Zeit fast völlig zersetzt.

8 Die Extraktion des Innenrings ist recht schwierig. Man sieht rechts die Schweißnaht, die den Innenring des Silentblocks mit dem Stummel am Lenker verbindet.

9 Mit der Schleifscheibe fahren wir einmal rundum die Schweißnaht ab, um sie zu zerstören.

10 Dann flexen wir drei Kerben in den inneren Träger des Silentblocks, um ihn zu schwächen.

11 Aber nicht zu tief gehen, sonst wird der Stummel beschädigt, auf dem der Innnenring des Silentblocks festsitzt.

12 Mit einem gut angeschliffenen Karosseriemeißel werden die Kerben geweitet.

13 Die Kerben werden so gearbeitet, bis sie bis zur hinteren Partie des Trägers reichen. Nach und nach trennt sich die Befestigung von der Achse.

14 Mit dem Meißel wird die Befestigung vom Stummel getrieben.

15 Geschafft, ohne den Stummel zu beschädigen!

16 Mit Schmirgelleinen werden die Operationsspuren am Schwingarm entfernt.

17 Jetzt geht es darum, den Außenring des Silentblocks vom Trägerelement zu trennen, an dem er immer noch festsitzt.

18 Der Träger wird in einen Schraubstock gespannt, damit vernünftig gesägt werden kann. Um das Sägeblatt in die Öffnung zu führen, muß es ausgebaut, durchgesteckt und wieder montiert werden.

19 Nun sägen wir rundum drei Kerben in den Ring und passen dabei auf, daß wir die Alu-Trägerplatte nicht beschädigen.

20 Die drei Kerben schwächen den Ring nachhaltig.

21 Jetzt kommt wieder der Meißel zum Einsatz. Die Schlitze werden geweitet, wobei man hier die Partien nach innen drückt.

22 Ein Stück des Rings ist umgebogen.

23 So macht man immer weiter und schlägt zuletzt auf das Teil…

24 …bis es von selbst herausfällt.

25 Die Arbeit ist beendet. Links ein neuer Silentblock, rechts die drei Teile des alten Elements, die wir gerade herausgefummelt haben. Nur Mut: Die andere Seite muß auch noch gemacht werden!

Ausbau eines Silentblocks im Schraubstock

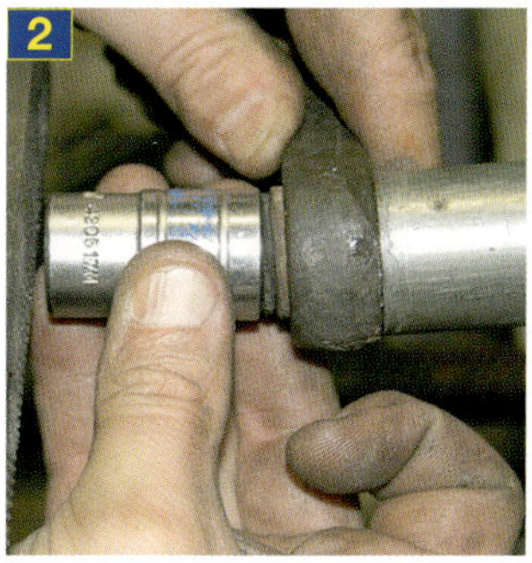

1 Eine Distanzhülse wird auf den Silentblock geschoben.

2 Wir brauchen eine Buchse oder eine Stecknuß, deren äußerer Durchmesser etwas kleiner ist als der des äußeren Silentblock-Käfigs.

3 Alles in den Schraubstock spannen und die Backen anziehen.

4 Der Silentblock wird aus seinem Sitz gepreßt, die Demontage des Elements ist erfolgreich beendet.

Silentblockmontage im Schraubstock

1 Den Außenring des Silentblocks leicht einfetten, damit er besser in seinen Sitz flutscht.

2 Eine Unterlegscheibe zwischen den Silentblock und eine Schraubstockbacke stekken und die beiden Hebel ansetzen, die mit dem Silentblock verbunden werden sollen.

3 Die Backen anziehen, um den Silentblock einzupressen; dazu muß man den Knebel mit einem langen Rohr verlängern.

4 Vor dem vollständigen Zusammenfügen muß eine Distanzhülse zwischengesetzt werden, damit der Silentblock vollständig eingepresst werden kann.

5 Fertig: Der Überstand des Silentblocks muß an beiden Seiten gleich sein.

Silentblockmontage mit der Presse

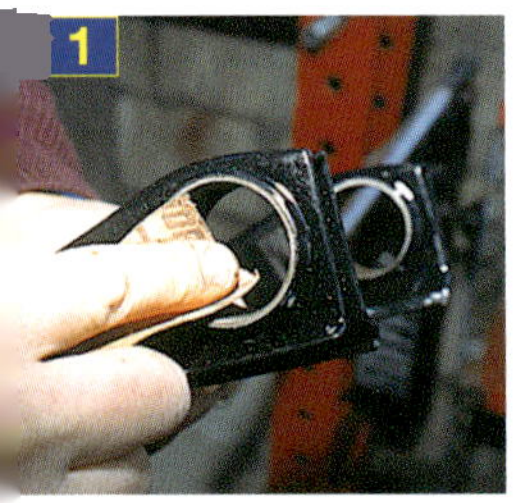

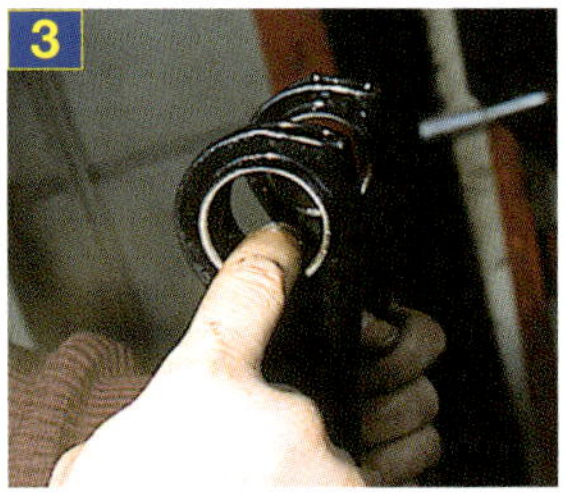

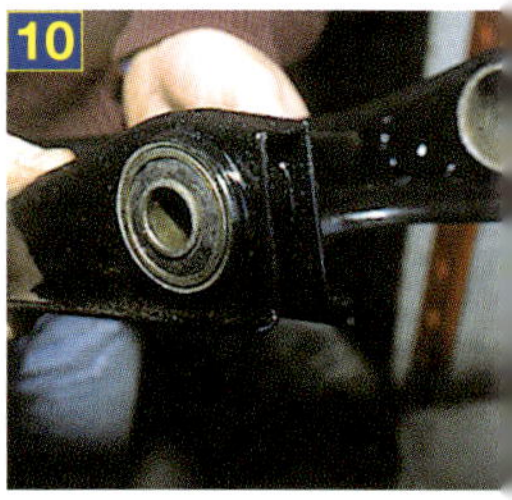

1 Mit Schmirgelpapier (Körnung 60 oder 80) werden Unebenheiten und Farbreste am äußeren Rand und an der Innenseite des hier gezeigten Querlenkers entfernt.

2 Mit dem Ölkännchen werden einige Tropfen Motoröl auf den neuen Silentblock gegeben und auf der Oberfläche verteilt.

3 Auch der Träger für den Silentblock wird leicht eingeölt.

4 Auf den Sockel der Presse wird ein Rohr gesetzt, dessen Innendurchmesser leicht über dem des äußeren Durchmessers des Silentblocks liegt.

5 In unserem Fall wird jetzt das Auge des Querlenkers über den Ring gesetzt, die Silentblockhülse muß gut zentriert sein.

6 Nun den Silentblock zum Einsetzen richtig positionieren.

7 Dann eine Hülse, deren Durchmesser mit dem äußeren Ring des Silentblocks übereinstimmt, in Position bringen.

8 Wenn alles korrekt übereinanderliegt, wird die hydraulische Presse in Bewegung gesetzt.

9 Die fertige Arbeit. Achtung: Ein Silentblock für den Querlenker muß bündig mit der innenliegenden Seite des Lenkerauges abschließen.

Wellendichtring ausbauen

Welldichtringe, auch Simmerringe genannt, haben die wichtige Aufgabe, rotierende Wellen gegen öl- oder fettführende Komponenten abzudichten. Tritt z.B. Öl am Getriebeausgang aus, ist ein Dichtring defekt.

Normalerweise gibt es keine Probleme beim Ausbau eines Wellendichtrings. Er besteht aus einem Gummiring mit umlaufender **Dichtlippe** und einem **metallischen Kern;** bestimmte Radial-Wellendichtringe werden innen durch eine Schlauch- oder Wurmfeder verstärkt, was die Abdichtung verbessert. Die Dichtringe werden im Werk aufgepreßt. Meist lassen sie sich einfach mit der Klinge eines Schraubendrehers aushebeln (Foto). Manchmal muß allerdings eine radikalere Methode angewandt werden.

1 An der Radnabe hat man oft leichtes Spiel, und der Dichtring läßt sich einfach mit einem Schraubendreher aushebeln.

2 Aber hier sitzt der Ring fest in seinem Sitz, trotz aller Bemühungen läßt er sich nicht aushebeln. Da es sinnlos ist, Gewalt anzuwenden, gehen wir intelligenter vor.

3 Einmal abgelöst kann ein Simmerring nicht wiederverwendet werden. Und da wir ihn sowieso ersetzen müssen, bohren wir ein Loch mit 3 mm Durchmesser in den Metallkern.

4 Jetzt drehen wir eine passende Holzschraube in das Bohrloch.

5 Das Element, in dem der Ring sitzt, wird in den Schraubstocks gespannt, und mit einem Seitenschneider hebeln wir den Ring aus seinem Sitz.

6 Der Ring ist frei, aber reif für den Schrott.

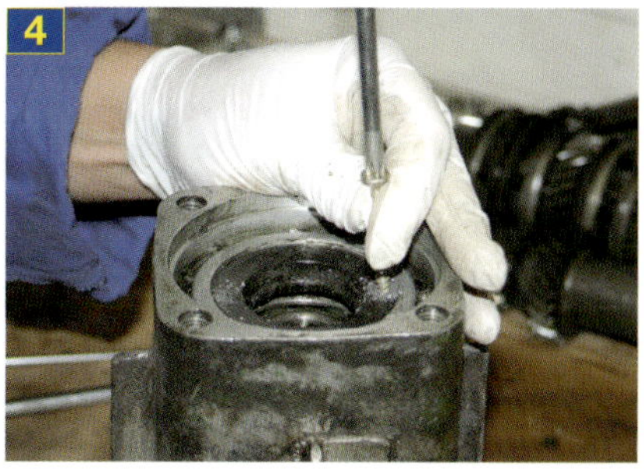

Wellendichtring einbauen

1 Der neue Simmerring wird mit der Hand eingesetzt. Man kann ihn sowohl mit Montagefett als auch trocken einsetzen. Hier im Bild wird er ohne Fett positioniert.

2 Mit Hilfe einer Stecknuß, einer passenden Hülse oder durch Aufsetzen des alten Rings wird der neue Ring in seinen Sitz geklopft.

5

Kugellager aus- und einbauen

War schon immer ein Traum-Klassiker: MGA 1500. Inklusive des seltenen Twin Cam und der späteren 1600er Modelle verließen von 1955 bis 1962 101.081 Exemplare als Roadster oder Coupé die Werkshallen. Die Ersatzteilversorgung für englische Oldtimer inkl. aller benötigten Lager ist überdurchschnittlich gut.

Lager-Ausbau durch Erhitzen oder mit dem Abzieher

Aus- und Einbau von Kugel- und Nadellagern erfolgen immer nach den gleichen Prinzipien. Wir zeigen am Beispiel verschiedener französischer 50er-Jahre-Modelle, wie's fachgerecht gemacht wird.

Je nach Typ des Kugellagers ist beim Herausnehmen unterschiedlich vorzugehen. Normalerweise wird ein Kugellager mit einem speziellen **Abzieher** oder einer **Presse** demontiert, oder man treibt es mit geeignetem Werkzeug aus seinem Sitz **(Schlagdorn).** Ein **konisches Lager** besteht aus zwei Teilen: einem inneren und einem äusseren Käfig (Rollenträger), der eingepreßt ist. So ein Lager wird in zwei Schritten herausgenommen. Ein **Nadellager** besteht aus einem inneren Käfig, in dem die Nadeln laufen. Die Nadeln kommen normalerweise mit dem Lagerring heraus, aber nicht selten bleiben sie rund um die Achse, um die sie sich drehen, kleben. In der Regel braucht man einen Abzieher oder ein Ausziehwerkzeug, um ein Nadellager auszubauen.

Auch die Zugänglichkeit spielt eine Rolle bei der Art und Weise, wie das Lager herausgenommen werden kann. In manchen Fällen wurde der **Lagerkäfig** unter Hitzeeinwirkung eingesetzt, was bedeutet, daß er und das Element, in dem er sitzt (Gehäuse) zum Ausbau ebenfalls erhitzt werden müssen. Im Folgenden zeigen wir eine ganze Reihe von Methoden zum Ausbau von unterschiedlichen Kugellagern. Soll das Lager wieder verwendet werden (was eher die Ausnahme ist), darf es natürlich nicht beschädigt werden. Und keine Kerben in das umgebende Gehäuse hauen!

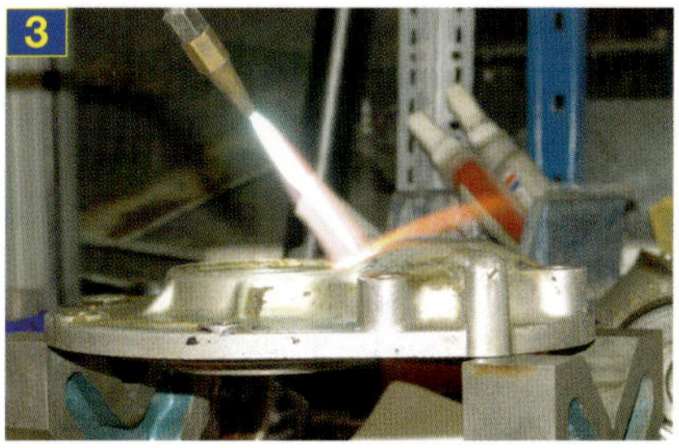

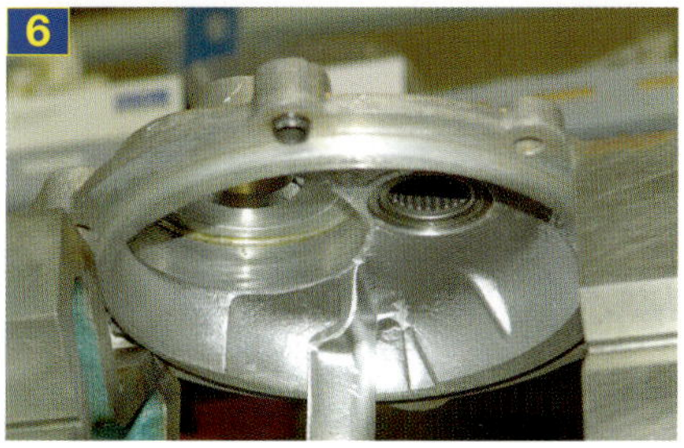

1 Der Gehäusedeckel eines Nachkriegs-Panhard-Getriebes ist mit Nadellagern bestückt. Sie wurden erhitzt eingesetzt und mit Befestigungspunkten blockiert, d.h., das lagersitzumgebende Leichtmetall des Gehäuses wurde mit Schlägen auf einen Dorn umgebördelt, bzw. gekörnt.

2 Auf dem vorderen Getriebegehäusedeckel befinden sich ein Nadellager und ein Kugellager, beide unter Hitzeeinwirkung montiert und fixiert. Man beginnt damit, die Aluminium-Umbördelung zurückzuschlagen.

3 Dann das Teil auf zwei Unterlegklötze (z.B. Ziegelsteine) legen und mit einem Brenner erhitzen, aber nicht über 130 °C. Wir empfehlen, es zunächst mit einem elektrischen Heißlufterzeuger zu versuchen, meist hat dies Erfolg.

4 Beim Erhitzen mit dem Brenner oder „Fön" hin- und herfahren, keinesfalls immer auf dieselbe Stelle zielen.

5 Bald fällt das große Kugellager heraus.

6 Um das Nadellager herauszubekommen, muß man etwas Geduld aufbringen und länger erhitzen.

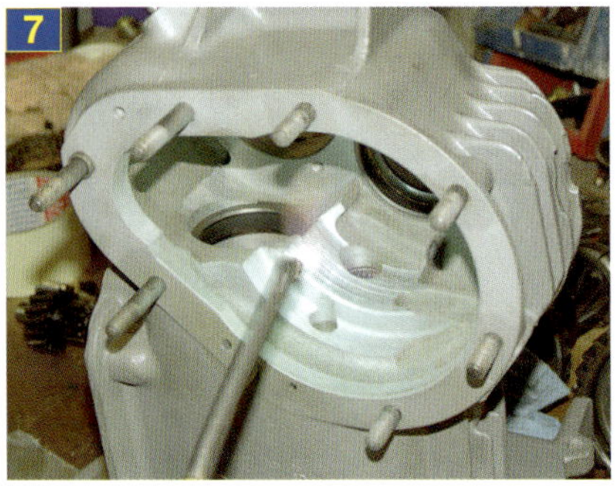

7 Direkt im Getriebegehäuse sitzt noch ein weiteres Nadellager. Wie gezeigt, müssen auch hier die Befestigungspunkte entfernt werden, um das Lager vom Aluminiumkragen zu befreien. Auf dem Foto ist das Lager schon etwas herausgekommen, gleich wird es von selbst herausfallen. Der äußere Lagerkäfig kommt gleich hinterher.

8 Nun ist der äußere Käfig heraus, ebenso das Nadellager der Zwischenwelle. Die Distanzringe, die zu jedem Kugellager gehören, sorgfältig weglegen. Sie werden noch gebraucht!

9 Jetzt geht's dem inneren Kugellagerkäfig einer Antriebswelle an den Kragen. Man spannt die Welle in einen Schraubstock mit Alubacken. Dann braucht man ein spezielles Frästeil, das unten um den Lagerring greift (s.a. Fotos 10 ff) und den Einsatz eines Abziehers ermöglicht.

10 Der innere Lagerring mit seinen Distanzringen wird abgelegt. Alles wird samt dem Kugellager, das ersetzt werden soll, in einen Beutel gesteckt.

11 Beim inneren Lagerring der Differentialwelle gehen wir genauso vor. Das dreiteilige gefräste Werkzeug wird um den Ring herumgelegt.

12 Um den Abzieher wirkungsvoll einsetzen zu können, blockiert man die drei Frästeile mit einer kräftigen Schlauchschelle.

13 Der Abzieher wird angesetzt und dann schraubt man…

14 … bis sich der Lagerring langsam löst.

15 Jetzt ist der Ring raus, steckt aber noch in dem schalenförmigen Werkzeug.

16 Gut auf die Unterlegscheiben aufpassen, denn sie sichern den perfekten Sitz des Kugellagers.

Lagerausbau mit Schlagdorn und Hammer

Standard-Kugellager

1 Mit einem Dorn und einem Hammer schlagen wir auf den inneren Kugellagerkäfig wie gezeigt.

2 Langsam aber sicher kommt das Kugellager heraus. Abwechselnd rechts und links schlagen, bis das Lager ganz aus seinem Sitz heraus ist.

3 Wenn das Lager draußen ist, die womöglich noch aufgeschraubte Achsmutter abnehmen.

4 Mit zwei Schraubendreherklingen wird das Kugellager vollständig vom Achsstummel gedrückt.

Konisches Kugellager

5 Das innere Kugellager läßt sich einfach herausnehmen.

6 Einen Dorn auf den äußeren Lagerring setzen.

7 Wechselseitig kleine Schläge auf den Ring geben, er wird dann rasch seinen Sitz verlassen.

Kugellager-Montage ohne Preßwerkzeug

1 Wie montiert man Radlager ohne hydraulische Presse? Wir zeigen, wie es geht. Zunächst etwas Montagefett in die Aufnahme des Kugellagerkäfigs sprühen, um den Vorgang zu erleichtern.

2 Den äußeren Lagerring des Lagers auf der Innenseite der Radnabe einsetzen.

3 Mit einem Kunststoffhammer den Ring wechselseitig in seinen Sitz schlagen...

4 ...bis er mit dem Rand der Nabe abschließt und sich nicht tiefer eintreiben läßt.

5 Dann mit einem Schlosserhammer auf den sauber aufgesetzten Kunststoffhammer schlagen, bis der Ring den Boden des Sitzes erreicht hat.

6 Die Nabe hat ja noch ein zweites Lager außen. Der passende Lagerring wird auf dieselbe Weise eingesetzt; zunächst den Ring von Hand positionieren.

7 Wechselseitig auf den Ring schlagen.

8 Hier kann der Kunststoffhammer nicht als Schlagpuffer dienen, die Bohrung ist zu groß. Man nimmt daher einen Bronzedorn, der auf den Ring gesetzt und auf den wieder wechselseitig geklopft wird.

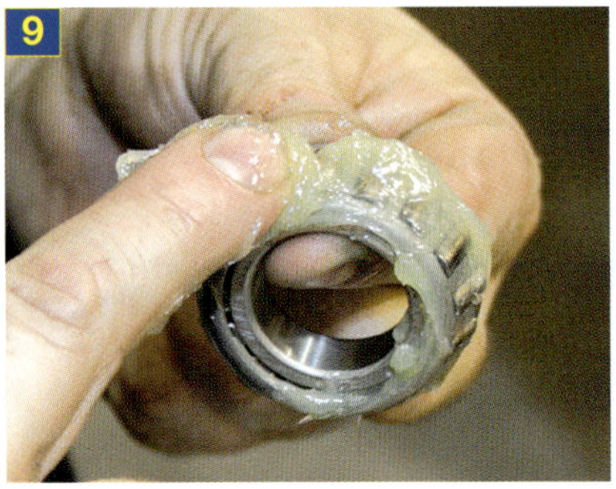

9 Abschließend wird der Kugelring des Lagers gefettet.

10 Das Kugellager wird in Position gebracht. Auf der Innenseite der Nabe müssen noch der Wellendichtring und der Seegerring zur Sicherung angebracht werden.

11 Die zusammengebaute und mit beiden Lagern ausgerüstete Radnabe wird auf den Achsstummel geschoben.

12 Einsetzen der Druckscheibe.

13 Positionieren der Mutter.

14 Die Mutter soweit anziehen, bis sie Kontakt mit dem konischen Kugellager auf dem äußeren Käfig hat, dann um eine Achtelumdrehung lockern bzw. Anweisungen des Fahrzeugherstellers zur Radlagereinstellung beachten. **Ganz wichtig:** Diese Art von Kugellager wird nie mit Drehmoment angezogen. Die Mutter darf keinen Druck ausüben, darf das Lager über die Druckscheibe nur berühren!

15 Die Mutter mit einem Splint sichern.

Kugellager auspressen

1 Als Beispiel haben wir ein konisches Kugellager einer Antriebswelle genommen. Bei allen Lagertypen ist das Vorgehen dasselbe. Einziger kleiner Unterschied: Wir müssen hier den äußeren Lagerkäfig als Hilfswerkzeug einsetzen um ein Widerlager auf dem Tisch der Presse zu haben (s.a. Foto 2).

2 Man setzt den äußeren Lagerring auf die Tragplatte der Presse, setzt eine Stahlplatte oder eine Stecknuß auf das Ende der Welle und aktiviert die Hydraulik.

3 Das Kugellager gibt nach und läßt sich abnehmen.

Kugellager einpressen

1 Zunächst das konische Rollenlager von Hand auf die Welle schieben.

2 Ein passendes und ausreichend langes Rohr auf den Lagerkäfig setzen.

3 Mit der Presse gelingt das Aufschieben mühelos.

Altes Kugellager als Einsetz-Werkzeug benutzen

Um ein neues Kugellager einzusetzen, kann man einen Bronzedorn benutzen wie wir es gezeigt haben. Aber noch besser geht es, wenn man das alte Kugellager zum Eindrücken benutzt. Aber **Achtung:** Man sollte vorher den äußeren Durchmesser des alten Lagers verringern, damit man es leichter wieder herausbekommt, wenn das neue Lager eingesetzt ist, es kann sich sonst verklemmen. Dazu den äußeren Ring einfach etwas abschleifen.

1 Abschleifen des alten Lagers, damit es später leicht wieder herauskommt.

2 Das neue Kugellager von Hand positionieren, das alte bündig aufsetzen.

3 Durch leichte Schläge mit dem Kunststoffhammer rundum das neue Teil so lange eintreiben, bis ein metallischer Ton zu hören ist, der entsteht, wenn das Lager am Grund des Sitzes angekommen ist.

Kugellager mit dem

Schraubstock einsetzen

1 Es gibt eine andere Methode, wenn man keine Presse zur Verfügung hat und Kugellager sowie Träger nicht zu groß sind: Man kann das Lager auch mit Hilfe eines Schraubstocks einsetzen.

2 Auf das neue Lager das alte setzen, das vorher abgeschliffen wurde wie im vorigen Abschnitt gezeigt.

3 Das auszurüstende Teil quer in einen Schraubstock spannen wie auf dem Foto gezeigt und ein passendes Rohr zwischen Backe und altes Lager spannen.

4 Die beiden Backen des Schraubstocks anziehen.

5 Backen bis zum Anschlag anziehen.

6 Wenn das neue Lager seine Auflage erreicht hat, das alte Kugellager abnehmen.

7 Aufsetzen der Kugellager-Druckscheibe.

8 Mit der Hand den Wellendichtring zunächst locker eindrücken, wie im vorigen Kapitel beschrieben.

9 Der Dichtring kann auch mit dem alten Kugellager, das als Hülse benutzt wird, aufgebracht werden, und zwar mit leichten Schlägen rundum auf den alten Außenring.

10 Rundum auf den Außenring des alten Lagers schlagen.

11 Zum Schluß wird ein Sprengring eingesetzt, der verhindert, daß Dichtring und Kugellager wieder aus ihrem Sitz herauskommen. Das Einsetzen ist etwas knifflig, eine Spezialzange ist hilfreich, die in die beiden Montageösen eingreift und den Ring beim Einsetzen zusammendrückt.

12 Auf jeden Fall sicherstellen, daß der Sprengring rundum in der für ihn vorgesehenen Rille sitzt.

13 Zur Sicherheit in kurzen Schlägen mit Hammer und Dorn auf den Seegerring klopfen bis der Sitz perfekt ist.

Kugellager-Montage durch Erhitzen

1 Vor allem im Getriebebereich werden die „Lagerstätten" auf Temperaturen zwischen 110 und 130 °C erhitzt, damit das Kugellager eingesetzt werden kann. Dazu legt man das betreffende Gehäuseteil auf zwei Unterlegklötze und erhitzt mit einem Brenner oder einem Heißluftfön den Außenbereich des Lagersitzes; beim Brenner lange Spitze verwenden.

2 Der Lagersitz muß auch von der anderen Seite her erhitzt werden.

3 Wenn die richtige Temperatur erreicht ist, werden die Distanzringe, die das seitliche Spiel regeln, eingesetzt. Wie viele und welche Ringe es sein müssen, ist dem jeweiligen Reparaturhandbuch zu entnehmen.

4 Das neue Kugellager mit der Gravierung nach oben zunächst locker einsetzen.

5 Dann das alte Lager nehmen, um mit ihm Druck auszuüben.

6 Bei einem Nadella-Nadellager wird zuerst die Bimetall-Unterlegscheibe eingesetzt, und zwar mit der Bronzeseite nach oben.

7 Anschließend den äußeren Ring des Nadellagers mit den Nadeln einsetzen.

8 Mit einem Gewicht die beiden Lager abdecken und erkalten lassen. Zum Abschluß wird die Umgebung des Lagers im Gehäuse an drei Stellen gekörnt, um zu verhindern, daß sich das Lager freisetzen kann.

Nadeln in Nadellager einsetzen

1 Etwas Fett in den Lagersitz schmieren, hier am Beispiel eines Getriebezahnrads.

2 Mit gut gefettetem Finger setzt man eine Nadel nach der anderen ein.

3 Mit der Klinge eines Schraubendrehers den Sitz der 26 Nadeln perfektionieren.

Radlager Hinterachse ausbauen

An dem Schulbeispiel auf den folgenden Seiten können wir alles wiederholen, was wir bisher gelernt haben, vom Lösen einer festsitzenden Mutter und dem Einsetzen eines Wellendichtrings bis hin zum Herausdrücken eines Kugellagers mit der hydraulischen Presse oder einem anderem Werkzeug und zum Wiedereinbau des Lagers.

Wir beschreiben den Ablauf am Beispiel der Radnaben klassischer Panhard-Modelle wie Dyna, PL 17, Typ 24 etc., die seit 1956 mit Kugellagern ausgerüstet waren, die man nicht zerlegen konnte. Die Tipps lassen sich im Prinzip auch auf andere Oldtimer anwenden, die ähnliche Konstruktionsmerkmale aufweisen.

Die Operation ist am einfachsten, wenn man zunächst **Trommel** und **Radnabe** abnimmt. Aber man kann auch das Radnabengehäuse abnehmen und die Bremsbacken auf der Achse lassen; dabei sollte man die **Bremse** an einem Draht aufhängen, damit der Bremsschlauch nicht gezerrt und beschädigt wird.

Das **Wechseln der Kugellager** (eines innen, eines außen auf jeder Seite) ist nicht besonders schwierig, aber man braucht eine gewisse Grundausstattung an Werkzeugen, vor allem eine Presse und einen großen Abzieher mit drei Klauen. Ohne diese Dinge braucht man erst gar nicht anzufangen.

Material: zwei äußere Kugellager z.B. SKF 6208-2Z (40x80x18); zwei innere Kugellager z.B. SKF 6306-2Z (30x72x19); zwei Wellendichtringe, in unserem Fall 55x80x8; Radlagerfett.
Werkzeug: Presse, Schlüsselsortiment, Wasserpumpenzange, flacher Schraubendreher, Hammer, Abzieher mit drei Klauen.
Kosten: unterschiedlich je nach Einkaufsquelle, von billig bis teuer. Die Kugellager sind nicht so selten, kauft man am besten in einem Autoteile-Shop, auch Industrie- oder Traktorbedarf. Wer lange sucht, kann Geld sparen. Wir haben die vier Kugellager und zwei Sicherungsringe im Autoteile-Bedarf für 126,85 € gekauft.
Wann nötig? Diese Reparatur wird natürlich immer im Rahmen einer Komplettrestaurierung durchgeführt oder wenn die Radlager Spiel haben. Das kommt von schlechten Straßen und ist hörbar, wenn das freie Rad mit der Hand gedreht wird.

1

2

3

4

1 Zu sehen sind Achsstummel, Radlagergehäuse (= Nabe), Lager, Wellendichtring, Achsstummelmutter, alles im Neuzustand.

2 Die vier Muttern abschrauben, mit denen die Radnabe an der Bremsankerplatte befestigt ist.

3 Die Bremsträgerplatte mit den Bremsbacken aus der Bremstrommel heben.

4 Die Bremstrommel in den Schraubstock spannen und das Leichtmetall dabei mit einem Lappen schützen.

5 Die fünf Befestigungsschrauben lösen, die das Radlagergehäuses mit der Bremstrommel verbinden.

6 Alle Schrauben mit den dazugehörigen Unterlegscheiben zur Seite legen.

7 Radlagergehäuse mit Nabe aus der Bremstrommel nehmen.

8 Das Gehäuse in den Schraubstock spannen und die Stehbolzen ausdrehen (nach dem Prinzip Mutter/Kontermutter).

9 Mit Hilfe eines Schraubendrehers oder kleinen Flachmeißels sowie einem Hammer wird die Sicherung von der Radnabenmutter zurückgeschlagen.

10 Mit einer großen Stecknuß nebst Verlängerung oder einer Rohrzange wird die Mutter des inneren Kugellagers gelöst. Achtung: je nach Seite haben die Muttern Rechts- oder Linksgewinde! Eine Mutter, die sich links herum festschraubt, ist durch eine Markierung an der Oberfläche gekennzeichnet.

11 Die Mutter des inneren Kugellagers abnehmen und zur Seite legen.

5

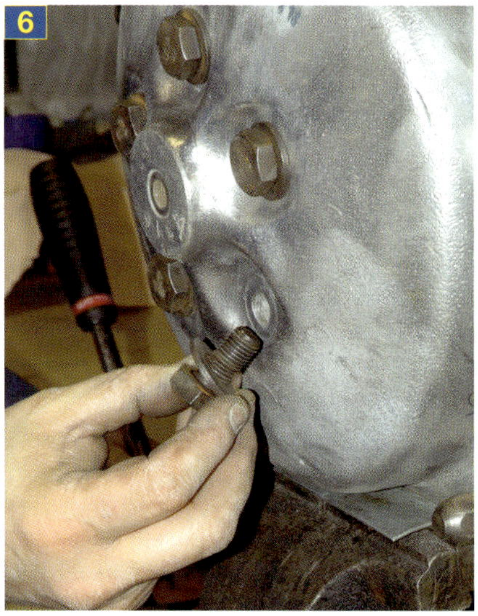

6

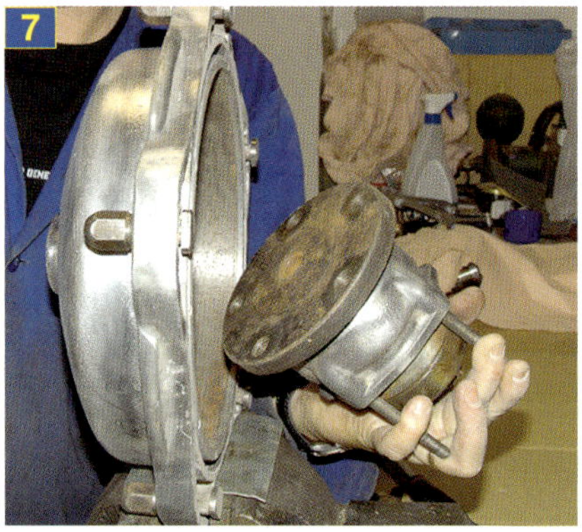

7

8

9

10

11

12 Die Sicherungsscheibe abnehmen.

13 Jetzt wird die Radnabe mit der hydraulischen Presse aus dem Radlagergehäuse gedrückt. Auf die Nabe wird dabei ein Zwischenstück gesetzt, dessen äußerer Durchmesser mindestens so groß sein muß wie der der Nabe. Jetzt wird gepreßt, aber aufpassen, daß die Nabe am Ende nicht zu Boden fällt.

14 Nun ist die Nabe aus dem Sitz heraus, und zwar zusammen mit dem äußeren Kugellager.

15 Jetzt wird das innere Kugellager zur Seite gelegt. Es ist kein abgedichtetes Lager. Dieses Lager ersetzen wir auf beiden Seiten durch abgedichtete und auf Lebensdauer geschmierte Lager.

16 Die Distanzscheiben zur Regulierung des Axialspiels entnehmen und aufheben. Es gibt sie in verschiedenen Stärken (0,10, 0,15 oder 0,50 mm).

17 Überschüssiges Fett abwischen.

18 Mit der Klinge eines Schraubendrehers wird der Wellendichtring vom äußeren Kugellager, das nun herausgenommen werden soll, ausgehebelt.

19 Das Panhard Dyna Cabriolet von 1954 besitzt Radlager der hier gezeigten Bauart.

20 Die drei Krallen eines Abziehers normaler Größe in Position bringen. Um das Gewinde der Nabe nicht zu beschädigen, eine Schraube und eine Unterlegscheibe zwischen den Kopf des Abziehers und die Achse der Nabe zwischenschalten; die Achse ist innen hohl.

21 Nun muß der Abzieher langsam gespannt werden.

22 Wegen der großen Hebelwirkung können die Krallen zu stark nach innen gehen. Das wird durch den Einsatz eines Meißels verhindert, wie auf dem Foto gezeigt.

23 Das Kugellager kommt aus seinem Sitz.

24 Zum Schluß wird der Wellendichtring abgenommen.

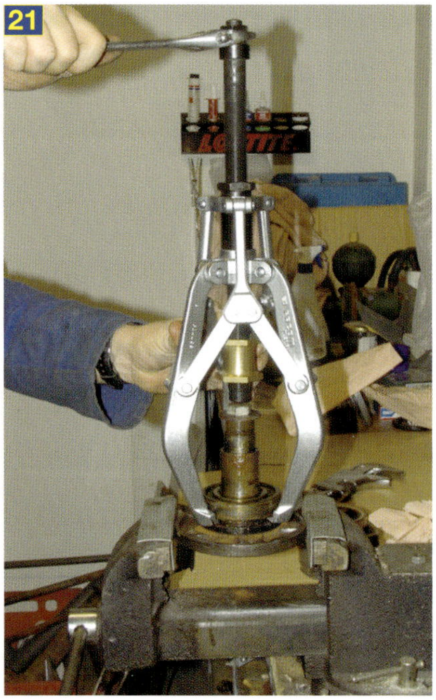

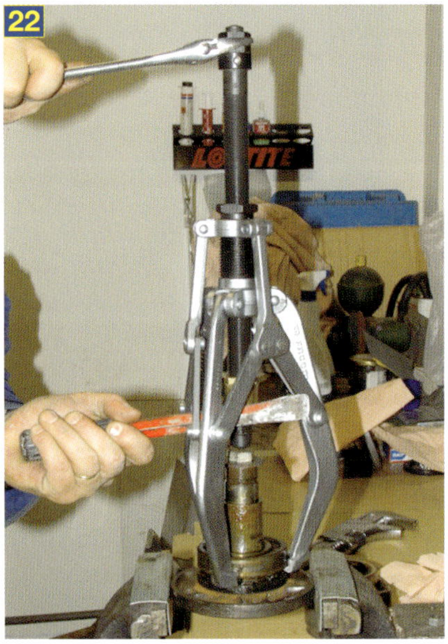

25 Auch der Panhard 24 CT rollt auf Kugellagern der beschriebenen Bauart. Das elegante und luxuriös ausgestattete Coupé wurde – als letzte Entwicklung des ältesten französischen Automobilherstellers – von 1963 bis 1967 in 28.651 Exemplaren produziert. Der 848 cm³ große, luftgekühlte Zweizylinder-Boxermotor entwickelte 50 PS, was für eine Spitze von 160 km/h genügte. Verzögert wurde der Wagen über vier großzügig dimensionierte Tommelbremsen.

Panhard, gegründet 1886, baute ab 1890 Automobile, zunächst in Lizenz mit Daimler-Motoren. 1965 fusionierte das Unternehmen mit Citroën, um zwei Jahre später die Produktion ganz einzustellen.

Radlager Hinterachse einbauen

1 Es sollte selbstverständlich sein, daß die wieder einzubauenden Teile vorher gründlich gesäubert werden. Zuerst wird das Lagergehäuse mit dem äußeren Kugellager bestückt. Innen das Gehäuse mit etwas Fett einreiben, damit sich das Lager leichter einsetzen läßt.

2 Wir arbeiten mit Hilfe der Presse. Wir setzen das alte Lager als Druckstück auf das neue Lager auf und setzen darüber eine Metallplatte.

3 Wir hören auf zu drücken, wenn das neue Lager bündig am oberen Gehäuserand sitzt und bevor das als Druckstück benutzte alte Lager in den Schacht eindringt.

4 Das neue Lager ist noch nicht vollständig eingepreßt. Wir nehmen vier selbstsichernde Muttern und setzen sie so auf, daß sie auf den äußeren und inneren Lagerring drücken können.

5 Auf die vier „Nylstop"-Muttern wird die Metallplatte gelegt und dann mit der Presse so lange Druck ausgeübt, bis das neue Lager ganz ins Gehäuse gepreßt ist.

6 Das Innere des Wellendichtrings wird gefettet.

7 Den Wellendichtring auf das Kugellager legen.

8 Den Ring über die Metallplatte mit der Presse oder mit wechselseitigen Hammerschlägen auf die Metallplatte eindrücken.

9 Jetzt sitzt auch der Wellendichtring perfekt im Gehäuse.

10 Nun kann der Achsstummel (Nabe) ins Radlagergehäuse eingesetzt werden. Die Radnabenachse wird gefettet, vor allem dort wo das äußere Kugellager sitzen soll.

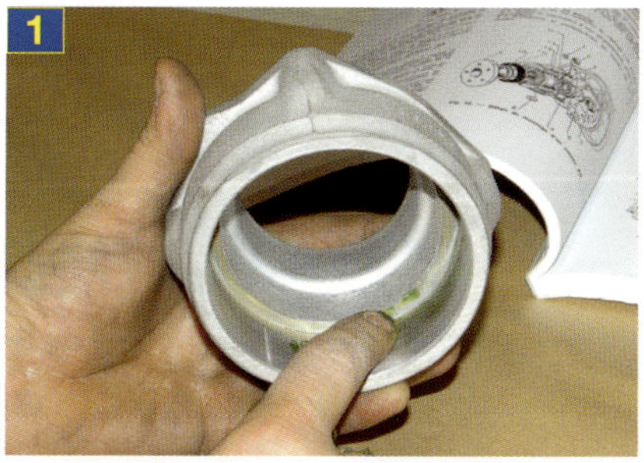
1

2

3

4

5

6

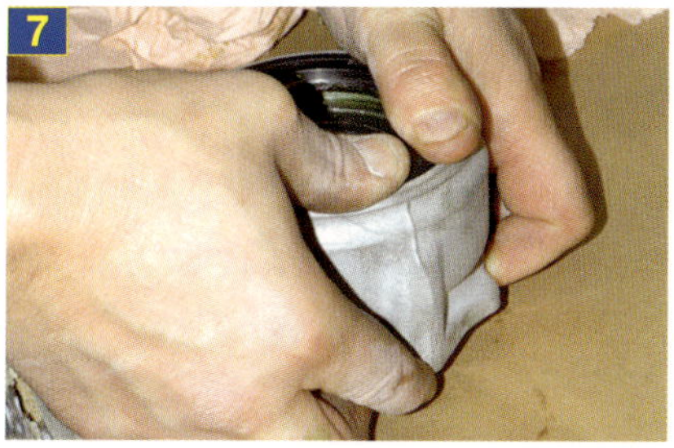
7

8

9

10

11 Nachdem die Radnabe ins Radlagergehäuse gesetzt wurde, kann die Presse in Aktion treten.

12 Die Hydraulik preßt das Lager ein.

13 Nun wird das innere Kugellager montiert. Erinnern wir uns: Beim Ausbau haben wir Distanzscheiben aufgehoben; nun brauchen wir sie wieder. Entweder nimmt man die alten Scheiben, wenn sie genau passen, oder man muß messen und neue einsetzen, die das Spiel auf Null bringen.

14 Jetzt brauchen wir die Presse und das alte Kugellager wieder, um das neue Lager einzudrücken.

15 Das neue Lager muß bündig auf die Distanzscheibe gepreßt werden.

16 Nun die Sicherungsscheibe auf das innere Kugellager setzen.

17 Die Achstummelmutter eindrehen.

18 Mit einer Rohrzange wird die Mutter leicht vorgezogen.

19 Dann mit Stecknuß und langem Hebel die Mutter anziehen; Drehmoment in unserem Fall: 230 Nm.

20 Dann wird die Mutter durch Umbiegen der Sicherungsscheibe gesichert.

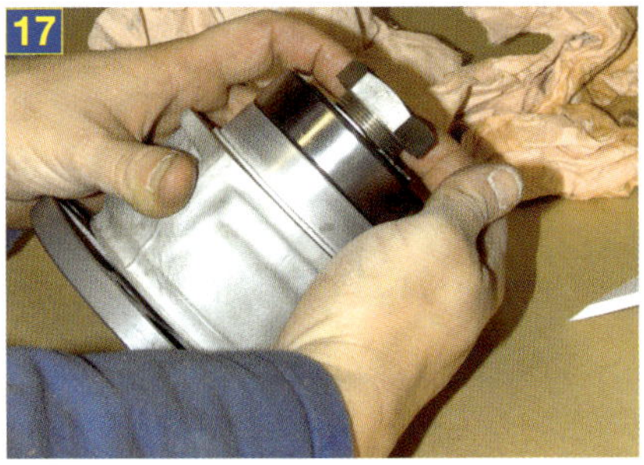

21 Jetzt können die Stehbolzen eingesetzt werden und wieder mit dem System Mutter/Kontermutter angezogen werden.

22 Zuletzt wird das Gehäuse auf die Bremstrommel gesetzt, das Ganze schließlich auf die Achse.

Radlager Hinterachse Alfetta einsetzen

1 Die klassischen **Alfa Romeo-Modelle** der Alfetta-, Giulietta-, GTV- und 75-/90-Serien verfügen über ein aufwendiges und extrem kurvenstabiles Fahrwerk mit Doppelquerlenkern und Drehstabfedern vorn sowie **DeDion-Achse** mit Panhardstab hinten. Das Getriebe sitzt über der Hinterachse und sorgt so für eine optimale Achslastverteilung. Doch obwohl die Radnaben sehr stabil gelagert sind, verschleißen die Doppellager recht schnell. Wir haben sie des öfteren wechseln müssen und uns zu diesem Zweck Spezialwerkzeuge angefertigt. Das Foto entstand etwa 1983.

2 Die Radnabe wird zum Lösen der Zentralschraube mit einem selbstgebauten Halter festgesetzt.

3 Nach dem Abschrauben der Antriebswelle können Achsstummel und Flansch abgezogen werden. Das alte Lager wird von hinten herausgeschlagen, nachdem der Sicherungsring ausgedreht wurde.

4 Prüfen der Gewindesteigung; auf der linken Achsseite haben wir Links-, auf der rechten Rechtsgewinde.

5 Das neue, ab Werk abgedichtete Doppellager wird von Hand eingesetzt

6 Das selbst hergestellte Einziehwerkzeug wird angesetzt.

7 Die Mutter drückt auf die Scheibe, das Lager wandert in seinen Sitz.

8 Mit diesem Werkzeug wird die Ringmutter angezogen (Drehmoment 270 Nm).

9 Zuletzt wird die Spezial-Ringmutter mit einem Dorn gegen Verdrehen gesichert.

6

Einzelteile aufbereiten

Dieser reich mit zeitgenössischem Zierrat dekorierte Peugeot 403 aus den frühen 1960er Jahren ist sicher der Stolz seines Besitzers. Gerade diese originalen Zubehörelemente sind heute kaum noch aufzutreiben. Der französische Mittelklasse-Wagen wurde von 1955 bis 1966 gebaut und war inklusive des Cabriolets, der Kombiversion und des Pickup mit 1,2 Millionen produzierten Exemplaren ein phänomenaler Erfolg.

Einzelteile: allgemeine Hinweise, Sicherheitstipps

Beim Auseinanderbauen haben wir die losen Teile in Kartons einsortiert, wie z.B. die Halterung des Benzineinfüllstutzens, die Hupenbefestigungen, Auspuff-Kleinteile, Verbindungselemente der Bremsleitungen, Teile des Bremsflüssigkeitsbehälters, Kupplungsbetätigung, Motoraufhängung, Pedalerie etc. Und wir haben jede Menge Tüten mit Schrauben, Muttern und Bolzen gefüllt. Nichts haben wir weggeworfen, damit wir in jedem Fall ein Referenzstück haben, wenn Ersatz, neu oder gebraucht, beschafft werden muß.

In diesem Stadium der Restaurierung ist das Erfassen der anstehenden Arbeiten vor allem visuell: Was muß ersetzt werden, was ist zu retten? Man weiß natürlich, daß gewisse Teile systematisch ersetzt werden müssen wie etwa Silentblöcke, Sicherungsringe, O-Ringe, Papierdichtungen und in manchen Fällen auch Gummidichtungen, diverse Unterlegscheiben, die keine Spannung mehr aufweisen, Kühlwasserschläuche; es wäre dumm, die alten Schläuche oder Leitungen aus Gummi, Stahl oder Kupfer wiederzuverwenden, wo es doch viel einfacher und nicht teuer ist, **Neuteile** einzubauen. Man weiß ja nie, wie die Schläuche und Rohre von innen aussehen. Und meist sind die Schläuche an den Enden ausgefranst. Wir haben da schon so manches erlebt…

Original-Kleinteile retten

Dagegen sollten alle spezifischen Teile wie Unterlegscheiben bestimmter Stärke, Abstandshalter oder Schrauben außerhalb der Norm auf jeden Fall gerettet werden. Besonders gut ist es natürlich, wenn man ein zweites **Auto zum Ausschlachten** zur Verfügung hat. So kann man das u.U. zu Bruch gegangene Teil aus dem anderen Fahrzeug nehmen und in den Beutel stecken. Aber es kann auch sein, daß dieses Teil ebenfalls beim Ausbau kaputt geht, der Teufel steckt im Detail! Wir sprechen da aus Erfahrung.

Man muß übrigens auch auf das **Spiel** und die **Abnutzung** der beweglichen Teile achten, wie zum Beispiel bei den Kugellagern und den Kugellagerkäfigen. Sie dürfen keine Riefen aufweisen, müssen vollständig sein, dürfen nicht eiern, sondern sich frei und ohne Widerstand drehen lassen. Wir tauschen daher möglichst alle Lager aus. Wenn ein Auto weitere 40 Jahre gute Dienste tun soll, dann ist es schon besser, gründlich zu arbeiten. Es wäre zu dumm, wenn **aus falscher Sparsamkeit** und Nachlässigkeit heraus dieselben Arbeiten nach ein, zwei Jahren wiederholt werden müßten. Wenn man z.B. 40 Euro sparen wollte und deshalb ein Radlager nicht gewechselt hat, kann es passieren, daß sehr schnell eine Antriebswelle festgeht – mit deutlich höheren **Folgekosten.**

Wichtig ist es, darauf hinzuweisen, daß manche **Teile paar- bzw. achsweise gewechselt** werden müssen (gilt auch für normale Reparaturen) wie der Ersatz von Stoßdämpfern (beide vorne, beide hinten) oder den Radbremszylindern bei Trommelbremsen, den Bremsscheiben und Bremsbelägen. Das sollte selbstverständlich sein, aber viele denken eben daran, die Kosten so niedrig wie möglich zu halten.

Bestenfalls fällt die Unregelmäßigkeit beim TÜV auf, und es muß nachgebessert werden, schlimmstenfalls fliegt man bei einer Notbremsung aus der Kurve und das nur, weil man geizig war! Noch eine Bemerkung was die **Sicherheit** betrifft: Man darf nicht vergessen, wenn man ein Lenkrad in die Hand nimmt, daß es die erste Pflicht ist, keine Gefahr für andere Verkehrsteilnehmer darzustellen, nicht für den Vorausfahrenden, nicht für den, der hinterher fährt, nicht für den, der die Straße kreuzt. Und das trifft auf ein altes Fahrzeug, das mehr Wartung und Aufmerksamkeit verlangt, in höherem Maße zu als auf ein modernes. Vor allem bei den Bremsen sollte man kein Risiko eingehen.

Sicherheitshinweis 1: Niemals Radbremszylinder oder Radnaben auf Teilemärkten oder über Kleinanzeigen in alten Originalverpackungen kaufen! Man weiß nie, wie der Verkäufer die Ersatzteile gelagert hatte. In neun von zehn Fällen sind die Bremskolben beschädigt oder korrodiert, die Dichtgummis sind porös geworden und daher durchlässig.

Sicherheitshinweis 2: Hüten Sie sich vor Bremszylindern und Radnaben, in die nicht Herstellungsjahr, Referenz- und Kontrollnummer eingeprägt sind (oft schwer erkennbar, denn die Herstellungsformen waren z.T. ziemlich abgenutzt!) und die ohne Verpackung angeboten werden. Das sind mit Sicherheit billige Fälschungen. Wenn Sie solche Teile kaufen, setzen Sie Ihr Leben aufs Spiel und machen sich außerdem zum Komplizen der Fälscherbande. Und es wäre schade, wenn Sie bestraft würden, weil Betrüger Ihr Vertrauen mißbraucht haben!

Sicherheitshinweis 3: Kaufen Sie Bremsenteile nur bei professionellen Anbietern gegen Rechnung mit Datum, auf der detailliert das gekaufte Teil beschrieben ist (Hersteller, Marke, Preis).

Sicherheitshinweis 4: Sie finden ohne Mühe auch Reparatur-Kits. Aber lassen Sie die Hände davon, wenn Sie sich nicht hundertprozentig auskennen und das für diese Arbeit erforderliche Reparatur-Werkzeug nicht besitzen. Wir raten Ihnen sehr davon ab, denn es geht um Ihr Leben und das anderer Verkehrsteilnehmer.

1 Das A und O jeder Aufbereitung ist die Entrostung. Glattflächige Elemente wie Schraubenköpfe lassen sich gut mit einer rotierenden Drahtbürste reinigen.

Reinigung und Präparierung von Einzelteilen

Oberstes Gebot: methodisch vorgehen! Beutel für Beutel, Teil für Teil, jeder Handgriff muß sitzen.

Entfetten

Mit wenigen Ausnahmen müssen alle zu bearbeitenden Teile entfettet werden. Dazu nimmt man klassischen **Metall-Fettlöser,** den es in jedem Heimwerkershop gibt (oder Trichlorethylen, falls aufzutreiben) und einen kräftigen Pinsel. Bremsenreiniger ist auch nicht schlecht. Zu dieser Arbeitsetappe ist nicht viel zu sagen, außer daß es eine ziemliche Drecksarbeit ist und nicht gerade appetitlich! Aber das muß sein. Nach dem Entfetten werden die Teile abgeputzt oder auch mit Druckluft abgeblasen. Die verdreckte Flüssigkeit auffangen und entsorgen.

Entrosten

Hierfür gibt es mehrere Möglichkeiten, je nach Geldbeutel und dem Zustand der zu entrostenden Teile.

Schrauben und Kleinteile

Die am wenigsten anstrengende und effizienteste Methode ist der Einsatz eines chemischen Produkts (PAC 2030 von Restom, Derphose von „Belles anciennes.com" oder auch verdünnte **Phosphorsäure**), das für Sie arbeitet, indem es die Rostpartikel löst und reines Metall zum Vorschein bringt.

Achtung aber: die Produkte sind sehr aggressiv, wenn man sie zu lange einwirken läßt! Man sollte den Rostablösungsprozeß genau beobachten. Und nicht vergessen, die Teile anschließend gründlich abzuspülen, schnell zu trocknen und sie dann mit einem Rostschutz zu versehen. Wir benutzen dazu schon seit etlichen Jahren ein Produkt der Marke Restom, PHO 4090. So liegen bei uns in der Werkstatt noch Teile, die wir vor über zehn Jahren behandelt haben, und sie weisen nicht die geringste Spur von Korrosion auf. Im übrigen ist es ein Produkt, das den idealen **Haftgrund für die Lackierung** bietet. Rückstände und Spülwasser auch hier auffgangen und entsorgen. Schutzhandschuhe und Schutzbrille tragen!

Etwas mühevoller und nicht ganz so effizient ist das Rostentfernen mit einer Drahtbürste, die auf eine **Bohrmaschine** gesetzt wird. Diese Tätigkeit braucht man nicht näher zu beschreiben, die rotierende Metallbürste entfernt den oberflächlichen Rostbefall. Hier gilt nach der Arbeit dieselbe Behandlung des Materials, um erneute Korrosion zu verhindern.

Am anstrengendsten und am wenigsten wirkungsvoll ist das manuelle Entrosten mit einer **Drahtbürste.** Da hört man oft nach Stunden erschöpft auf und hat doch nichts geschafft! Das ist eher eine Vorbereitungsarbeit als ein wahres Entfernen von Rost.

1 Gewinde lassen sich mit einer rotierenden Drahtbürste gut reinigen, wenn sie nicht zu stark angerostet sind.

2 Das Entrosten mit der Drahtbürste ist eine mühsame, wenig effiziente Methode.

3 Man kann auch versuchen, den Rost mit einer Drahtbürste zu entfernen, die auf eine Bohrmaschine gespannt wurde. Dabei muß das Stück im Schraubstock festgesetzt werden. Schutzbrille tragen!

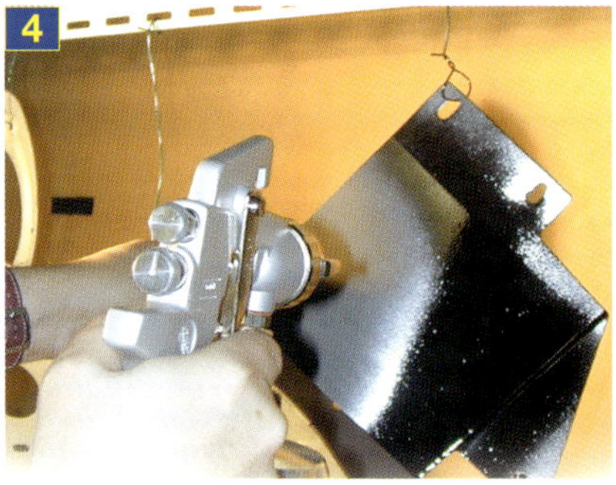

4 Expoxid-Lack wird am besten mit der Sprühpistole aufgetragen, das ergibt ein besseres Resultat als mit dem Pinsel. Unbedingt Atemschutz mit Kohlefilter tragen, es stinkt nicht nur, es ist auch giftig.

5 Mit dem Dremel lassen sich glattflächige Partien gut entrosten wie hier z.B. eine Batterie-Sockelplatte.

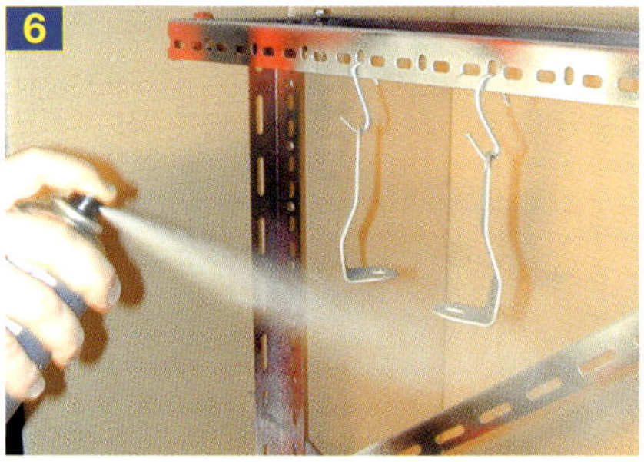

6 Kleine, entrostete Teile behandelt man am besten mit Flüssigzink aus der Sprühdose, man nennt es Kaltverzinkung.

Aber das ist nicht alles, was mit verrosteten Schrauben gemacht werden muß. Jetzt, wo der Rost runter ist, müssen die **Gewinde kontrolliert** werden, die oft unter der Korrosion an Tiefe verloren haben oder Unebenheiten aufweisen. Je nachdem muß das Gewinde ausgebessert oder neu geschnitten werden (siehe Kapitel weiter vorn).

Teile mittlerer Größe

Bei etwas größeren Teilen kann man natürlich auch Chemie einsetzen, wie oben erwähnt (PAC 2030 von Restom, Produkte wie Rustol-Owatrol oder industrielle **Rostumwandler**). Diese Produkte brauchen rostigen Untergrund, um ihre Wirkung als Rostumwandler entfalten zu können und weiterem Rostbefall vorzubeugen.

Man kann die Teile auch abschmirgeln bzw. abschleifen und dann mit einem phosphathaltigen Produkt wie PHO 4090 von Rostom behandeln. Aber die effizienteste Methode ist immer noch das **Strahlen,** das perfektes Abtragen von Rost und alten Farbschichten gewährleistet. Wie weiter vorn im Buch sprechen wir nicht von „Sandstrahlen", sondern von Strahlen mit Korund z.B. Man sollte dabei nicht vergessen, die Teile zuvor von alten Öl- und Fettspuren zu reinigen. Die Stellen, die nicht gestrahlt werden sollen oder dürfen, müssen gut abgeklebt werden. Nach dem Sandstrahlen müssen die Teile mit Druckluft abgeblasen werden, bevor Rostschutz aufgetragen wird.

Gute Erfahrungen haben wir mit Korundschleifköpfen gemacht, die z.B. in das Multi-Werkzeug von **Dremel** oder ein druckluftbetriebenes Gerät eingespannt werden. Der schnell rotierende Schleifkopf entfernt den Rost bis aufs blanke Blech, macht aber ordentlich Lärm dabei. Moderne **Dreiecksschleifer** mit auswechselbaren Schleifscheiben unterschiedlicher Körnung wirken vor allem bei Blechteilen Wunder – und das bei geringem Kraftaufwand. Sie erlauben zudem ein präzises Entlangfahren an Kanten und Sicken sowie in Ecken. Es geht aber zum Teil auch ohne Elektrik: Ein **Dreikantschaber** holt vor allem groben Rost im Handumdrehen runter.

Große Teile

Für die großen Teile, die Sie nicht selbst strahlen können, müssen sie sich an einen professionellen Strahlbetrieb wenden. Aber Sie sollten diese Teile gut vorbereiten und alles, was von der Behandlung ausgenommen werden soll wie z.B. Silentblöcke, Gewinde und Kugellager, wiederum **gut abkleben.** Denn in der Werkstatt hat man dafür keine Zeit.

Professionelle Betriebe machen Folgendes: Abbeizen von Farbresten, Abspülen des Lösungsmittels, Strahlen meist auf einer sich drehenden Hebebühne, Auftragen einer Micro-Metallschicht, Einsprühen mit Anti-Oxidpulver, das in vielen Farben angeboten wird **(Pulverbeschichtung).** Dann wird alles in einen Ofen geschoben, wo unter Hitzeeinwirkung das Epoxy-Pulver polymerisiert wird, wodurch eine optimale **Schutzschicht** entsteht. Danach wird alles abgekühlt. Verständlich, daß vermieden werden muß, Epoxy auf Gewinde geraten zu lassen – sie müßten allesamt nachgeschnitten werden! Eine solche Lösung des Rostproblems ist natürlich aufwendig und teuer, aber die Preise können von einem Betrieb zum anderen sehr unterschiedlich sein.

Rostschutz und Lackierung

Die nächsten Schritte sind **Rostschutz** und **Lackierung.** Für Teile wie beispielsweise Befestigungslaschen kann man eine **Kalt-Galvanisierung** anwenden. Das ist das Aufbringen von Rostschutzfarbe auf Zinkbasis, die sehr gut schützt und als Spray im Handel ist. Sie ist überwiegend silberfarben.

Für Teile, die aggressiven Bedingungen ausgesetzt sind (Feuchtigkeit, Schlamm, Steinschlag etc.) sollte **Chassis-Farbe** oder, noch wirkungsvoller, **Kalt-Epoxy** aufgebracht werden. Dieses Zwei-Komponenten-Produkt von Restom (EAF 2090) aus farbigem Kunstharz und Härter, läßt sich sowohl mit dem Pinsel (nur 10-20% Nitro-Verdünnung beigehen) als auch mit einer Lackierpistole (25-50% Verdünner) auftragen, und zwar mit 4,5 bis 5,5 bar. Am besten läßt sich die Schutzschicht aufbringen, wenn das Blech erwärmt ist. Die Polymerisation ist besser, die Farbe läßt sich glatter verteilen. Die **Trockenzeit** hängt von der Zimmertemperatur ab. Wenn es schnell gehen soll, kann man mit einer Infrarotlampe oder einem 500 W-Halogen-Strahler nachhelfen.

Kleinteile in Beutel packen

Mit Neuteilen und aufgearbeiteten Stücken wird ein neuer **Sortierbeutel** gefüllt. Das ist um vieles einfacher, wenn man einen Teilekatalog vor Augen hat, um festzustellen, ob wirklich nichts fehlt, keine Mutter, keine Unterlegscheibe, kein Splint. Die **Vollständigkeit** zu überprüfen ist ein befriedigender Moment, denn das Zusammenschrauben rückt in greifbare Nähe! Der neue Beutel wird beschriftet, der alte mit den abgenutzten Stücken wird ebenfalls aufgehoben – für alle Fälle.

7 Sehr seltener Porsche 912 mit 90 PS leistendem Vierzylinder-Boxermotor aus der Zeit 1966 bis 1969, fotografiert 2008 in Berlin. Bei so einem – in diesem Fall offenbar pefekt restaurierten oder besterhaltenen – Wagen lohnt es sich, auch das kleinste Originalteil instandzusetzen. Die Preise für schöne alte Porsche haben längst beträchtliche Höhen erreicht.

Aufbereitung von Schrauben, Muttern, Scheiben

1 Hier sind einige Schrauben, Muttern und Unterlegscheiben zu sehen, die einer Aufarbeitung bedürfen.

2 Um Kleinteile zu entrosten, nimmt man Rostlöser (hier PAC 2030 von Restom). Zum Gebrauch wird er zu 50% mit Wasser verdünnt. Aber man muß die Rostvernichtung überwachen, damit die Substanz nicht zu lange wirkt und gesundes Metall angreift.

3 Das Produkt wird in ein Glas gegossen, und die rostigen Kleinteile werden hineingelegt. Wenige Sekunden später sieht man kleine Blasen und Rostpartikel aufsteigen. Etwa eine Stunde später hat sich der Rost vollkommen gelöst. Nun muß der Vorgang gestoppt, die entrosteten Teile mit klarem Wasser abgespült werden. Dann werden die Teile gründlich getrocknet und mit PHO 4090 geschützt.

4 Manchmal muß bei Schrauben und Muttern ein weiterer Schritt gemacht werden: Nachschneiden der Gewinde (s.a. weiter vorn im Buch). Es werden dazu zwei verschiedene Gewindeschneid-Werkzeuge benötigt: ein ringförmiges für Außengewinde (Schrauben), ein gewindetragendes für Innengewinde (Muttern). Diese Werkzeuge gehören zur Basisausrüstung jedes Schraubers. Sparen Sie bei der Anschaffung nicht am falschen Ende, Qualität hat seinen Preis, steht aber für Präzisionsarbeit und lange Lebensdauer!

5 In manchen Fällen genügt ein Nachschneiden des Gewindes nicht. Die Schraube auf diesem Foto hat sicher einen Stoß erhalten, das Gewinde ist so beschädigt, daß es speziell bearbeitet werden muß.

1

2

3

4

5

6

7

8

9

6 Um ein Gewinde nachzuarbeiten, braucht man eine Gewinderaspel mit einer Reihe von Einkerbungen, mit denen die Gewindesteigung gemessen werden kann und die damit anzeigen, welche Seite des Werkzeugs zu benutzen ist.

7 Jetzt vorsichtig feilen, um das Gewinde wieder brauchbar zu machen. Langsam und in kleinen Schritten arbeiten!

8 So sieht das perfekt wiederhergestellte Gewinde aus.

9 Ausprobieren, ob gut gearbeitet wurde: Die Mutter muß sich leicht aufsetzen lassen.

Aufarbeitung einer Auspuffaufhängung

1 Als erstes werden altes Fett und Öl entfernt. Dazu nimmt man einen Metall-Entfetter, einen harten Pinsel, eine Zahnbürste für die Ecken und bei hartem Schmutz auch eine Drahtbürste.

2 Anschließend das gesäuberte Teil abwischen oder abblasen.

3 Bei unserer Aufhängung ist eine Verformung zur Auspuffseite hin zu erkennen.

4 Mit Hilfe eines Hammers wird die Lasche auf dem Schraubstock gerichtet.

5 Wir haben mehrere Möglichkeiten, das Teil zu entrosten. Man kann es abschmirgeln, bis Farbreste und Korrosion verschwunden sind. Das ist langwierig und anstrengend, aber sehr wirksam.

6 Um Farbe abzulösen kann man auch chemische Produkte verwenden, wie sie in jedem Heimwerkerbedarf erhältlich sind. Mit einem Pinsel wird das Mittel aufgetragen. Wenn die Farbe beginnt, Blasen zu werfen, nimmt man einen Spachtel zu Hilfe und entfernt die gelöste Schicht. Abgesehen davon, daß es dabei nicht gerade gut riecht, muß dies mehrere Male durchgeführt werden, wenn mehrere Farbschichten zu entfernen sind.

7 Die beste aller Möglichkeiten ist immer noch das Sandstahlen, wie hier im Bild zu sehen.

8 Nach dem Sandstrahlen muß das Teil mit Druckluft abgeblasen werden, um jegliche Staub- und Sandreste vor der weiteren Bearbeitung zu entfernen.

9 Um vor neuerlicher Korrosion zu schützen, muss ein phosphathaltiges Mittel aufgetragen werden (hier PHO 4090).

10 Das Produkt mit einem Pinsel dünn auftragen und es mindestens zwölf Stunden lang trocknen lassen, bevor eine Farbschicht aufgebracht wird.

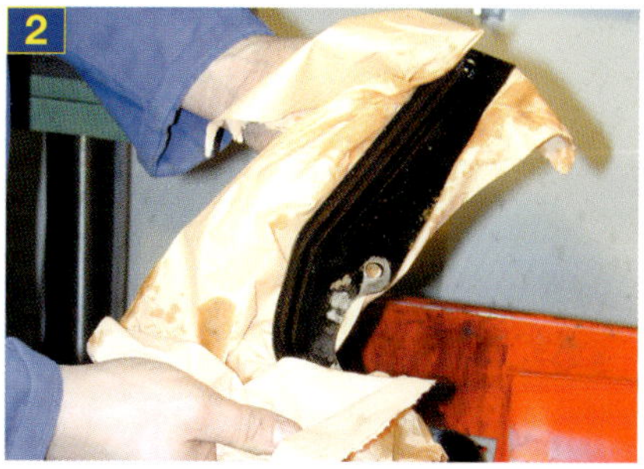

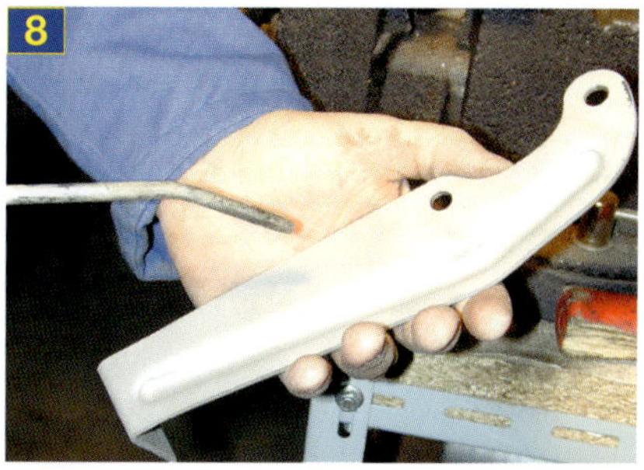

Partielle Behandlung von Einzelteilen

1 Es gibt Bereiche z.B. hier an diesem Benzineinfüllstutzen, die nicht mit Farbe bedeckt werden dürfen. Sie werden nur mit einer Drahtbürste gesäubert und mit Rostschutz versehen.

2 Um die Stellen zu schützen, die nicht mit Farbe in Berührung kommen sollen, werden sie rundum mit Karosserie-Klebeband versiegelt. Da gesprühte Farbe sehr flüchtig ist, müssen ausgesparte Teile so gut verschlossen werden, daß kein Sprühnebel ins Innere dringen kann. Die Abklebefolie für Karosserien läßt sich sehr gut verarbeiten, da sie sehr elastisch ist und sich gut den Formen anpaßt.

3 Jetzt ist unser Einfüllstutzen fertig für die Weiterbehandlung.

4 In unserer kleinen improvisierten Lakkierkabine haben wir den Stutzen mit einem Draht aufgehängt. Nun wird er mit Zinkstaubfarbe eingesprüht.

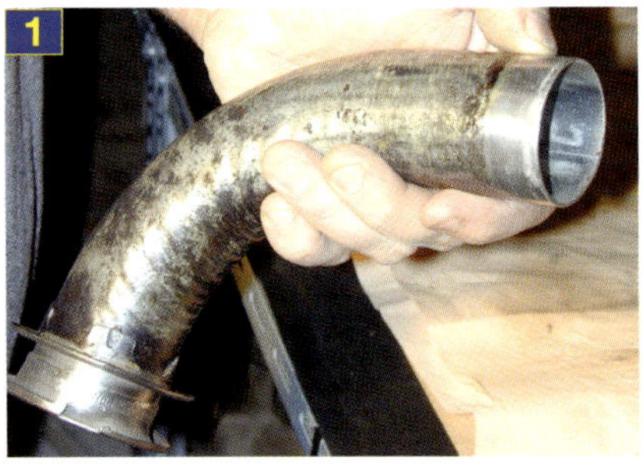
1

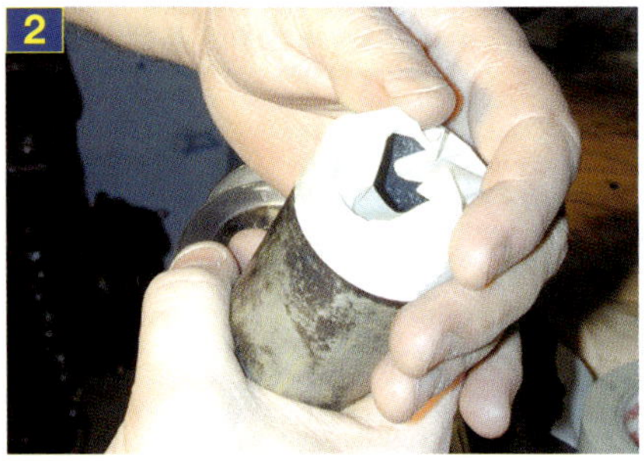
2

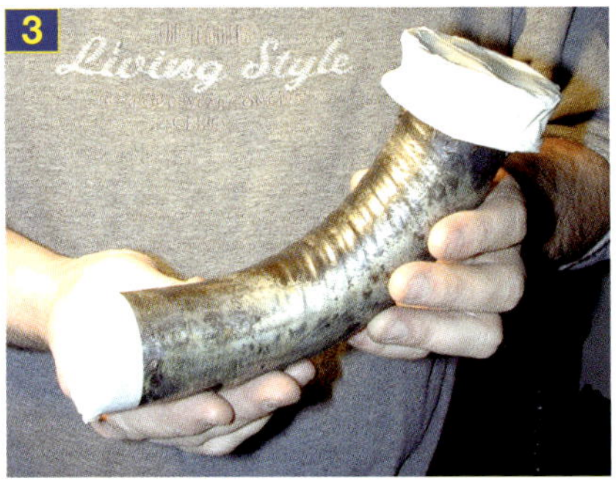

3

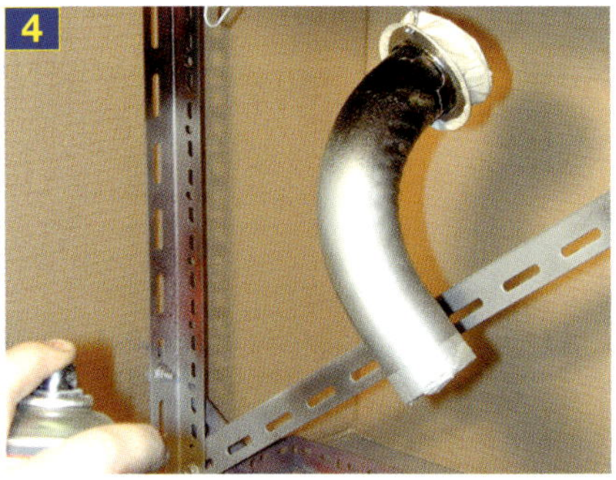
4

Zusammenstellung eines Sortierbeutels

1 Dieser Beutel enthält alle Schrauben, Muttern, Unterlegscheiben, die zur Befestigung der Frontschürze („Jupe AV") nötig sind, wie es auf dem Etikett markiert ist.

2 Hier im Bild sind alle Schrauben, Unterlegscheiben und Muttern im Originalzustand zu sehen. Einige davon haben die Demontage nicht überstanden. Leider enden viele Teile so, selbst wenn man sie bestens mit Kriechöl vorbehandelt hat.

3 Hier sieht man alt und neu schön sortiert. In diesem Fall spielt es keine große Rolle, daß einige Originalteile die Zerlegung nicht überlebt haben, denn es sind Standart-Stücke. Da kann man alt durch neu leicht ersetzen.

4 Um Zeit beim späteren Wiedereinbau zu sparen, sollte man die zusammengehörenden Schrauben, Muttern und Unterlegscheiben provisorisch zusammenfügen, wie auf dem Foto gezeigt. Hier sehen wir Einzelteile, die gelbverzinkt wurden.

5 Dann steckt man alles in eine neue Tüte und beschriftet diese wieder.

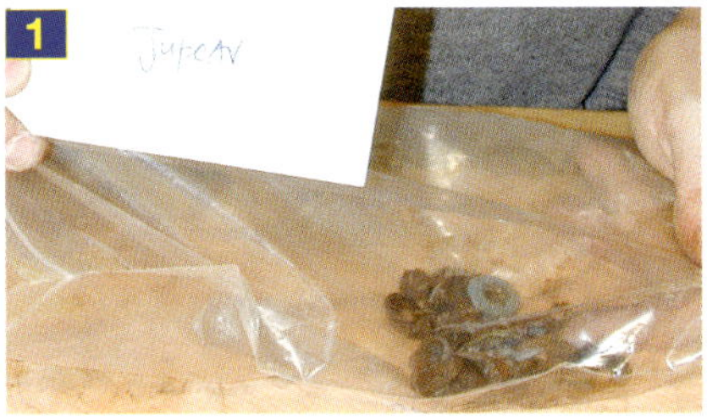
1

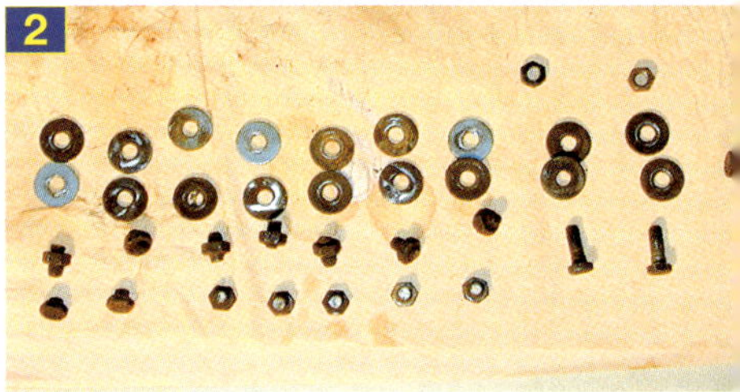
2

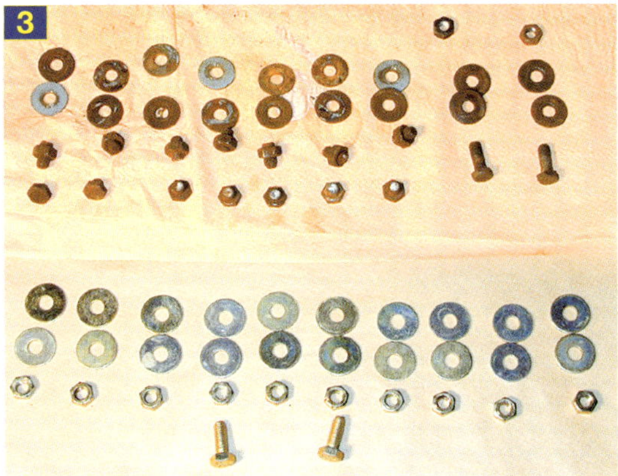
3

4

5

Festsitzende Schrauben lösen

1 Manche Schraubendreher haben einen sechskantigen Schaft. Das ist praktisch, um mit Hilfe eines Gabelschlüssels mehr Kraft anwenden zu können, um die Verschraubung zu öffnen. Doch das ist nicht immer ausreichend, wenn die Gewinde von Korrosion zu sehr zerfressen sind. Hier sollte man es zuerst mit örtlicher Erhitzung und dann plötzlicher Abkühlung versuchen.

2 Die Schraube bis zur Rotglut erhitzen (ca. 600°). Durch Kapillarwirkung dehnt sie sich aus und stößt den Rostmantel ab.

3 Mit einem in kaltes Wasser getauchten Schwamm wird der Schraubenkopf abgeschreckt, damit er sich zusammenzieht.

4 Dann benutzt man einen Kreuzschlitzschraubendreher, schlägt ihn mit ein Paar Hammerschlägen in den Schraubenkopf, was die Schraube vibrieren läßt und vom Gewinde trennt.

5 Jetzt losschrauben, aber nie mit Gewalt, um den Schlitz nicht rund zu drehen. Das ist nicht immer beim ersten Versuch erfolgreich, es muß öfter probiert werden. Wenn das nicht klappt, muß die Schraube ausgebohrt werden.

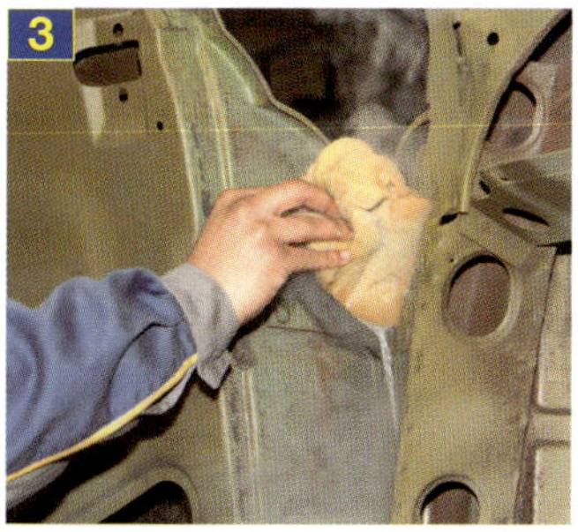

Verrosteten Splint ausziehen

1 Früher wurden Muttern mit Splinten gesichert, den Vorläufern der selbstsichernden Muttern. Mit einer Stahlbürste alles gut freilegen.

2 Dann mit Rostlöser einsprühen.

3 Die beiden Enden des Splints mit einem Schraubendreher hochbiegen.

4 Mit einer Spitzzange oder einem Seitenschneider den Splint erfassen, mit Hebelkraft auf die Mutter einwirken...

5 ...und den Stift herausziehen.

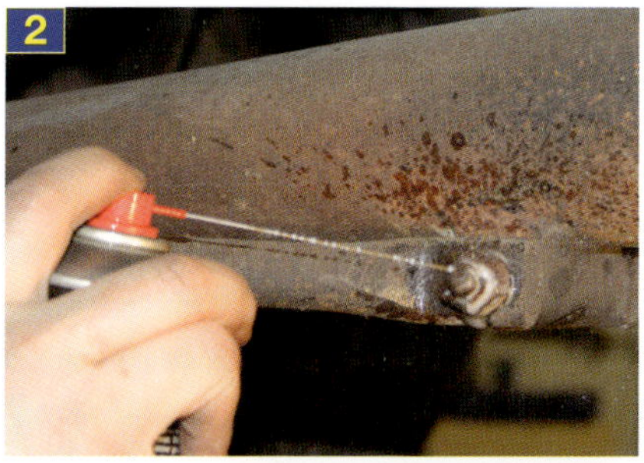

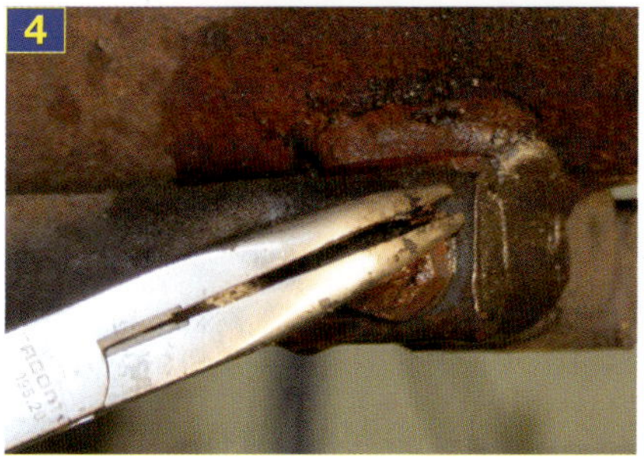

Muttern entsichern und lösen

1 Manche Muttern sind mit einem Blech gesichert, das wenigstens an einer Kante der Mutter umgebogen ist wie hier bei dem Bolzen, der durch den Silentblock der Blattfeder eines Peugeot 203 geführt ist.

2 Das Sicherungsblech wird mit einer Schraubenzieherklinge von der Mutter weggedrückt, indem man mit einem Hammer auf das Werkzeug schlägt.

3 Das Gewinde mit Rostlöser einsprühen und wirken lassen. Die Mutter mit einem passenden Schlüssel lösen.

4 Andere Muttern tragen einen Kragen, der gegen einen Schlitz im Schraubengewinde geschlagen wurde. Die eingeschlagene Partie wird mit Dorn und Hammer aufgebogen.

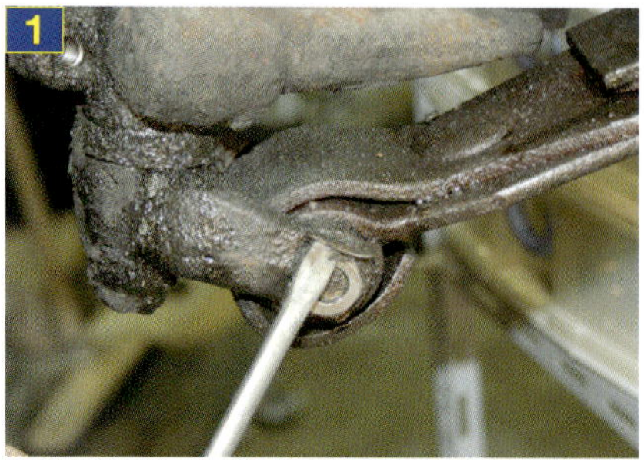

Schrauben lösen ohne Kraftanstrengung

1 Man sollte möglichst vermeiden, Originalschrauben zu zerstören. Daher muß man behutsam vorgehen, ohne Gewalt. Sonst kann die Schraube beschädigt oder verdreht werden oder abreißen. Erste Möglichkeit: Den Schraubenschlüssel ansetzen und mit einem Hammer dagegen schlagen. Oft reicht das aus, um die Mutter zu lösen, wenn der Vorgang mehrmals wiederholt wird.

2 Um die angewandte Kraft zu optimieren, empfiehlt es sich, die „Zangenmethode“ anzuwenden. Hierbei blockiert ein Schraubenschlüssel die Mutter, der andere löst die Kontermutter. Dabei werden die beiden eingesetzten Schlüssel wie die Arme einer Zange gegeneinandergedrückt. Die eingesetzte Kraft ist höher, weil man mit beiden Händen auf die Verbindung einwirkt.

3 Festsitzende Verbindungen werden mit Verlängerungen gelöst. Je höher das Drehmoment ist, mit dem die Schaube angezogen wurde, desto länger muß der Hebelarm sein. Auf dem Foto wird der Winkelschlüssel mit einem Schraubendreher verlängert.

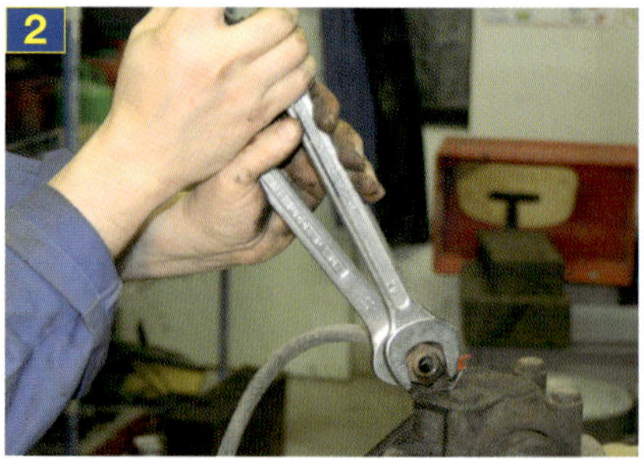

4 Zylinderkopfschrauben sitzen meist so fest, daß der Schlüssel mit einem Rohr verlängert werden muß.

5 Auch hier werden mehrere Werkzeuge und Verlängerungen eingesetzt, um einen festsitzenden Bolzen zu lösen.

Schrauben, Muttern mit Drehmoment anziehen

In allen Handbüchern finden sich Hinweise darauf, wie stark Schrauben und Muttern angezogen werden müssen, bzw. maximal dürfen. Diese Stärke nennt sich Drehmoment. Der Wert wird in alten Unterlagen in Meter Kilogramm (mkg), in neueren Dokumenten in Newton Meter (Nm) ausgedrückt. Es ist die Kraft, die zum Anziehen einer Schraube oder Mutter angewandt werden muß, multipliziert mit der Länge des Hebels, mit dem man arbeitet. Wenn man zum Beispiel eine Kraft von 5 kg auf einen 20 Zentimeter langen Hebel ausübt, dann wirkt 1 mkg auf die Schraube oder die Mutter.

Es ist sehr wichtig, diesen Wert genau zu respektieren, denn wenn zu stark angezogen wird, werden **Widerstandsfähigkeit** und **Elastizität** geschwächt. Bestenfalls provoziert man einen später auftretenden Schaden, schlimmstenfalls reißt die Schraube sofort ab. Das ist ziemlich übel z.B. beim Anziehen von Zylinderkopfbolzen.

Berechnung des Drehmoments

Je nach Qualität des Materials haben Schrauben, Bolzen, Muttern eine unterschiedliche **Festigkeit.** Die Qualitätsklasse ist normalerweise mit **zwei Ziffern in den Schraubenkopf** geprägt. Die erste Ziffer drückt Newton/mm^2 aus, das entspricht einem Zehntel der Widerstandskraft bis zum Bruch des Materials (Rr). Die zweite Ziffer, wieder in Newton/mm^2, bezeichnet die Relation zwischen Mindest-Elastizitätsgrenze (Re) und Sollbruchwert (Rr), multipliziert mal 10.

Im Alltag reicht es, wenn man sich merkt: Je höher die Ziffer ist, desto resistenter sind die Schraube oder der Bolzen gegen Bruch, Verformung oder Längung. Hier einige Beispiele von **Zifferkombinationen:** 3.6, 4.6, 4.8, 5.6, 5.8, 6.6, 6.8, 6.9, 8.8, 10.9, 12.9, 14.9 usw. Wenn man es sich einfach machen will, kann man sich hinsichtlich der ersten Ziffer als Faustregel merken: Eine Schraube 3.6 hat einen Resistenzwert von 30 kg, eine mit 6.8 einen Wert von 60 kg, eine mit 8.8 hält einen Druck von 80 kg aus usw.

Soweit die Theorie. In der Praxis kommt es auf die Anwendung des Werkzeugs und die **Beachtung der Maximalwerte** an. Alle, die Spaß an komplexen mathematischen Aufgaben haben, können die **Formel** anwenden, die der Elastizitätsgrenze (Re), von der wir gerade gesprochen haben, Rechnung trägt, sowie der Schraubenstärke (8 z.B.), dem Gewindeabstand (125 z.B.), dem mittleren Reibungswiderstand des Gewindes (0,10 für z.B. verzinkte Schrauben, 0,15 für schwarze und geölte, 0,20 für beschichtete oder trocken einzusetzende), dem Widerstand der Schraube, dem Druckradius unter dem Kopf und unter der Mutter und vielem mehr! Die Formel ist ein richtiger Bandwurm, aber ohne großen Wert für uns, denn die Schraubenhersteller haben uns die Denkarbeit abgenommen, indem sie uns leicht zu lesende **Tabellen** in die Hand ge-ben, s. nächste Seite. Dabei ist **zu beachten,** daß die Drehmomente entsprechend der **Materialqualität** (Stahl, Inox…) variieren. Man muß also gut aufpassen!

1 Die Lagerdeckel der Kurbelwelle müssen strikt in zwei Stufen mit dem vorgeschriebenen Drehmoment angezogen werden. Hier wird ein Drehmomentschlüssel mit automatischer Entrastung eingesetzt.

2 Der Drehmomentschlüssel von Facom wird über zwei Feinabstimmungen eingestellt. Auf der vertikalen Skala sind die Werte in 10-Nm-Schritten, auf der horizontalen Skala in Einzel-Nm angezeigt.

Werkzeug: Dynamometrischer Schlüssel und ein Sortiment an Stecknüssen nebst den zugehörigen Verlängerungen.
Kosten: Je nach Marke und Qualität. Preisbeispiele:
Roadcraft Auto-Mate AM 509: 46,60 €
Kraftwerk OCC2040: 117,50 €
Béta 606/520P5: 141,10€
Facom J208-200PB: 202,10 €
Hazet 5122-2CT System 5000-2 CT (mit Umschaltknarre), ± 4% Auslöse-Genauigkeit, Vierkant 12,5 mm (1/2"), Nm min: 40, Nm max: 200: 129,00 €
Proxxon MicroClick 320: 96,90 €
Mannesmann M 183, 42-210 Nm: 42,40 €
BBB Torqueset BTL-73, Schwarz-Silber, 2-14 Nm, 79,95 €

Drehmomentschlüssel: Anwendung

Um das vom Hersteller empfohlene Drehmoment anwenden zu können, muß man sich natürlich einen **Drehmomentschlüssel** zulegen. Er hat die Eigenschaft, das Anziehen abzubrechen, sobald der eingestellte Wert erreicht ist und dies durch ein Klacken hörbar zu machen (bei elektronisch gesteuerten, sehr teuren Werkstattschlüsseln durch ein Signal). Es ist eine sehr große Auswahl an Drehmomentschlüsseln auf dem Markt, vom einfachsten mit einer simplen Skala bis hin zum elektronischen Gerät. Empfehlenswert sind Schlüssel mit **Feinabstimmung,** bei denen sich durch Drehen der gewünschte Drehmomentwert einstellen läßt.

Der Drehmomentschlüssel ist ein **Präzisionsgerät,** das nur zum Festschrauben benutzt werden darf, nicht aber zum Schraubenlösen. Sie dürfen also **auf keinen Fall gegen den Uhrzeigersinn** gedreht werden, das würde sie zerstören. Ältere Modelle arbeiten durch Verbiegen eines Zeigers, der den Wert dann auf einer Skala anzeigt.

Es gibt Schlüssel mit unterschiedlichen **Arbeitsbereichen.** Diese reichen meist von 0 bis 25 Nm, von 10 bis 50 Nm, von 20 bis 100 Nm, von 40 bis 500 Nm oder von 60 bis 340 Nm. Heutzutage werden alle Werte nur noch in Newtonmeter (Nm) und nicht mehr in mkg angegeben; das ist einer internationalen Übereinkunft zu verdanken.

Die alten Handbücher indes geben normalerweise alles noch in **mkg** an. Wie rechnet man dies in **Nm** um? Das ist ganz einfach, wenn man weiß, dass 1 Nm = 0,102 mkg oder 1mkg = 0,980 daNm ist. Da die Werte so dicht beieinanderliegen, haben wir es uns zur Gewohnheit gemacht, den im Handbuch angegebenen Wert mit 10 zu multiplizieren und somit den nächstliegenden Wert auf unserem Drehmomentschlüssel einzustellen. Ein **Drehmoment von 4,5 mkg entspricht also 45 Nm** auf dem Schlüssel.

Für niedrige Werte kann das Anziehen in einem Schritt gemacht werden, aber auch in mehreren. Meist sind die einzelnen Stufen angegeben, vor allem bei Zylinderkopfbolzen, die mitunter nach Erreichen des Maximalwerts noch einmal um z.B. 90° weitergedreht werden müssen. Dazu wird in der Regel ein **Spezialschlüssel mit Gradscheibe** eingesetzt. Man beginnt natürlich immer mit dem niedrigsten Wert. **Achtung:** Ein Drehmomentschlüssel sollte regelmäßig **geeicht werden,** vor allem, wenn er oft benutzt wird.

3 Antiker Drehmomentschlüssel mit Schiebereinstellung.

4 Der Schlüssel Marke Kraftwerk hat eine Nm-Skala auf der einen, eine mkg-Skala auf der anderen Seite.

5 Der Schlüssel von Roadcraft gibt die Werte ausschließlich in Nm an.

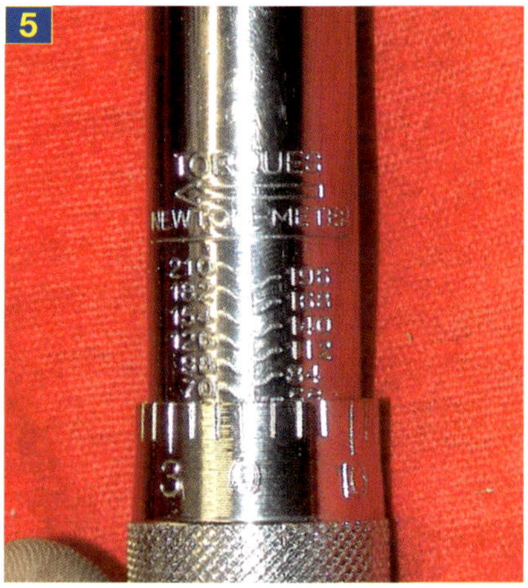

Durchmesser	Steigung	Klasse 3.6	Klasse 4.6	Klasse 4.8	Klasse 5.6	Klasse 5.8	Klasse 6.8	Klasse 8.8	Klasse 10.9	Klasse 12.9
M 6	100	0,312	0,374	0,49	0,46	0,624	0,749	0,999	1,40	1,68
M 8	125	0,743	0,892	1,19	1,11	1,48	1,78	2,37	3,34	4,01
M 9	125	1,12	1,35	1,80	1,68	2,25	2,70	3,60	5,06	6,07
M 10	150	1,49	1,79	2,38	2,24	2,98	3,58	4,77	6,72	8,06
M 12	175	2,53	3,04	4,05	3,80	5,07	6,08	8,11	11,41	12,70
M 14	200	4,02	4,82	6,43	6,03	8,04	9,65	12,87	18,11	21,73
M 16	200	6,12	7,34	9,79	9,18	12,24	14,69	19,59	27,56	33,07
M 18	250	8,31	9,97	13,29	12,46	16,62	19,94	26,59	37,40	44,88
M 20	250	11,90	14,32	19,10	17,90	23,87	28,65	38,2	53,71	64,46
M 22	250	15,90	19,12	25,50	23,90	31,87	38,25	51	71,71	86,06
M 24	300	20,50	24,60	32,80	30,74	41	49,2	65,60	92,24	110,70
M 27	300	29,90	35,92	47,90	44,90	59,87	71,85	95,80	134,71	161,66
M 30	350	37,50	45	60	56,25	75	90	120	168,75	202,50
M 33	350	55	66	88	82,50	110	132	176	247,50	297

Wie liest man die Tabelle? Nehmen Sie in der linken Spalte den Durchmesser der betreffenden Schraube und folgen Sie der Linie bis zur auf dem Kopf angegeben Doppelziffer. Dann lesen Sie im Handbuch den Wert für das maximale Drehmoment, der auf keinen Fall überschritten werden darf. Auf dem in der Tabelle markierten Beispiel darf eine Schraube M 10 mit einer Steigung von 150 der Klasse 6.8 nicht mit mehr als 3,58 daNm (3,6 mkg) angezogen werden. Die Werte der Drehmomente sind in Deka-Newton, d.h. 1 daNm = 10 Nm. Nach den alten Angaben entspricht 1 daNm 1,02 mkg. Die Tabelle gibt Drehmomentwerte für Schrauben mit metrischem Gewinde nach ISO an, und zwar mit einem Reibwert von 0,12 bei gefetteter Schraube mit flacher Unterlegscheibe.

Drehmomentwerte (am Beispiel Mercedes-Benz W 201)

Benziner	Diesel Zweiventiler	Zweiventiler
Position	**Nm**	**Nm**
Motor		
Hutmutter Steuerkettenspanner	70	80
Zylinderkopfdeckel	in Stufen: 3 - 6 - 9 - 12 - 15	10
Zylinderkopfschrauben, Anzahl	4-Zyl.: 10, 6-Zyl.: 14	4-Zyl.: 18, 5-Zyl.: 22
Zylinderkopfschrauben Vierzylinder *(immer vom Zentrum über Kreuz nach außen wandern)*	Stufe 1: 55, Stufe 2: um 90° weiter, Stufe 3: nochmals um 90° weiter	Stufe 1: 15, Stufe 2: 35, Stufe 3: um 90° weiter, Stufe 4: nochmals um 90°
Zylinderkopfschrauben 6-, bzw. 5-Zylinder *(immer vom Zentrum über Kreuz nach außen wandern)*	Benziner: Stufe 1: 70, Stufe 2: um 90° weiter, Stufe 3: nochmals um 90° weiter	Diesel-Fünfzylinder identisch
Keilrippenriemen Schraube Spannrolle: Schraube SW 17, SW 19	85, 75	k.A.
Ventileinsteller Kontermutter	20	entfällt
Zündkerzen	20	entfällt
Glühkerzen	entfällt	20
Lichtmaschine Halter oben	45	45
Ölablaßschraube	25	25
Ölfilter-Zentralschraube alt	27	entfällt
Ölfilter-Kartusche	25 bzw. fest von Hand	entfällt
Ölwanne an Kurbelgehäuse:	10	10
Steuergehäusedeckel an Block	23	23
Motoraufhängung an Rücks. Motorträger	30	k.A.
Motorträger an vordere Motoraufhängung	40	k.A.
Motor an Getriebe	70	70
Kühlmittelablaßschraube im Block	28	28
Kraftstoff und Abgas		
Tankgeber	40	40
Lambdasonde	55	entfällt
Einspritzdüsen	k.A.	Saugdiesel: 75 Turbodiesel: 40
Auspuffkrümmer an Zylinderkopf	21	25
Auspuffrohr an Auspuffkrümmer	20	20
Ansaugkrümmer an Zylinderkopf	25	25
Getriebe und Antrieb		
Gelenkwellen an Getriebeflansch	30-40	30-40
Gelenkwellen an Hinterachsflansch	45	45
Ölablaß- und Öleinfüllschraube	60	60
Ölleitungen an Automatik-Getriebe	25	25
Lenkung		
Lenkrad-Befestigungsschraube	80	80
Muttern Spurstangenköpfe	35	35
Lenkungsdämpfer an Lenkhebel	50	50
Lenkhilfepumpe an Träger	25	25
Vorderachse		
Dämpferbein oben Kolbenstange	60	60
Dämpferbein oben Gummilager	20	20
Dämpferbein unten an Achsschenkel	110 (Festigkeit 12.9) 75 (Festigkeit 10.9)	110 (Festigkeit 12.9) 75 (Festigkeit 10.9)
Dämpferbein Mutter Führungsbolzen	110	110
Hinterachse		
Stoßdämpfer unten	65	45
Stoßdämpfer Muttern oben	kontern	kontern
Radmuttern	110	110
Hinterachsgetriebe Öleinfüllschraube	50	50
Bremsen		
Bremssattel vorn, Gehäuse am Bremsträger	35	35
Bremssattel vorn an Achsschenkel	110	110
Bremssattel hinten an Achsschenkel	50	50
Bremsleitung an H.B.-Zylinder	12	12
Bremsschlauch an Bremssattel	18	18
Bremsschlauch an Bremsleitung	15	15
Unterdruckleitung an Bremsgerät	30	30

6 Zündkerzen sollten stets mit dem vorgeschriebenen Drehmoment angezogen werden, je nach Herstellervorschrift zwischen 20 (Mercedes) und 35 Nm (Alfa Romeo). Im Bild: mechanischer Schlüssel mit Zeiger und Motor VW Golf I.

7 Zylinderkopfschrauben aus Leichtmetall-Legierung (hier: BMW M10) werden stets in mehreren Stufen angezogen.

8 Radbolzen und -muttern nicht nach Gefühl, sondern mit Drehmoment anziehen, meist 100 oder 110 Nm, je nach Fabrikat.

7

Bleche trennen und bearbeiten

Die Reparatur einer teilweise durch Korrosion beschädigten Karosserie kann vor oder nach der Entfernung von Rost und Lack erfolgen. In unserem Fall hat die Karosserie des Simca Grand Large die Strahlkabine verlassen und sieht aus, als ob sie mit Tarnfarbe gespritzt wurde. Es ist der Wash-Primer, der diesen optischen Effekt hervorruft. Er schützt die Karosserie gegen erneutes Anrosten, das sonst sofort beginnen würde.

Werkzeuge zum Heraustrennen von Blechen

Zu den aufwendigsten Arbeiten der Restaurierung gehört die Reparatur der Karosserie. Blechteile, die durch Korrosion zerstört sind, müssen kompromißlos ersetzt werden. In diesem Abschnitt zeigen wir Techniken, die Spezialwerkzeug und angemessene Arbeitsmethoden zum Heraustrennen und -schneiden erfordern. Wir erklären auch die Anwendung der entsprechenden Werkzeuge. Die Arbeiten können vor oder nach dem Strahlen erfolgen.

Die erste Phase des Wiederaufbaus ist das **Heraustrennen** der vom Rostfraß durchlöcherten Teile. Sofern es sich um bewegliche Teile wie Hauben, Türen oder geschraubte Kotflügel handelt, ist die Prozedur einfach, diese Anbauteile können ausgetauscht werden – vorausgesetzt man findet passenden gebrauchten oder neuwertigen Ersatz. Wenn es sich aber um feststehende Teile handelt wie Unterboden, Streben oder integrierte Kotflügel, müssen sie herausgeschnitten und durch gesundes Blech ersetzt werden.

Reinigen mit Dreikantschaber

Wann erforderlich?

Um Ecken und schwer zugängliche Stellen zu bearbeiten.

1
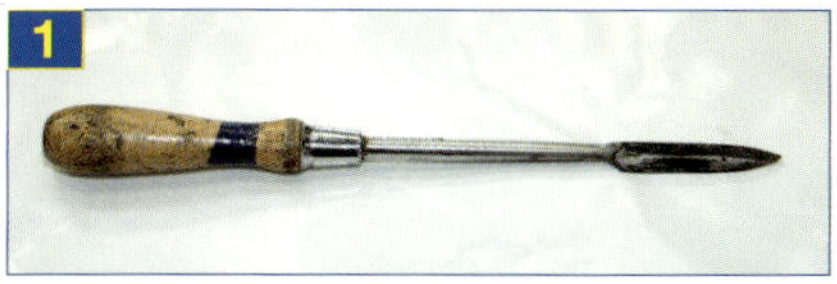

2

3

Werkzeuge zum Entpunkten

Wozu braucht man sie?

Um zwei durch Elektroschweißpunkte miteinander verbundene Teile zu trennen.

4
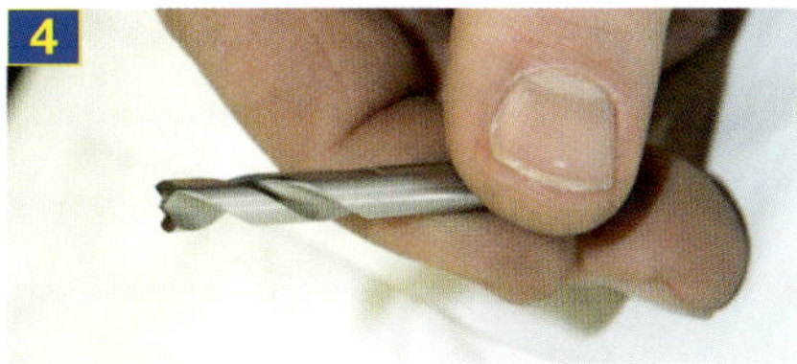

5

6

1 Das Strahlen kann nicht alles: In den Radkästen sind hier und da Reste von Unterbodenschutz zurückgeblieben, der nun von Hand abgekratzt werden muß. Mit einem Dreikantschaber geht das recht gut, besonders dann, wenn die Stelle vorher mit Heißluft erwärmt wurde.

2 Mit dem Dreikantschaber lassen sich Reste von Unterbodenschutz abkratzen.

3 Den Schaber setzt man auch in Ecken ein, in denen sich noch Lackreste befinden.

4 Um zwei Teile auseinander zu bekommen, die durch Elektroschweißpunkte verbunden sind, werden diese in der Regel zerstört. Aber wenn man das Teil wiederverwenden oder es als Muster für einen Nachbau erhalten will, muß man so behutsam wie möglich vorgehen. Die schonendste Methode ist das Ausbohren der Punkte mit einem Spezialbohrer (6 oder 8 mm), der am Ende flach ist wie eine Fräse, aber eine kleine Spitze trägt, die paßgenaue Anwendung gewährt und die beim Bohren das Blech des Teils durchdringt, das abgetrennt werden soll.

5 Andere Möglichkeit, wenn man das Teil nicht wiederverwenden will: das vollkommene Abschleifen mit Winkelschleifer und Schleifscheibe. Das Gerät kann elektrisch oder pneumatisch betrieben sein, wobei die pneumatische Variante eine höhere Drehgeschwindigkeit an den Tag legt mit bis zu 20.000 Umdrehungen pro Minute.

6 Das Abschleifen der Schweißpunkte hat mehrere Nachteile: Das herausgetrennte Teil ist nicht mehr zu gebrauchen, das Blech wird erheblich erhitzt und es kommt zu Funkenflug. Daher beim Arbeiten mit Schleifgeräten immer Schutzbrille und Handschuhe tragen. Zudem muß um das Fahrzeug herum reichlich freier Platz vorhanden sein. Wenn man nicht aufpaßt, kann man Schaden anrichten, indem man z.B. einen doppelten Boden beschädigt. Der Schleifwinkel sollte 30° bis 45° betragen.

Manuelles Trennwerkzeug

Wann sinnvoll?

Um die völlige Trennung zweier gepunkteter Teile zu erreichen.

7
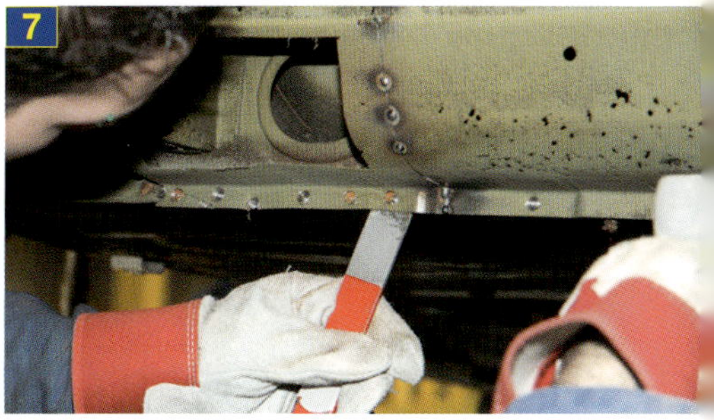

7 Nachdem die Schweißpunkte zerstört wurden, müssen die beiden Teile noch auseinandergestemmt werden. Das macht man mit einem extraflachen Meißel, der zwischen die beiden Bleche getrieben wird.

Trennwerkzeuge
Wann benutzen?
Um durchgerostete Blechpartien herauszuschneiden.

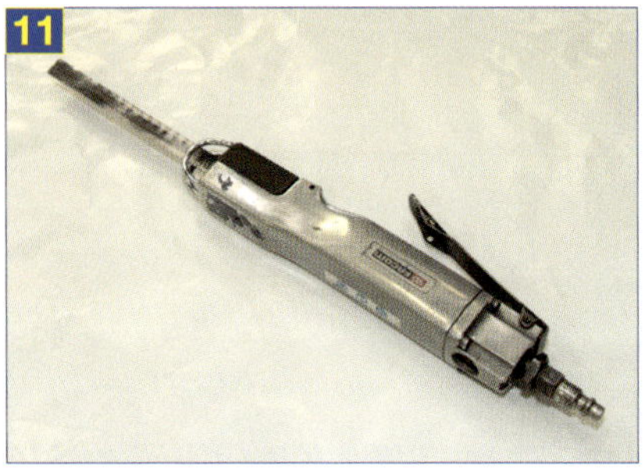

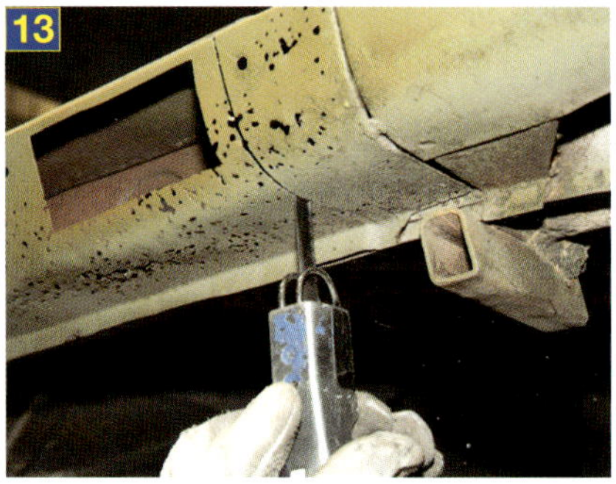

8 Herausschneiden ist eine Operation, die Metall durchtrennt, indem Materie entfernt wird. Man kann sowohl mit elektrischer als auch pneumatischer Trennscheibe arbeiten. Auch hier ist der Antrieb entscheidend für die Rotation: Bei pneumatischem Antrieb liegt die Umdrehung bei 17.000 bis 20.000 Umdrehungen pro Minute.
Der Winkelschleifer wird mit einer für Stahl geeigneten Trennscheibe ausgerüstet; man schneidet so, daß die Scheibe in Richtung des auszuschneidenden Stückes rotiert.

9 Oft unentbehrlich ist die Metallsäge. Der mit einem Sägeblatt ins Metall geschnittene Schlitz hat dieselbe Breite wie das Blatt. Es gibt verschiedene Sägeblatttypen für verschiedene Materialien: 6-9 Zähne pro Zentimeter für weiches Metall, 9 für weichen Stahl, 11-13 für harten Stahl. Wir bevorzugen letztere Variante.

10 Das Sägeblatt muß immer gut gespannt sein; die Zähne zeigen nach vorne, weil man beim Sägen immer vorwärts drückt. Im Bild wird die Bewegung von unten nach oben ausgeführt und zur Aussenseite des Teils hin.

11 Automatische Sägen gibt es mit elektrischem oder pneumatischem Antrieb.

12 Die elektrische Säge wird immer senkrecht auf die herauszutrennende Zone gesetzt. Aber nie mit Gewalt arbeiten, die Zähne können abreißen, oder das Sägeblatt reißt.

13 Aufpassen, daß es nicht zu Verformungen des Blechs kommt.

Heraustrennen eine

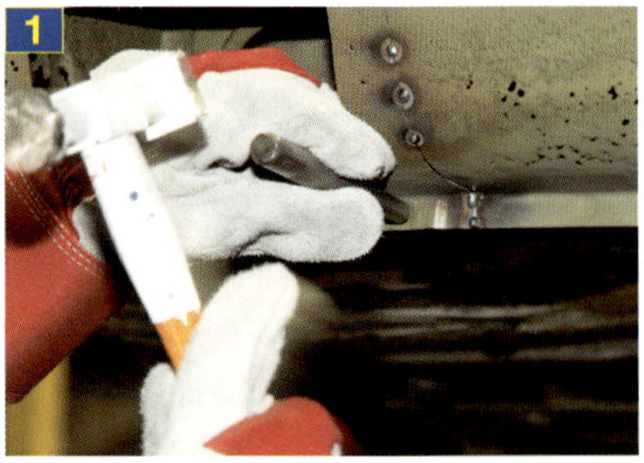

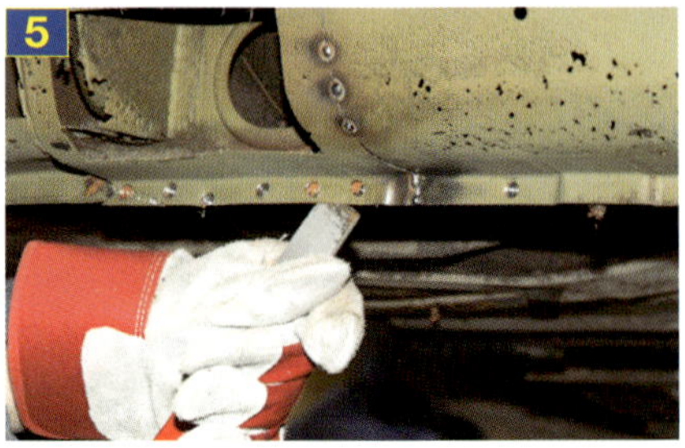

Schwellerblechs

1 Auf jeden Schweißpunkt wird mit Körner und Hammer ein Schlag gesetzt.

2 Dann wird mit einem Flachbohrer (s.a. weiter oben) gebohrt, aber nur mit geringer Drehzahl, sonst wird die Klinge blau und verliert ihre Schärfe. Die elektrische Bohrmaschine sollte mit 2000 bis 2800 Umdrehungen pro Minute arbeiten.

3 Beim Bohren starken Druck auf das Werkzeug ausüben.

4 Ist das Blech verformt, wird es mit Karosseriehammer und Widerlager geglättet.

5 Sind alle Schweißpunkte aufgebohrt, wird ein Flachmeißel zwischen die beiden Bleche getrieben.

6 Mit einem Hammer auf den Meißel schlagen und ihn dabei nach links und rechts bewegen, bis die beiden Blechhälften nicht mehr miteinander verbunden sind.

7 An jeder Seite des Bodenblechs sind noch die Kerne der Hartlotpunkte stehengeblieben; sie werden mit dem Brenner weggeschmolzen.

8 Es geht auch manuell mit dem Flachmeißel.

9 Eine vorsichtig eingesetzte Trennscheibe tut's auch.

10 Der abgetrennte Schweller kann beiseite gelegt werden.

6

7

8

9

1

2

Werkzeug zur Feinbearbeitung

Wann wird es benötigt?

Nach Trennung der Verbindungspunkte und dem Ablösen eines fest eingebauten Elements.

1 Wenn die Verbindungspunkte gelöst sind, müssen aufgetretene Verformungen des Blechs wieder gerichtet werden. Dazu nimmt man einen Spezialhammer, der auf der einen Seite quadratisch, auf der anderen abgerundet ist. Ferner braucht man eine Stahlplatte als Unterlage. Mit dem Hammer wird immer zum Aussenrand des Blechteils hin geschlagen, aber nicht zu lange auf dieselbe Stelle, um eine Längung des Blechs zu verhindern.

2 Im Bereich der Kante benutzt man einen spitz zulaufenden Karosseriehammer.

10

Blechbearbeitung mit Hammer und Fausteisen

Es hat etwas Magisches an sich, zu sehen, wie nach stundenlangem Hämmern aus einem flachen Stück Blech nach und nach die Rundung eines Kotflügels entsteht. Der Ungeübte hat zunächst den Eindruck, vergeblich zu hämmern und nicht das erstrebte Resultat zu erzielen. Dabei wünscht man sich, die geübte Hand eines erfahrenen Karosseriebauers zu haben. Aber wir geben nicht auf und zeigen, daß es möglich ist, mit den richtigen Methoden Blechteile guter Qualität herzustellen, die perfekt die rostzerfressenen Altteile ersetzen.

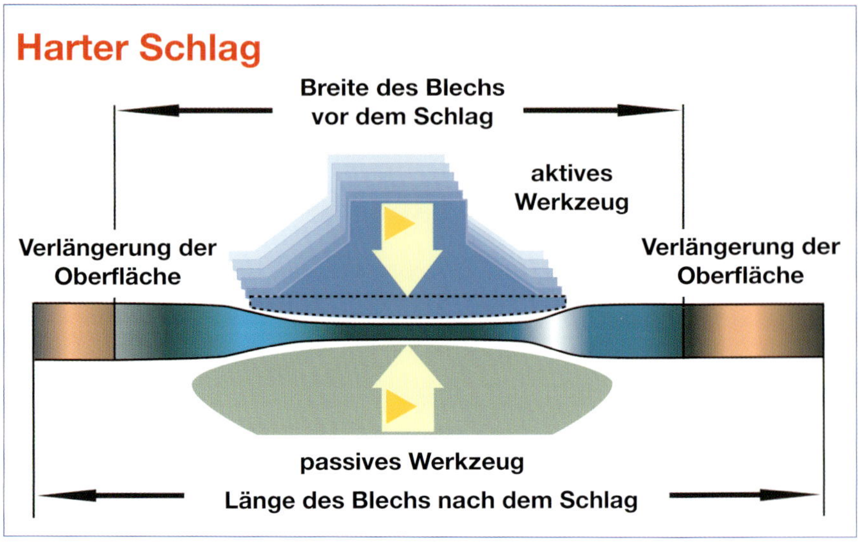

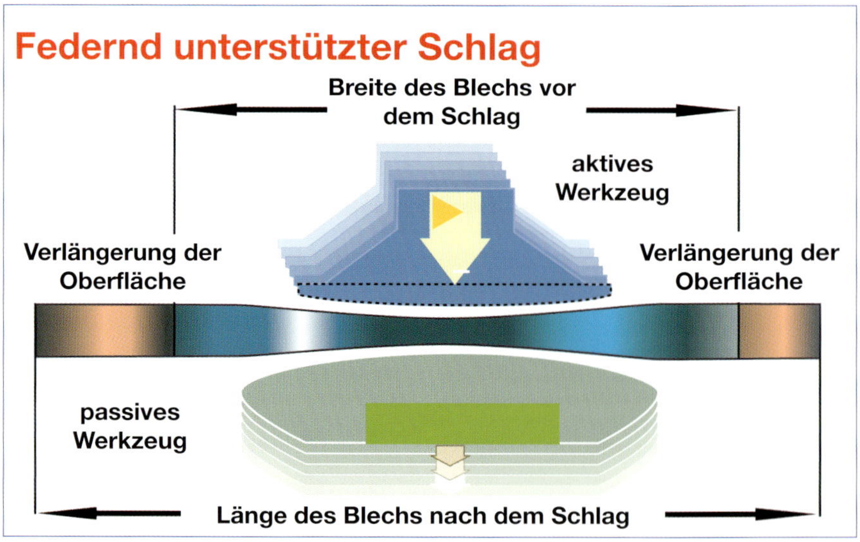

Zuerst wird geprüft, ob passender Ersatz aufzutreiben ist. Wenn nicht, geht's ans Nachformen. Unser Lehrbeispiel zum Thema Karosseriearbeiten ist zuerst eine einfache **Nachformung** und zwar die des unteren Teils von einem Kotflügel. Anhand des alten Teils werden die Maße ermittelt und als Aufriß auf Papier übertragen. Die **Zeichnung** wird dann auf ein Stück Blech der richtigen Stärke übertragen. Wir zeigen, wie das Blech geformt wird, wie man einen Falz maschinell oder mit der Hand fertigt und eine Rundung mit dem Rollgerät oder auf dem Hornamboß. Und wir werden versuchen, die Eigenschaften des Stahlblechs auszuloten, vor allem seine Fähigkeit zur **Ausdehnung oder Stauchung,** um damit eine Form möglichst genau nachzubauen, wie zum Beispiel einen Viertelkreis aus einem Rechteck.

Bevor wir zur Tat schreiten, muß eine bestimmte Anzahl an Werkzeugen bereitliegen. Es gibt verschieden **Techniken,** aber bei allen wird mit ständigem Hämmern oder Dengeln das Blech zu bearbeitet.

Damit die Arbeit Früchte trägt, muß sie mit einem aktiven Werkzeug **(Hammer),** das direkt auf das Blech einwirkt, ausgeführt werden, bei gleichzeitigem Einsatz eines passiven Gegenstands **(Widerlager),** der ebenso hart ist wie der aktive, um sicher zu gehen, daß die Schläge das Blech nicht beschädigen oder ungewollt verformen. **Hammer** und **Amboß** sind das klassische Duo. Das Werkzeug muß senkrecht zur bearbeitenden Stelle gehalten werden, der Schlag muß aber gleitend und nicht stumpf verabreicht werden. Das Zusammenspiel von Hämmern und Gleiten längt oder staucht das Blech, je nachdem von welcher Seite aus gedengelt wird. Es hängt davon ab, wie der Schlag auf das passive Gerät (Amboß, Widerlager, Faustkeil) gesetzt wird, ob das Blech zerdrückt und dünner oder gestaucht und stärker wird.

Die Ausdehnung des Blechs erreicht man mit zwei Verfahren: **1. Harter Schlag:** Das passive Gerät (Widerlager) liegt fest unter oder hinter dem Blech, und das Aktiv-Werkzeug (Hammer) schlägt von oben immer wieder gleitend darauf. Die Dehnung ist proportional zur behämmerten Fläche und zur angewandten Kraft, aber auch das Material des Werkzeugs spielt eine Rolle: Mit einem Holzhammer erreicht man nicht viel, er erzielt keine nennenswerte Material-Ausdehnung; daher greift man zu verschiedenen Karosseriehämmern.

2. Federnd unterstützter Schlag: Das Passiv-Werkzeug ist wieder hinter dem Blech positioniert und das aktive Werkzeug schlägt drauf, aber man läßt das Widerlager nach jedem Schlag zurückfedern. Die Dehnung ist umso geringer, je niedriger der mit dem Widerlager ausgeübte Druck ist.

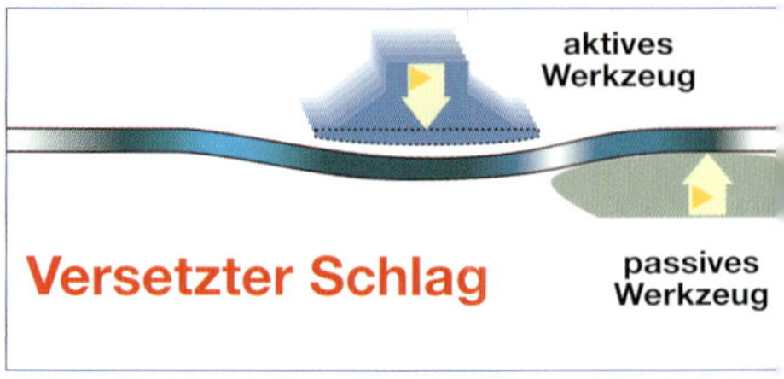

3. Versetzter Schlag: Eine Verdichtung oder Stauchung des Blechs erreicht man durch das seitlich versetzte Schlagen mit einem hinter das Blech gehaltenen Faustkeil. Das passive Gerät ist nur dafür da, das Blech seitlich zu unterstützen. Man nennt dies Tiefzieh-Prozeß.

Aktive Werkzeuge

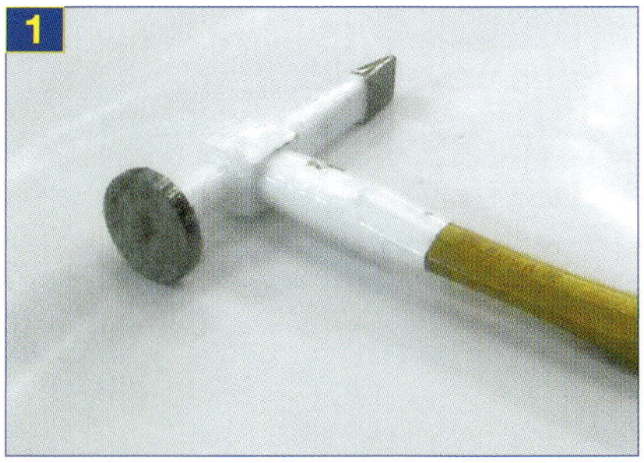

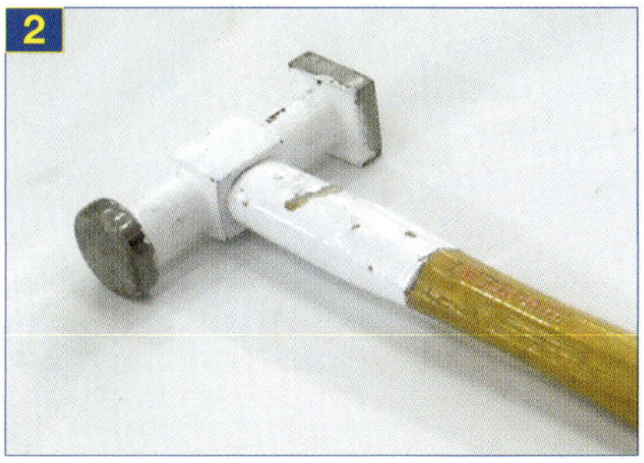

Die Fotos zeigen Schlagwerkzeuge aus geschmiedetem Stahl, die ein- oder zweiseitig benutzbar sind. Die **Hämmer** können in vier Kategorien eingeteilt werden: Mehrzweck-Hämmer, Form- und Stauch-Hämmer, Feinbarbeitungs-Hämmer, Holz- oder Gummihämmer.

1 Ausbeulhammer mit flachem Stempel und gekanteter Spitze.

2 Ausbeulhammer mit zwei unterschiedlichen Enden.

3 Hammer mit tonnenförmig ausgebildeten Schlagköpfen aus gehärtetem Holz.

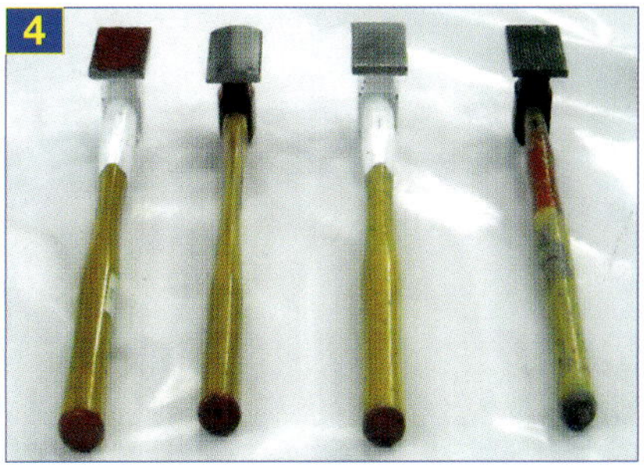

4 Hämmer zur Feinbearbeitung kleinerer Blechpartien mit rechteckigen und gewölbten Köpfen.

5 Hämmer zum Dehnen oder Stauchen des Blechs mit unterschiedlich ausgebildeten Spitzen bzw. Schlagköpfen.

Passive Werkzeuge

Das sind die Stahl-Widerlager bzw. Fausteisen, mit denen das Blech während des Dengelns von Hand abgestützt wird: geschmiedete **Faustkeile,** verschieden geformte **Löffel- und Winkeleisen,** fest montierte **Amboß-Widerlager** unterschiedlicher Ausführung. Für die richtige Anwendung braucht man viel Erfahrung.

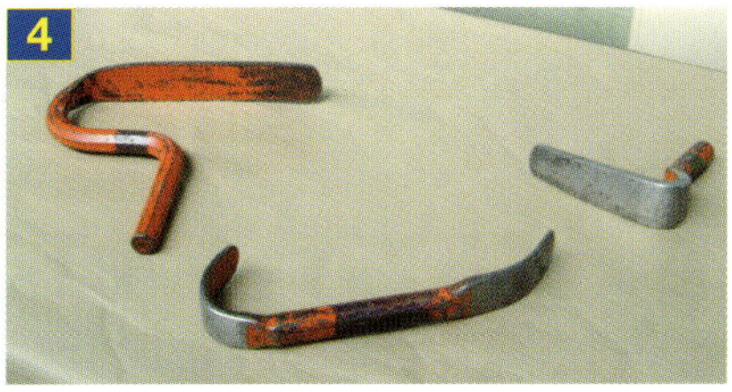

1 Es existieren Dutzende von Formteilen, und zwar für die unterschiedlichsten, genau definierten Anwendungen. Die Keile dienen zum Formen von Rundungen, Kanten und Falzen und sind so gearbeitet, daß sie ergonomisch perfekt in der Hand liegen.

2 Ein Hornamboß kann verschiedene Formen haben. Dieser hier läuft spitz zu, was das Rundhämmern von Blechen erlaubt.

3 Ein Hornamboß mit rechteckiger Ausprägung dient dazu, ein Blech durch Hämmern scharf anzukanten

4 Drei Typen von Löffeleisen. Die hakenförmigen Werkzeuge werden gebraucht, wenn es darum geht, feine Strukturen aus dem Blech herauszuarbeiten.

Kontrollwerkzeuge

1 Die Qualitätskontrolle der ausgeführten Arbeiten erfolgt per Hand. Hier wird mit dem Blechhobel geprüft, ob das Teil eben ist; notfalls werden Unebenheiten weggeschliffen.

2 Mit der Raspel können vorstehende Schweißnähte abgeschliffen werden. Dabei immer längs am Verlauf der Naht arbeiten.

Blech in Form bringen

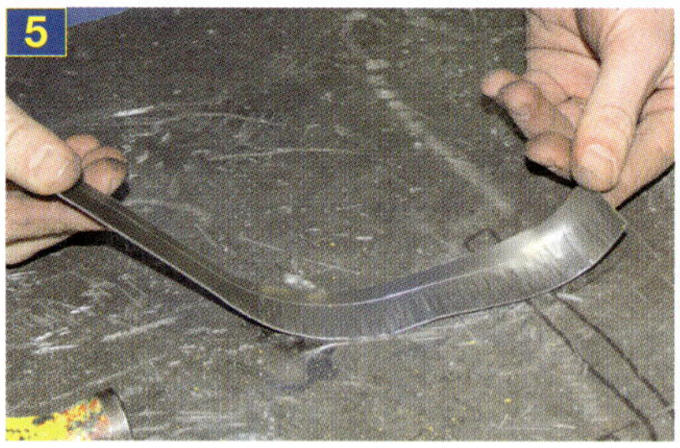

1 Die Absicht ist, aus einem rechteckigen Blechstreifen einen flaches Bogenstück zu machen.

2 Ein Zentimeter vom Rand entfernt wird eine Linie gezogen.

3 Wir legen das Blech auf eine Stahlplatte und bearbeiten es mit der kantigen Hammerseite; dabei dehnt sich das Blech.

4 Die kantige Hammerseite zwingt das Blech in eine neue Form.

5 Allmählich und unter der Wucht der Schläge dehnt sich das Blech immer weiter aus und beginnt, sich zu wölben.

6 Wir nehmen nun die runde Seite des Hammers, um den Druck zu vergrößern und das Blech weiter zu dehnen...

7 ...und gleichzeitig eine gleichmäßige Stärke des gedehnten Blechs zu erreichen.

8 Wir greifen nun zu einem anderen Hammer mit flachem Viereck.

9 Die aufeinanderfolgenden Schläge machen das Blech gleichmäßig eben.

10 Nach einer guten Viertelstunde beherzten Hämmerns haben wir das gewünschte Ergebnis. Wie man sieht, kann man auf diese Weise aus einem flachen Blech ein halbkreisförmiges Teil herstellen.

Blechelement ausschneiden und einschweißen

SCHNEIDER MEDIA hat einen BMW 2002 Automatic von 1974 für ein Buchprojekt komplett zerlegt und aufwendig wieder aufgebaut. ***„Legende BMW 02“*** *ist 2014 bereits in der zweiten Auflage erschienen und ist unter der ISBN 978-3-7688-5809-0 überall zu haben.*

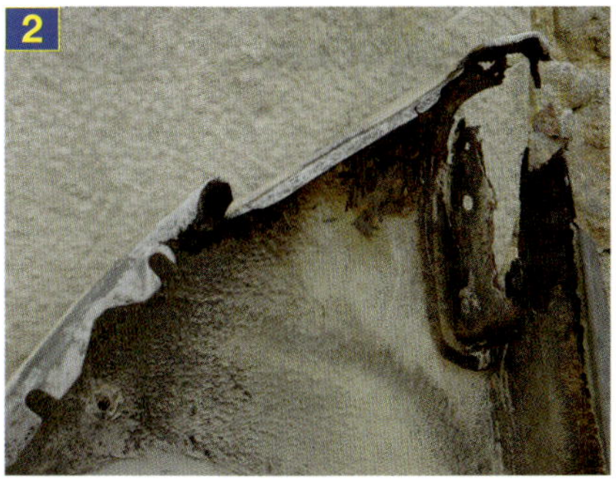

Aufwendig, aber praktikabel: einen maroden Kotflügel durch das Einsetzen einer anderweitig herausgeschnitten **Blechpartie instandzusetzen.** Bei einem BMW 2002 von 1974 haben wir zwei nachgefertigte Kotflügel, die sowieso nicht richtig paßten, geopfert. Die Blinkergehäuse wurden bei den alten und neuen Flügeln herausgetrennt. Dann wurde das neue Element an den Ausschnitt des Originalflügels angepaßt und eingeschweißt.

1 Die alten Original-Kotflügel des BMW neben den neuen, im Bereich der A-Säulen aber schlecht passenden Nachfertigungsteile. Es fiel uns nicht schwer, die Reproduktionen zu „schlachten“. Durch die Reparatur der Altteile wurde die Originalität des Wagens auch in diesem Bereich erhalten.

2 Das völlig zerfressene Blinkergehäuse des alten Kotflügels von 1974.

3 Beim Ersatzflügel wurde das Blinkergehäuse bereits herausgetrennt.

4 Das neue, sauber eingeschweißte Blinkergehäuse von innen.

5 Das Ergebnis von außen: Kotflügel repariert, Originalität erhalten.

8

Karosserielack entfernen

Bei diesem seltenen BMW 501 B von 1954 wurden alle alten Lack- und Spachtelschichten in stundenlanger Handarbeit mit druckluftbetriebenen Geräten abgeschliffen. Haube und linker Kotflügel sind bereits bearbeitet, die übrigen Partien zeigen noch den Altlack.

Lack chemisch und manuell entfernen

Die Karosserie eines Oldtimers kann nur fachgerecht restauriert werden, wenn alle Anbauteile und Zierleisten abgenommen wurden. Man kann darüber streiten, ob es sinnvoll ist, alle alten Lackschichten zu entfernen oder so viel Substanz wie möglich zu erhalten.
In bestimmten Fällen, zum Beispiel dann, wenn die Grundierung nicht mehr haftet und sich Blasen gebildet haben, muß der Lack komplett bis aufs blanke Blech runter, um auch versteckte Rostnester entdecken und eliminieren zu können. Auch bei Fahrzeugen, die rundum Rostansätze, Durchrostungen und Beulen zeigen, kommt man an der Totaloperation nicht vorbei. In jedem Fall muß das Karosserieblech zumindest partiell freigelegt werden, damit man das Ausmaß der Mängel und Schäden feststellen kann.
Mehrere Techniken bieten sich an, vom Abschleifen bis hin zum Abbeizen, vom Abflämmen und Abbürsten bis zum Strahlen. Wir beschreiben die Vorteile und Nachteile einer jeden Methode.

Nicht nur abblätternde und blasig gewordene **Farbschichten** müssen entfernt werden, sondern auch **Spachtelreste,** deren Zusammensetzung niemand mehr kennt. Das blanke Blech läßt alle Alters- und Gebrauchsspuren erkennen: **Korrosion** natürlich, aber auch die von Rempeleien und Karambolagen, die mehr oder weniger gut repariert wurden. Auch wenn nur ein bestimmtes Karosserieelement wie ein Kotflügel z.B. beschädigt ist, gilt dieses Prinzip. Am häufigsten werden drei verschiedene Techniken abgewandt: Abbeizen, Abschleifen und Sand- oder Glasstrahlen.

Industrielles Abbeizen mit chemischen Produkten

Vorausgeschickt werden muß, daß dieses Verfahren mangels zur Verfügung stehender **Spezialbetriebe** nur den wenigsten Oldtimer-Restaurateuren zugänglich sein dürfte und auch unter Umweltaspekten umstritten ist.

Unabhängig davon stehen vier chemische Behandlungsschritte durch **Tauchbäder** an, wenn die Karosserie von allen mechanischen Elementen, der Innenausstattung, der Verglasung, den Dichtungen, Zierleisten und Verschraubungen befreit ist. Vorher sollte man in Hohlräume Löcher bohren, damit die **Chemie** auch dort agieren kann. Unerläßlich ist es auch, alle Arten von Abdichtungen, Dämmung, Unterbodenschutz und Kleber abzulösen. Anschließend werden Fett- und Ölreste, verkohlte Rückstände (vor allem im Motorraum- und Auspuffbereich) sowie abgeplatzte Farbpartikel entfernt. Anschließend wird die Chemie eingesetzt: Entfernen aller Korrosionsspuren durch Eintauchen in verdünnte **Chlorsäure.** Letzter Schritt: **Abwaschen** der Karosserie vor einer Behandlung des nun blanken Bleches durch **Elektrophorese, Galvanisierung** oder **Phosphatierung.** Dabei gelangt aber nicht genug Rostschutz in die Hohlräume, und es kann schnell zu erneuter Rostbildung kommen. Daher müssen alle Hohlräume sofort mit Wachs behandelt werden. Unter 2000 Euro ist eine so aufwendige Behandlung kaum zu haben, aber sie ist die schonendste Methode für das Blech.

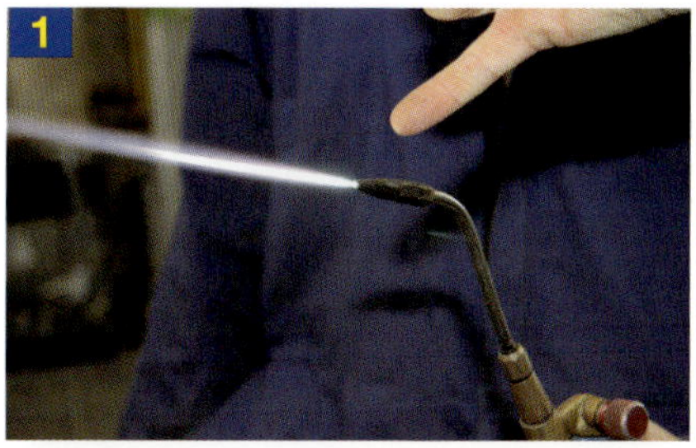

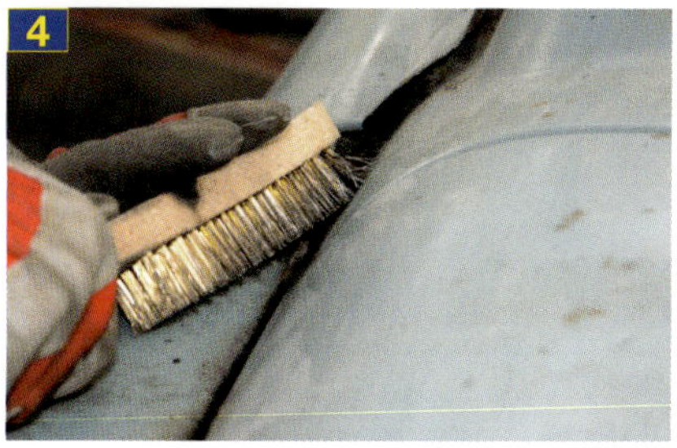

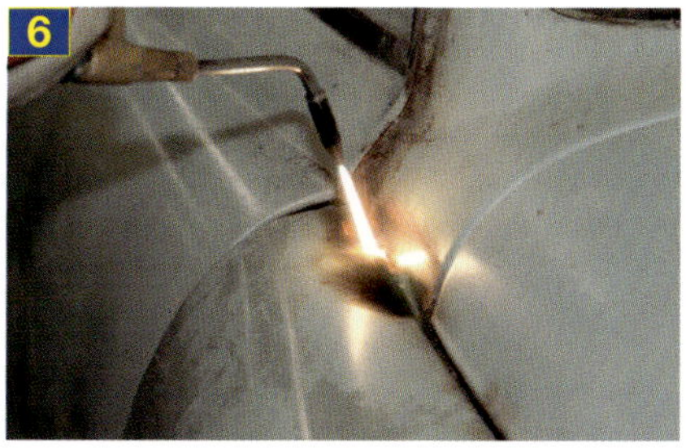

Abbeizen mit dem Schweißbrenner

Wann zu empfehlen?
Um Farbe, Unterbodenschutz und Gummireste zu entfernen.

1 Um durch zu große Hitze das Blech nicht zu verformen, muss die Flamme des Brenners lang sein. Die Flamme nicht lange auf dieselbe Stelle halten!

2 Wenn man mit einem Brenner arbeitet, muß man Schutzbrille sowie Schutzhandschuhe tragen und einen Eimer Wasser griffbereit haben sowie eine Brandschutzdecke. Manche Materialien sind extrem feuergefährlich, und es reicht manchmal ein Funken, um eine ganze Beschichtung abzufackeln. Mit einer Drahtbürste kommt man an dieser verwinkelten Stelle nicht weit, und sie würde es nicht schaffen, die dicke Materialschicht auf dem Simca zu lösen, die früher zur Abdichtung des Übergangs vom Vorderkotflügel zum Windabweiser diente.

3 Die zu behandelnde Fläche erhitzen, aber nicht punktuell.

4 Die erhitze Stelle nun feste mit einer Drahtbürste abschrubben.

5 Die verschiedenen Lackschichten beginnen sich aufzulösen. Die gerötete Zone stammt noch von der Fabrikation. Wenn es Rost gibt, dann sitzt er dahinter!

6 Die mit der Flamme zu behandelnde Zone wird ausgedehnt.

7 Jetzt heißt es: immer weiter bürsten!

8 Nach zehn Minuten Anstrengung liegt die Nahtstelle zwischen dem Kotflügel und dem Windabweiser frei. Zum Glück ist sie nicht durchgerostet, sondern nur ein bisschen oxydiert. Der ursprünglich bei der Herstellung von Simca verwandte Lack war wohl ein guter Schutz.

9 Der Brenner erweist sich auch als nützlich, um die Scheibeneinfassungen von Dichtungs- und Farbresten zu befreien.

10 Größere Dichtungsstücke werden mit der Hand entfernt oder mit einem Dreieckschaber.

11 Wenn der Teppichbodenkleber noch vorhanden ist, reicht ein Tropfen von geschmolzenem Schweißdraht aus dem Brenner, um alles in Brand zu setzen. Daher ist, wie gezeigt, eine Brandschutzdecke zur Verhütung einer mittleren Katastrophe unverzichtbar.

12 Zum Schluß wieder kräftig bürsten.

13 Auch der Wassereimer in Reichweite gehört mit zu den Vorsichtsmaßnahmen.

14 Jetzt kann das Abflämmen auf fachgerechte und sichere Weise weitergehen.

Farbe und Rost entfernen mit der Schleifscheibe

Wann wird's gemacht?

Um bei geringem Zeitaufwand stark angegriffene Flächen zu entrosten.

Abschleifen des Lacks

Manuelles Entfernen von Lack- und Spachtelschichten ist sehr zeit- und arbeitsintensiv, aber die kostengünstige Lösung. Sie erlaubt es, kleine, angegriffene Blechpartien zu behandeln, aber auch die gesamte Karosserie. Auf jeden Fall sind mehrere Durchgänge erforderlich, das dauert und strengt an. Es gibt vier Möglichkeiten: Man kann Rost und Lack **abflämmen,** mit dem **Winkelschleifer** abschleifen, mit der **Metallbürste** entfernen oder mit einer Kompositscheibe eliminieren.

1 Man nimmt eine Schleifscheibe mit 36er oder 40er Schmirgel. Das Tragen von Schutzbrille und Handschuhen ist auch hier unbedingt erforderlich!

2 Das ist eine schnelle Methode, aber der Verbrauch von Schleifscheiben ist erheblich.

Farbe und Rost entfernen mit der Stahlbürste

Wann optimal?

Um an schwierige Stellen heranzukommen.

1 Um in die schwierigen Ecken zu gelangen, kann man eine auf die Bohrmaschine gesetzte Stahlbürste benutzen. Die Borsten biegen sich in die Drehrichtung.

2 Man sollte fest zudrücken, um ein gutes Resultat zu erreichen. Leider nutzt sich die Stahlbürste schnell ab, daher sollte sie nur für begrenzte, schwer zugängliche Zonen eingesetzt werden.

Rost und Farbe mit der Kompositscheibe entfernen

Wann zweckmäßig?

Um besonders hartnäckig sitzende Farbe und dicken Rost zu eliminieren.

1 Kompositscheiben sind der letzte Schrei. Auf eine Bohrmaschine gesetzt und mit langsamer Geschwindigkeit eingesetzt, haben sie den Vorteil, sich nicht so schnell abzunutzen wie Schmirgel, holen außerdem perfekt die Farbe herunter, ohne das Blech zu strapazieren.

2 Die Wirkung ist enorm, aber es muß auch kräftig aufgedrückt werden.

3 Vor allem beim Arbeiten in Ecken immer Handschuhe und Schutzbrille tragen!

4 Hier sehen wir eine durch die Kompositscheibe freigelegte Stelle. Die Rostschäden, die bisher durch Farbe und Unterbodenschutz abgedeckt waren, sind nun gut sichtbar.

Untersuchung der Karosserie auf Durchrostung

Selbst hinter einer schönen Lackierung kann sich starke Korrosion verstecken. Andererseits müssen Spuren von Korrosion nicht die große Katastrophe sein. Dennoch: Wenn korrodierte Stellen zu sehen sind, sollte man prüfen, ob der Rost nur oberflächlich oder schon perforierend ist.

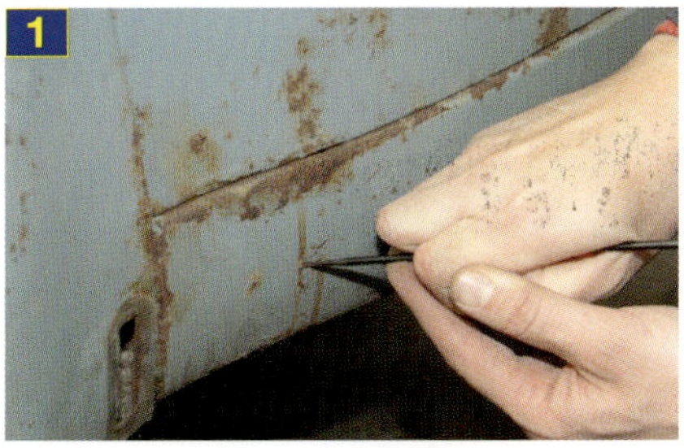

1 Die Heckschürze zeigt starken Rost. Mit einem spitzen Schraubendreher wird der Sache auf den Grund gegangen. Aber in diesem Fall es ist doch nicht so schlimm wie zuerst angenommen, die Spitze läßt sich nicht durchs Blech hindurchstechen.

2 Der Schweller hingegen ist durchgerostet, die Metallspitze dringt sofort ein.

3 Derselbe Versuch an der Kofferraumtraverse. Aber hier ist der Rostbefall nur oberflächlich.

Lackentfernung durch Strahlen der Karosserie

Das früher angewandte Sandstrahlen ist eine traditionelle, aber sehr aggressive und gesundheitsschädliche Methode, die sich als die schlimmste aller Behandlungsmethoden erweisen kann, wenn man etwas falsch macht. Heute ist Sand (Quarzsand z.B.) als Strahlmittel verboten, weil das Einatmen von Sandstaub Silikose verursachen kann, eine unheilbare Lungenerkrankung. Beim klassischen Sandstrahlen, aber auch beim Strahlen mit modernen Mitteln, sind ein dichter Schutzanzug mit verglastem Kopfschutz, Atemschutzmaske und dichte Schutzhandschuhe zwingend erforderlich.

Strahlen

Das Strahlen ist die beste Methode, Rost und Lackreste gründlich zu entfernen und gleichzeitig das Ausmaß verdeckter Karosserieschäden schnell sichtbar zu machen. Selbst wenn man die Arbeit bei einer Firma in Auftrag gibt, kostet das kein Vermögen: etwa 150 Euro für ein Chassis, 300 bis 600 Euro für den Aufbau, je nach Größe. Grundvoraussetzung ist allerdings, daß die Karosse von sämtlichen An- und Einbauteilen (Mechanik, Ausstattung, Zierleisten und Verglasung sowie Dichtungen) befreit ist. Wir beschreiben die **Vor- und Nachteile der Strahlmethode.** Technisch handelt es sich beim Strahlen um eine Oberflächenbehandlung durch Aufschlagwirkung von winzigen Partikeln unter hohem Druck.

Heute werden **statt Sand** natürliche oder synthetische **Strahlmittel** verwandt. **Brauner Korund** ist kristallisiertes Aluminiumoxyd, welches durch die Verschmelzung im elektrischen Ofen und die Reduktion von stark titanhaltigem Bauxit entsteht. **Weißer Korund** ist Aluminiumoxyd auf Basis von

1 Der Simca Grand Large ist fertig für die Strahlkabine.

2 Die untere Partie der Karosserie ist verrottet, die schlimmsten Stellen wurden herausgetrennt. So kann das Strahlmittel auch Hohlräume erreichen.

3 Auch an der hinteren Schürze wurde einiges herausgetrennt.

4 Auch beim Arbeiten mit Korund muß man sich optimal schützen: Helm mit Sichtfenster, Atemschutz und Belüftung, Schutzanzug, gut abschließende Handschuhe und Sicherheitsschuhe.

reinem Aluminium, oder auch Strahlmaterial auf Basis von Stahl- oder Edelstahlguß. Beim **Kugelstrahlen** werden metallische Körner eingesetzt, die mit Kompressor und Druckschlauch verschossen werden. Beim **Glasstrahlen** werden winzige Glaskugeln mit Druckluft gegen das Blech geschleudert.

Auf exotische Methoden wie Strahlen mit **Trockeneis, Nußschalen** oder **Maismehl** können wir hier nicht näher eingehen, denn diese Verfahren kann man nicht in Eigenregie durchführen, sondern muß Spezialunternehmen beauftragen, die sich ihre Arbeit fürstlich honorieren lassen.

Das Resultat des Strahlens hängt vom benutzten Produkt ab, seiner Form, seiner Festigkeit, seiner **Dichte,** der **Korngröße,** der **Durchflußmenge,** der **Geschwindigkeit des Ausstoßes** sowie den äußeren Konditionen wie Entfernung, Auftreffen des Strahls, Bewegung des Arbeiters. Es ist daher sehr wichtig, mit dem Strahl-Spezialisten genau abzusprechen, welches Verfahren für welches Auto am besten geeignet ist.

Aber es müssen stets Kompromisse eingegangen werden, denn beim Zustand einer Oberfläche sind vier Kriterien relevant: der sichtbare und fühlbare Aspekt, die Menge der zu entfernenden Schichten (verrottete Lacke, Rost, festgebackene Öl- und Fettreste), die Rauhigkeit, die einen guten Halt der Schutzschicht gewährleistet (mikrogeometrisches Profil) und die durch das Strahlen gehärtete Oberfläche, so paradox das auch klingen mag.

Das Strahlen ist eine sehr aggressive Technik, die sich sogar als die schlimmste Methode erweisen kann.

Man darf sich auch nie darüber täuschen, daß diese Operation extrem aggressiv ist und zu Schäden führen kann, wenn geschludert wird. Ein falsch ausgewähltes Strahlmittel, ein zu starker Strahldruck oder eine schlechte Handhabung der Maschine können **Verformungen des Blechs** verursachen, denn es entsteht bei der Prozedur Hitze, es können sogar Funken fliegen. Die Oberfläche wird dann uneben und so rauh, daß sie anschließend abgeschliffen und gespachtelt werden muß, sodaß später unter dem Lack wieder Risse auftauchen können.

Daher muß vorher genau geklärt werden, was man von der Behandlung erwartet. Ideales Ergebnis ist eine nur **leicht rauhe Oberfläche,** auf die es reicht, eine dünne Schicht Phosphatierung und etwas Feinspachtel aufzutragen. Daher ist die Wahl des richtigen Strahlprodukts sehr wichtig. Für eine Autokarosserie ist es empfehlenswert, **braunen Korund** einzusetzen, und zwar mit einer Korngröße zwischen 180 und 250 µm, um einen Oberflächenaspekt zu erhalten,

5

7
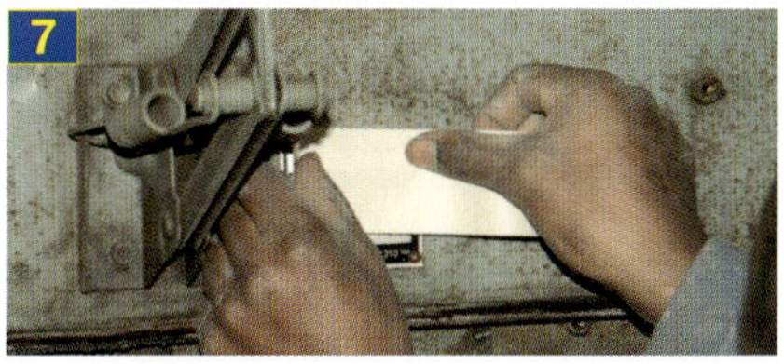

6

8
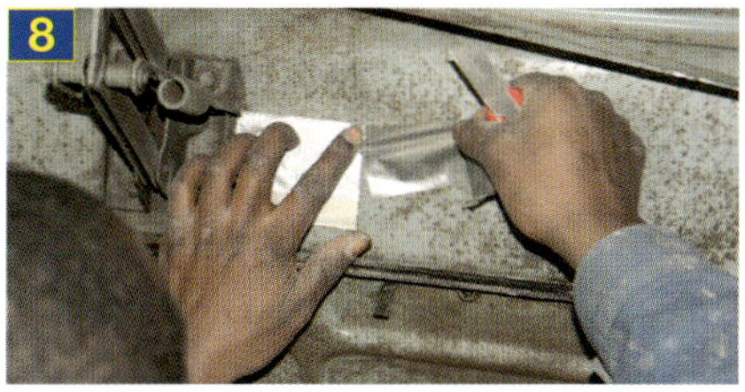

9
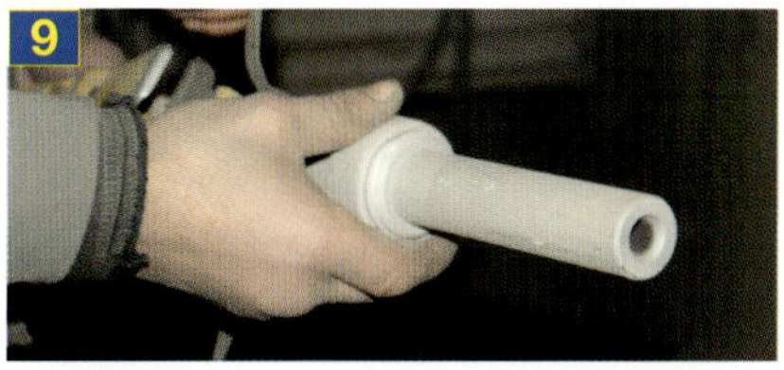

10

5 Wenn man die Karosserie auf dem Rollwagen läßt, ist dieser nachher auch gestrahlt – nichts hält dem Strahldruck stand. Also nimmt man ihn besser weg.

6 Man setzt die Karosserie auf Paletten und damit auf Arbeitshöhe.

7 Aufgenietete Typenschilder werden sorgfältig abgeklebt, zuerst mit normalem Malerklebeband.

8 Dann nimmt man noch leinwandverstärktes Klebeband.

9 Hier sehen wir eine kräftig dimensionierte Strahldüse.

10 Der Abstand der Düse vom Blech sollte 30 bis 40 Zentimeter betragen.

der eine Rauhigkeit zwischen 20 und 30 µm aufweist (durschnittliche Differenz zwischen den Vertiefungen und Erhebungen).

Aber jeder Sandstrahlbetrieb hat sein eigenes Rezept. Stets wird in einer Kabine gearbeitet. Der Meister sollte garantieren, daß benutztes und daher mit Rost- und Farbpartikeln **verunreinigtes Strahlmittel** nicht zusammengekehrt und noch einmal verwendet oder mit frischem Material vermischt wird. Denn dann kann der Effekt mehr als zweifelhaft sein.

Unsere Simca-Karosserie wurde mit 6 bis 7 bar gestrahlt, und das war leider auch nicht der große Wurf, auch wenn das Strahlmittel mit einer **Geschwindigkeit von 750 km/h** aus der Düse kam. Es kommt sehr auf die Maschine an, ihre Saugleistung, Unterdruck oder Überdruck und auf die Wahl der Düse (Material, Form, Länge, Durchmesser). Der Handwerker regelt den **Durchfluß** des Materials und den **Luftdruck.** Man kann das mit der Arbeit eines Lackierers vergleichen, denn es sind auch beim Strahlen Präzision und ein gutes Auge erforderlich.

Jeder Strahlbetrieb hat seine Rezepte. Daher ist es wichtig, alles mit dem Fachmann genau zu besprechen, bevor man ihm die Karosserie anvertraut.

Das Wesentliche ist, und das kann man nicht oft genug wiederholen, mit dem Werkmeister vorher alles genauestens abzusprechen, denn nicht alle Leute sind mit gleich viel **Feingefühl** bei der Arbeit. Und manche wechseln nicht den Sand, nur um Ihnen einen Gefallen zu tun. Aber wenn die Arbeit erst einmal gemacht ist, ist es zu spät für schlaue Anmerkungen!

Ist das Blech blank, ist es sofort anfällig für Korrosion. Das ist so, als wenn Sie im Adamskostüm im Blizzard stehen! Da reichen einige Minuten, um zum Eiszapfen zu erstarren. Stahlblech reagiert genauso empfindlich: Ein Hauch von Feuchtigkeit reicht aus, um die **Oxidation** in Gang zu setzen, oberflächlich zunächst. Ein bräunlicher Schimmer wird sichtbar. Sie glauben, das sei nicht schlimm, weil die Karosserie noch geschliffen wird, bevor Rostschutz aufgetragen wird, der dann jede Korrosion verhindert.

Tatsächlich ist nur der sichtbare Rostbefall gestoppt. Einige Monate später, wenn Sie richtig stolz auf die geleistete Vorarbeit sind und neuer Lack auf der Karosserie glänzt, kommt dann die **böse Überraschung:** Schon nach einer Woche erscheint unter der Einwirkung der UV-Strahlung eine leicht matte Stelle, die sich immer stärker abzeichnet. Und dann fällt Ihnen wieder ein, daß Sie leichte Korrosion weggeschliffen haben, was letztlich nicht ausreichte, um den Rostteufel auf ewig zu verbannen. Er arbeitet im Untergrund weiter! Nun ist es zu spät, das Kind ist in den Brunnen gefallen.

Daher ist es absolut notwendig, unmittelbar nach dem Sandstrahlen die Karosserie zunächst gründlichst von jedem **Feinstaub** zu befreien. In den Ecken wird immer etwas übrig bleiben, aber nur ein winziger Bruchteil jener 30 bis 40 Kilo Material, die der Profi weggestrahlt hat. Innerhalb der nächsten vier Stunden muß eine **Haftschicht (Wash Primer)** aufgebracht werden, bzw. eine **Phosphat-Haftgrundierung** (auf Alu wendet man ein spezielles Mittel an).

Obwohl die Schicht sehr dünn ist, bietet sie einen hohen **Schutz vor Flugrostbefall,** muß aber schnell noch mit einer Phosphatlösung versiegelt werden. Für das Chassis nimmt man **Epoxydharz,** weil es widerstandsfähiger ist. Manche Handwerker raten auch, die Karosserie zusätzlich mit 150er oder 200er Schmirgel zu glätten, bevor eine zweite, schützende Antirostschicht aufgetragen wird. Die Endlackierung erfolgt am besten unmittelbar danach, wobei wir gute Erfahrungen mit Lacken auf Polyurethan-Basis gemacht haben.

1

2

1 Hier und da ist perforierende Korrosion zutage getreten, man sieht auch ein paar Spuren von Rempeleien.

2 Das Korund ist überall hin verteilt worden, auch im Kofferraum.

3 Trotz Maske und bester Schutzkleidung ist Staub durchgedrungen. Nase und Mund waren allerdings durch eine zweite, interne Maske geschützt, über die der Handwerker mit Sauerstoff versorgt wurde. Man sieht dem Mann die Anstrengung an.

3

4

Selbst strahlen – oder nicht?

Die Idee, wie früher mit Sand selbst zu strahlen, kommt einem automatisch in den Sinn, wenn man einen großen Garten hat, der weit genug vom Nachbarhaus entfernt ist. Aber lohnt sich das? Nicht unbedingt, von der Gefährdung Ihrer **Gesundheit** und der Ihrer Familie sowie der **Umweltbelastung** einmal ganz abgesehen (s.a. Lauftext).
Und sehr anstrengend und schweißtreibend ist die Arbeit auch. Erstens braucht man (teure) **Schutzkleidung,** siehe oben. Zweitens benötigt man einen **Kompressor** mit mindestens 600 Litern Volumen und einer Dauerleistung von 10 bar. Drittens sind **Strahlgerät** mit Schlauch und Düse erforderlich, und die Düsen verschleißen sehr schnell. Man kann das zwar alles leihen, aber das ist auch nicht umsonst und auf dem Land meist nur Theorie. Und dann braucht man natürlich noch mindestens **eine Tonne Sand,** die man dann nicht auffangen kann, weil keine Vorrichtung dafür da ist.
Alles in allem belaufen sich die **Kosten** selbst unter günstigsten Bedingungen auf 250 bis 400 Euro, und das für ein nur mittelmäßiges Resultat. Das ist ziemlich unrentabel. Soviel steht jedenfalls fest: Den Sand und die **umweltbelastenden Rückstände** von Lack, Fett und Unterbodenschutz finden Sie noch Jahre später überall in Ihrem Garten, Ihrem Haus und in der Nachbarschaft!

9 Am besten verarbeitet wurden ab Werk offenbar die Rundung der Heckfensteröffnung und der Übergang zum Seitenfenster.

10 Auf dem Bodenblech hat der Teppichkleber die Behandlung nicht überlebt, aber es ist kein Loch zu sehen!

11 Fürs Strahlen haben sich die Leute wie Raumfahrer verkleidet.

7

5

6

10
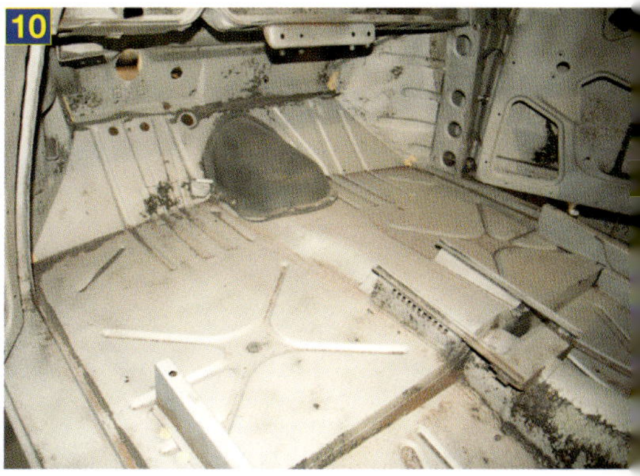

8

9
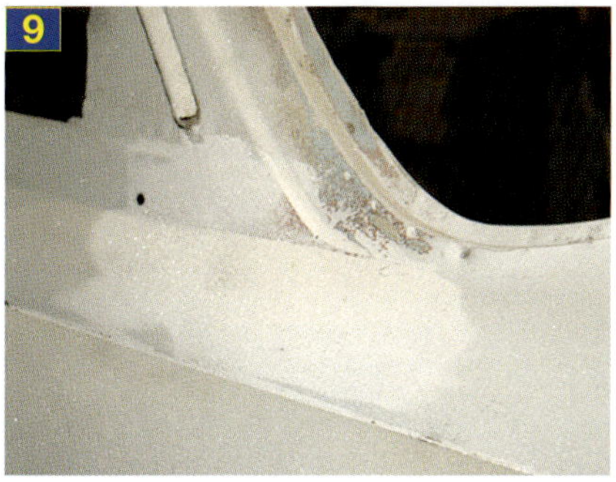

4 Der Wagen wurde mal angeschrammt, wie ein tiefer Kratzer bezeugt, der bisher unter Spachtel und Farbe versteckt war.

5 Hinter der Heckschürze kommt starke Korrosion zum Vorschein.

6 Strahlen ist wirkungsvoller als simples Bürsten: wir sehen den Beweis. Am Schweller war zunächst nur eine kleine Zone herausgetrennt worden. Aber als beim Strahlen dieser Schweizer Käse zum Vorschein kam, mußte die Stelle größer ausgeschnitten werden.

7 Unter der Motorhaube ist die Lärmschutzabdeckung gänzlich verschwunden. Einige hartnäckige Stellen müssen nachträglich abgekratzt werden.

8 Das Gleiche bei der Vertiefung fürs Rücklicht: Weitere Löcher werden sichtbar.

11

9

Reparaturbleche anfertigen

Bei den BMW-Modellen der ab 1962 gebauten „Neuen Klasse“ gehörte und gehört die Karosserierestaurierung zu den aufwendigsten Instandsetzungsarbeiten. Dieser 2013 in der Normandie fotografierte BMW 2000 von 1970 befand sich in unrestauriertem Originalzustand!

Herstellung eines Kotflügel-Reparaturblechs

Schon für Fahrzeuge der 1980er Jahre sind bestimmte Blech-Ersatzteile inzwischen Mangelware. Nur passionierte Markenhändler, die nicht alles zehn Jahre nach Produktionsstopp eines Modells weggeworfen haben, oder spezialisierte Teileverkäufer können zumindest hier und da weiterhelfen. Unproblematisch ist die Situation z. B. bei Citroën. Für die GS-Modelle findet man in England Ersatz, um den CX kümmert sich die „CX-Basis" in Karlsruhe.
Oft kommt man daher nicht umhin, korrodierte Bleche selbst herzustellen oder herstellen zu lassen. Die Arbeiten auf den folgenden Seiten wurden in Kooperation mit dem Lycée Professionnel Château d'Épluches ausgeführt.

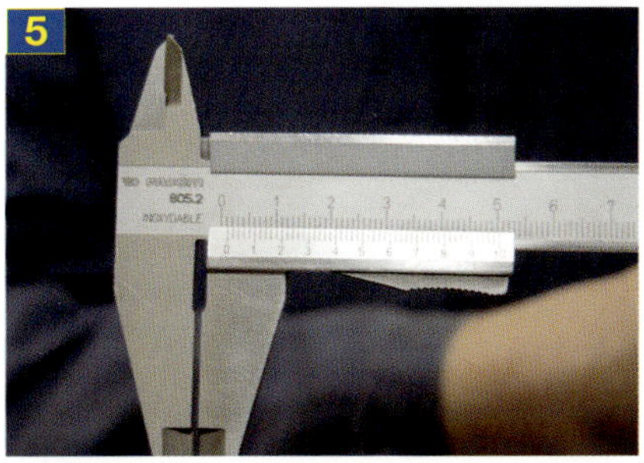

1 Schon vor dem Korundstrahlen zeigten die Kotflügel im Bereich vor den A-Säulen tiefe Korrosionsspuren. Sie reichen über die Zone hinaus, die sowieso ausgeschnitten werden muß. Gilles erklärt Alexander, daß Öffnungen vorgesehen werden müssen, durch die später Spritzwasser abfließen kann.

2 Zuerst wird die Stelle, die ausgeschnitten werden soll, genau bestimmt und angezeichnet. Dabei sollten etwa 3 cm dazugegeben werden. Nur dann sind wir sicher, daß der gesamte korrodierte Bereich ausgeschnitten wird, denn er ist immer etwas grösser als mit bloßem Auge erkennbar.

3 Das Blech kräftig von innen abschmirgeln, um Rostnester abzutragen, die sich ausbreiten und später das Blech durchdringen könnten.

4 Mit einer Schieblehre die Stärke des Blechs messen.

5 1955 machte man noch dicke Bleche: 1,2 Millimeter!

6 Die auszuschneidende Zone wird mit Hilfe eines Lineals und eines Dorns gekennzeichnet.

7 Dann wird die angezeichnete Stelle genau ausgemessen.

8 Anschließend werden die Maße auf ein Blatt Papier übertragen. Dabei nicht vergessen, den später zu falzenden Überstand zur Tür hin und den an der unteren, umzubiegenden Kante zu berücksichtigen.

9 Hier die Skizze, die es nun nachzuarbeiten gilt.

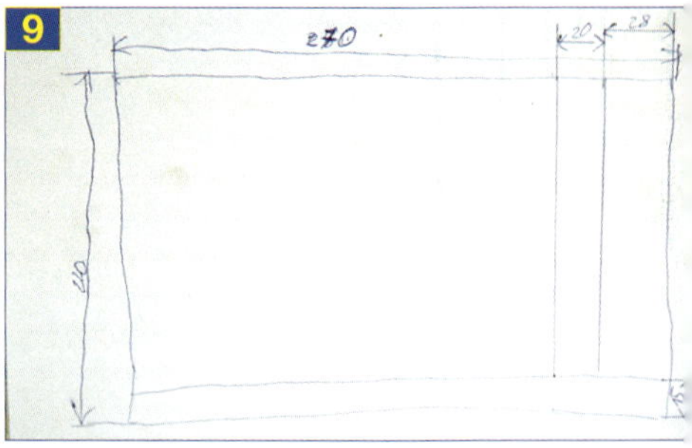

10 Alexander prüft die Stärke des neuen Blechs, das verwendet wird.

11 Das Blech wird ausgeschnitten. Computergesteuert geht das schneller und viel präziser als von Hand, aber in der eigenen Werkstatt muß man sich mit normalen Handwerkzeugen begnügen und nach der Arbeit die Schnittfläche durch leichte Hammerschläge ebnen.

12 Um die Falzabschnitte zu übertragen, benutzt man ein Lineal und eine Reißnadel aus Stahl.

13 Hier wird ein Dorn auf eine Gleitschiene gesetzt, die genau an einem Metallineal entlangläuft. So kann auf ein Zehntel genau gearbeitet werden. Das ist der ganz große Luxus, wo wir es doch sonst gewohnt sind, nur millimetergenau zu werkeln.

14 In weniger als fünf Minuten sind die Maße des Plans auf das Blech übertragen.

15 Nun wird das Falzen vorbeitet. Original ist der Falz durch Elektro-Schweißpunkte an den Längsträger geheftet. Wir haben keine Schweißzange, daher müssen wir klassisch vorgehen und lochschweißen. Das Prinzip ist einfach: 1 cm vom Rand werden Löcher in das anzuschweißende Blech gebohrt, und zwar im Abstand von etwa 4 Zentimetern. Ist das Blech später an seinem Platz, wird hier geschweißt, indem flüssiges Metall in die Löcher gebracht wird.

16

17

18

19

20

16 Die Löcher werden zunächst mit einem Bohrer der Stärke 6 gebohrt...

17 ...dann mit Stärke 8.

18 Mit einem Bandschleifer entgratet Gilles die Bohrlöcher, man kann es aber genauso gut mit einem Bohreinsatz Stärke 14 oder einem passenden Fräskopf machen – dabei nicht zu tief gehen!

19 Das Blech wird erneut plan geklopft, diesmal mit einem Hartholzhammer.

20 Nun wird der erste Knick hergestellt. Wenn Sie keine Falzmaschine haben, brauchen Sie zwei Profileisen von etwa 3 mm Dicke, die zwischen die Backen des Schraubstocks gespannt werden. Das Blech zwischen die beiden Profileisen setzen, so daß die angerissene Markierung leicht hervortritt. Dann wird das Blech mit einem Holzhammer in die nötige Form geschlagen.

21 Den Anschlagswinkel genau kontrollieren. In unserem Fall muß er 90° zur glatten Oberfläche betragen.

22 Mit dem noch nicht bearbeiteten Blech wird die Stelle gezeigt, wo die Rundung ansetzen muß. Der gelochte Falz muß perfekt auf dem Rahmen aufliegen.

23 Auf dem Blech wird der Beginn der Rundung markiert.

24 Eine Markierung einritzen, wo die Rundung beginnen soll.

21

22

23
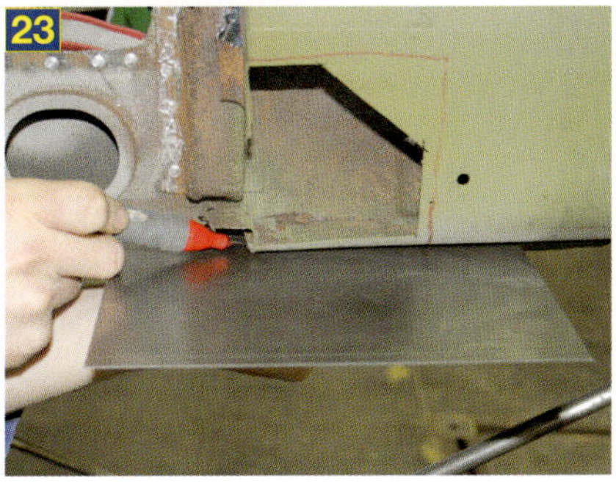

24

25

26

27

25 Das Blech wird mit einer Falzmaschine in Form gebracht...

26 ...oder auch manuell mit Hilfe eines Hornambosses und eines Holzhammers, wobei versetzt geschlagen wird.

27 Die Rundung immer wieder überprüfen und nachbessern, bis sie die perfekte Form hat.

28 Wenn die Rundung zufriedenstellend ist, das Blech anhalten und dort markieren, wo es mit dem Kotflügel abschließen soll. Das Blech wurde absichtlich größer als nötig ausgeschnitten, um es besser anpassen zu können.

29 Mit der Metallsäge wird der Rand gekennzeichnet.

30 Nochmals genau ausmessen.

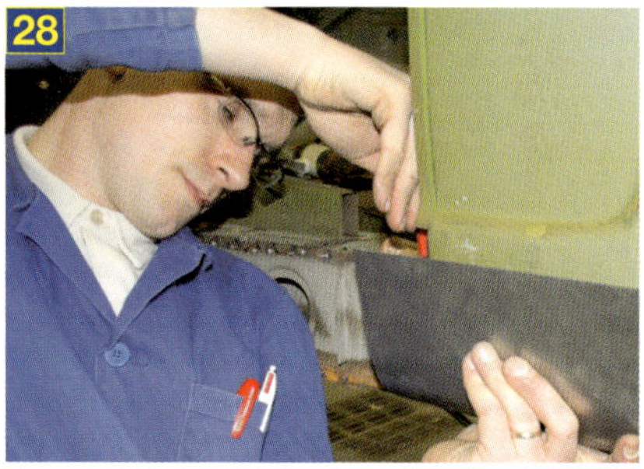

28

29

30

31

32

33

34

35

31 Die Maße werden mit der Reißnadel exakt auf das Blech übertragen.

32 Das Blechstück wurde absichtlich etwas größer abgeschnitten, um später die Anpassung zu erleichtern.

33 Nun wird das Blech mit der Metallsäge auf die erforderliche Größe zurechtgeschnitten. Wir nehmen den überschüssigen Blechstreifen ab.

34 Bearbeitung mit dem Holzhammer.

35 So wird der Falz herausgearbeitet.

36 Es existieren zwei Möglichkeiten, um den Anschlußfalz bzw. die Vertiefung zur Tür hin zu realisieren. Die erste: das Blech in Form hämmern.

37 Die innere Partie ist bis auf einen Zentimeter an den Grat heran abgeschnitten worden. Die Formgebung ist leicht, weil die mit der Säge eingeritzte Markierung bis an den Grat reicht. Gilles formt die seitliche Partie separat von der inneren.

38 Wieder wird gemessen. Sie könnten sagen: Warum habt Ihr das nicht vorher gemacht? Aber dann hätte man nicht so präzise arbeiten können. Denn Blech ist „lebende" Materie, die sich ausdehnt und zusammenzieht oder auch verdreht. Daher ist es besser, zu messen, wenn das Blech in Form gebracht wird.

39 Die Maße werden übertragen.

40 Den Anstoß-Falz zurückbiegen, dann das Blech plan klopfen, vor allem im Bereich der Grate.

41 Die zweite Lösung: Das Anschlußblech anschweißen. Hier wird das Blech im Bereich des Anschlusses passend geschnitten, der Anschluß selbst wird als kurviges Blechelement aus einer Platte herausgeschnitten. Mit zwei kleinen Schweißpunkten wird das Anschlußteil in Position gebracht.

42 Die beiden Teile werden durchgehend miteinander verschweißt.

43 Mit dem Blechhobel wird die Fläche auf Unebenheiten geprüft.

44 Eine kleine Beule wird mit einem Planiereisen und unter kurzen Schlägen geglättet.

45 Mit dem Blechhobel werden auch leichte Auswölbungen, die beim Schweißen entstanden sind, egalisiert.

46 Jetzt geht es ans Anpassen des neuen Blechteils. Erster Schritt: Das verrostete Blech, das ersetzt werden soll, wird ausgeschnitten. Johann markiert den Bereich mit dem Blech, das eingesetzt werden soll.

47 Es gibt nun zwei Möglichkeiten: Entweder man schneidet die Größe aus, die das einzusetzende Blech hat oder aber man schneidet rundum etwa 2 cm weniger ab als die Ränder des neuen Blechs erfordern. Bei der ersten Möglichkeit läuft man Gefahr, den Übergang von alt und neu nicht perfekt hinzubekommen, also verzichten wir darauf und zeichnen eine zweite, innere Linie. Anmerkung: Der Überstand von 2 cm kann mit einer Spezialzange um ca. 1 mm nach innen versetzt werden. Auf den Versatz wird dann das Reparaturblech gelegt, das dann bündig mit der Kante am Originalblech anliegt und geschweißt werden kann. Diese Methode haben wir letztlich nicht angewandt.

48 Mit der Trennscheibe wird die kranke Partie herausgeschnitten.

49 Das korrodierte Teil legen wir auf das geformte Blech und können nun den Wasserablauf markieren.

50 Links das neue, vorbereitete Blechelement, rechts das korrodierte Altteil.

51 Nun muß noch die Scharte für den Spritzwasserablauf geformt werden. Dies wird durch regelmäßige, leichte Schläge mit der Kante des Ausbeulhammers erreicht, dabei dehnt sich das Blech.

52 Den letzten Schliff geben wir der Scharte mit dem rechteckigen Hammerprofil. Nun ist das Teil einbaufertig.

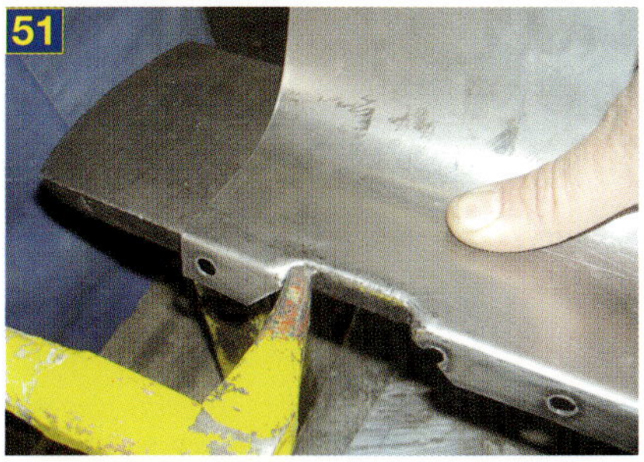

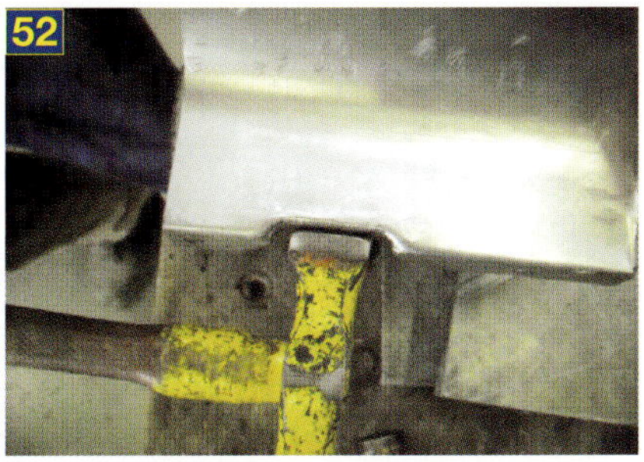

53 Instandsetzung des rechten vorderen Kotflügels eines BMW 501 B von 1954 im Jahr 1981. Richard feilt die Kanten des Ausschnitts glatt. Der in Köln lebende Türke galt damals in der Region als der beste Karosseriebauer. Er schweißte nur mit dünnen Streifen des gleichen Blechs, das für die Reparatur verwendet wurde.

54 Stolz zeigt Richard das Ergebnis seiner Arbeit; links und rechts die herausgetrennten, vom Rost zerfressenen Partien.

52 Mit dem Karosseriehammer gibt der Künstler dem Blech den letzten Schliff.

10

Blech einpassen, einschweißen

Ob bei diesem MGB Roadster der ersten Serie ab 1960 schon einmal Blechteile ersetzt worden sind, wissen wir nicht. Wenn doch, wurde es perfekt ausgeführt. Die meisten englischen Sportwagen aus dieser Epoche waren normalerweise nach rund zehn Jahren durchgerostet.

Anpassen und Einschweißen eines Reparaturblechs

Schweißen sieht einfach aus, von weitem betrachtet. Doch wenn man sich zum ersten Mal drangibt, erkennt man, daß es ziemlich schwierig ist, vor allem dann, wenn entlang einer längeren geraden Kante geschweißt werden muß. Es ist alles andere als ein Kinderspiel, und es funktioniert nur perfekt, wenn man ausreichend Erfahrung hat. Aber wir haben uns nicht abschrecken lassen und es von Grund auf gelernt und dabei festgestellt, daß es glücklicherweise für alles eine Lösung gibt, selbst dann, wenn man nach dem Schweißen feststellen muß, daß sich das Blech verformt hat. Wir zeigen, wie das zuvor hergestellte Kotflügelblech fachgerecht in die Karosserie integriert wird.

Als wir uns daran machten, die nachgefertigten unteren Teile der beiden Simca-Vorderkotflügel einzupassen, mußten wir feststellen, wie schwierig das **Ansetzen eines Blechelements** ist. Zwar ließ sich das erste Teil relativ problemlos anschweißen, doch auf der anderen Seite traten erhebliche Probleme auf. Der Grund? Das Blech war während des Schweißens zu heiß geworden, hatte sich verformt und gestreckt, zeigte am Ende Buckel und Vertiefungen. Wir waren nun gezwungen, wie bei einer Unfallreparatur weiterzumachen! Dies war aber die Gelegenheit, nun endlich zu lernen, wie man die vom Schweißgerät erzeugte Hitze richtig steuert und einsetzt. Dabei stellten wir fest, daß Blech viel mit sich machen läßt, fast alles sogar.

1 Wie wir im vorigen Kapitel gesehen haben, sind die Bereiche hinter den Kotflügeln noch stark von Rost befallen. Das kann nicht so bleiben. Da Strahlen in diesem Bereich nicht in Frage kommt, müssen die Stellen manuell entrostet werden, wozu wir eine rotierende Metallbürste verwenden (Augenschutz anlegen).

2 Zunächst passen wir das neue Blechteil an und positionieren es so präzise wie möglich mit einer Gripzange. Dann wird der auszuschneidende Bereich angezeichnet, um eine perfekte Einpassung zu ermöglichen. (Wir haben uns hier für das exakt passende Ausschneiden ohne Überstand entschieden, s.a. Fotos im vorigen Kapitel.)

3 Die angezeichnete Stelle wird herausgetrennt.

4 Gut, aber nicht ganz perfekt; die Trennscheibe hat teilweise etwas unsauber gearbeitet und zu viel Material abgetragen. Das ist aber nicht weiter schlimm: Die Schweißnaht wird die kleinen Mängel überdecken.

5 Um eine perfekte Verbindung herstellen zu können, müssen die Ränder der Karosseriestruktur mit Hammer und Fausteisen geglättet werden.

6 Auch innen muß das Reparaturblech gegen Rost geschützt und mit Zinkspray behandelt werden. Damit die Farbe haftet, wird das Blech mit 80er Schmirgel angerauht.

7

8

9

10

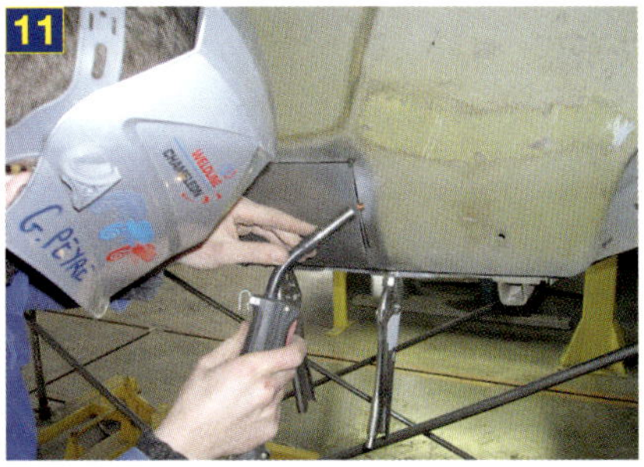
11

12

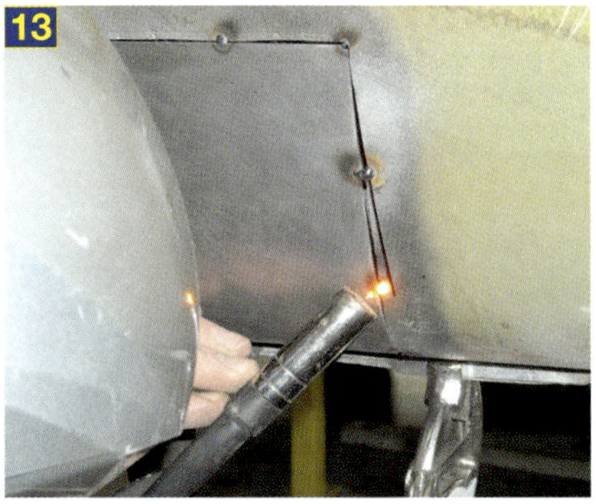
13

7 Die Hohlräume und Rahmenelemente werden entfettet und dann wie die Innenseite des Reparaturblechs mit Zinkstaubfarbe behandelt.

8 Wenn die Korrosion beseitigt ist, muß verhindert werden, daß sie wieder auftaucht. Man kann Rostumwandler auftragen oder Zinkstaubfarbe, die es auch als Spray gibt. Die Kaltverzinkung schützt das Blech und unterstützt sogar die Arbeit, wenn elektrisch geschweißt wird.

9 Um das neue Blech herum haben wir die originale Karosseriesubstanz blank geschliffen. Das muß sein, damit die Schweißnaht haftet. Das Reparaturteil muß sorgfältig eingepaßt sein und von Gripzangen (unten) gehalten werden.

10 Zuerst werden die Eckpunkte angeschweißt, und zwar jene, die am weitesten von den Gripzangen entfernt sind.

11 Die Punkte werden mittig gesetzt.

12 Während des ganzen Vorgangs muß die Fluchtung mit einem Ausbeulhammer unterstützt bzw. nachgearbeitet werden.

13 Um ein Ausdehnen des Blechs unter der beim Schweißen auftretenden Hitze zu begrenzen, werden die Schweißpunkte in größeren Abständen voneinander gesetzt.

14 Die Abstände zwischen den Schweißpunkten werden später geschlossen.

15 Der Rand wird durch Lochschweißung mit dem Doppelblech des Schwellers verbunden. Mit dieser Technik wird das zuvor gebohrte 6-mm-Loch mit Flüssigmetall geschlossen, was gleichzeitig die feste Verbindung garantiert. Das Lochschweißen ersetzt das Punktschweißen, wie es seinerzeit in der Fabrik erfolgte.

16 Jetzt ist das Ersatzblech rundum mit Schweißpunkten fixiert und kann nicht mehr verrutschen.

14

15

16

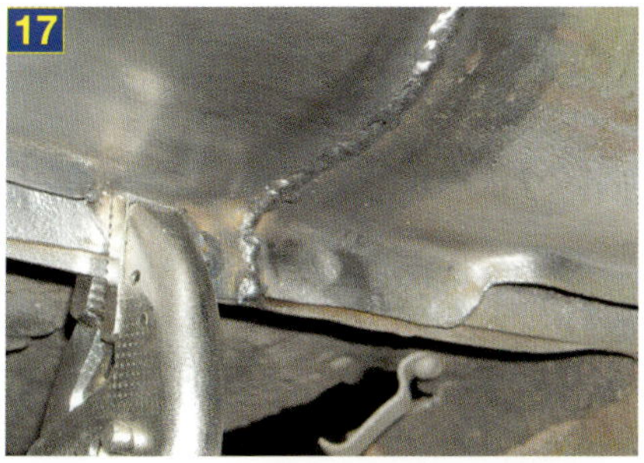

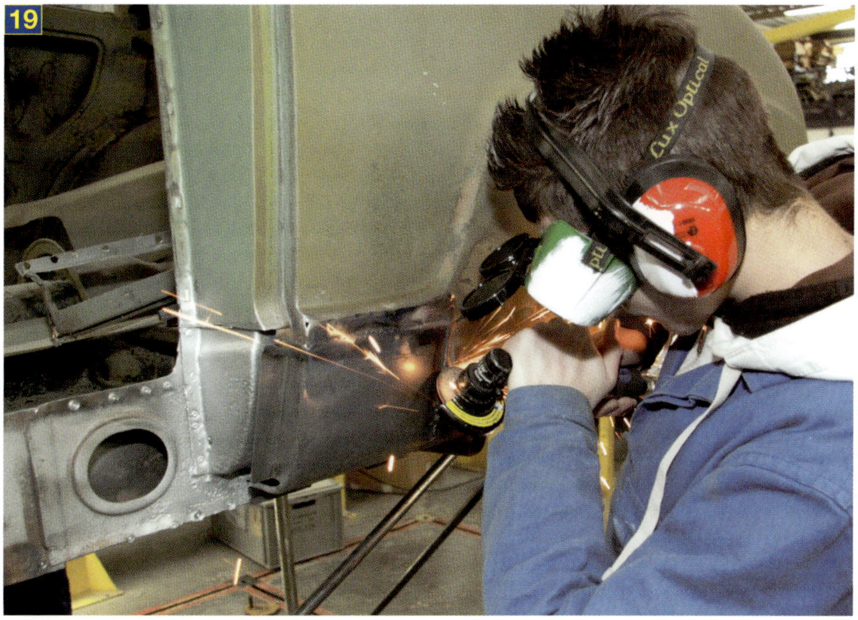

17 Um die Deformation des Blechs zu verhindern, setzen wir keine durchgehende Schweißnaht, sondern eine dichte Kette von kleinen Schweißpunkten, die sich mittig überlagern, was letztlich eine Naht ergibt (s.a. Kasten auf der nächsten Seite).

18 Wir sehen den Schweißer bei der Arbeit. Die Schutzhaube ist unerläßlich.

19 Jetzt wird die Schweißnaht zunächst mit einer groben Scheibe geschliffen.

20 Zum Schluß kommt eine feinkörnige Schleifscheibe zum Einsatz.

21 Trotz aller Sorgfalt bleiben entlang der Schweißnaht Unebenheiten zurück. Am besten findet man sie, indem man mit der blossen Hand darüber streicht.

22 Um die Unebenheiten auszugleichen, müssen sie mechanisch bearbeitet werden. Hinter die auszugleichende Stelle muß ein Gegenlager gehalten werden, damit nicht allzu viel Druck auf das Blech ausgeübt wird.

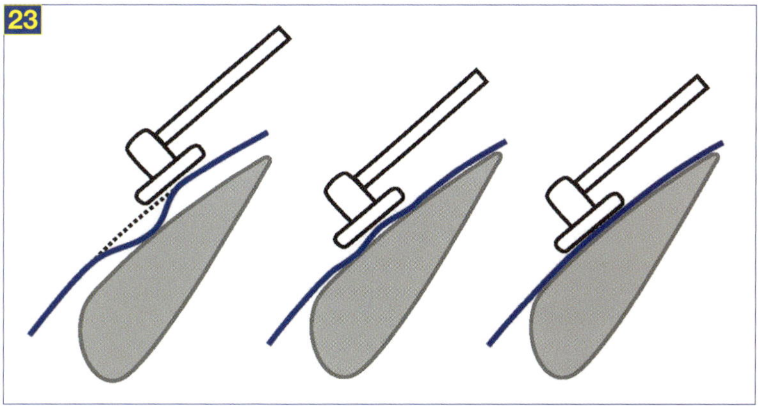

23 Mit einem Holzhammer leicht versetzt neben die zu glättende Stelle schlagen und das Gegenstück dabei progressiv zur Seite bewegen wie es die Zeichnungen zeigen. Auf keinen Fall zu fest geschlagen und nicht zu lange auf eine Stelle, sonst längt sich das Blech wieder.

24 Zwischendurch kontrollieren wir immer wieder die Arbeit.

Mängelbehebung durch Hitze (Flammrichten)

Am Beispiel einer schlecht ausgeführten Schweißnaht zeigen wir, wie man den Schaden beheben kann.

1 Die Naht ist unpräzise und bucklig. Wie man an der Materialverfärbung (dunkle Zonen neben der Schweißnaht) sieht, entwikkelte der Schweißvorgang große Hitze. Wenn man lange auf dieselbe Stelle zielt, ist eine Ausdehnung des Materials unvermeidlich.

2 Hier sieht man, wie sich das Blech ausgebeult hat. Es ist schwierig, diesen Mangel zu korrigieren.

3 Man schleift die Buckel der Naht ab. Nach dem Schleifen sieht man zwei Einfärbungen: Die hellen Zonen kamen nicht mit der Schleifscheibe in Kontakt, da sie sich tiefer befinden, die dunklen Zonen wurden angeschliffen, da sie sich angehoben hatten.

4 Um die Unebenheiten auszugleichen, setzt man ein Löffeleisen hinter die betroffene Zone.

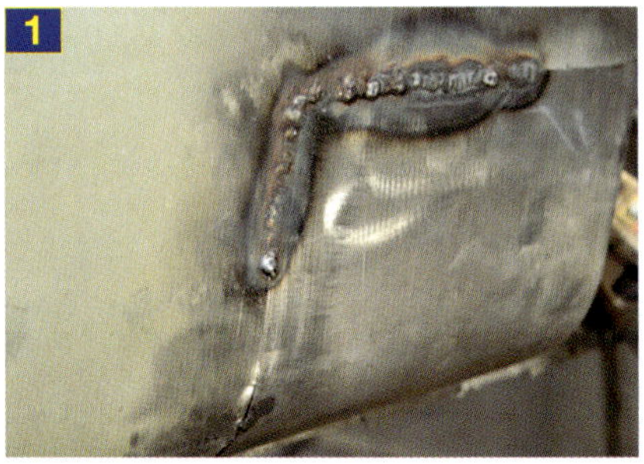

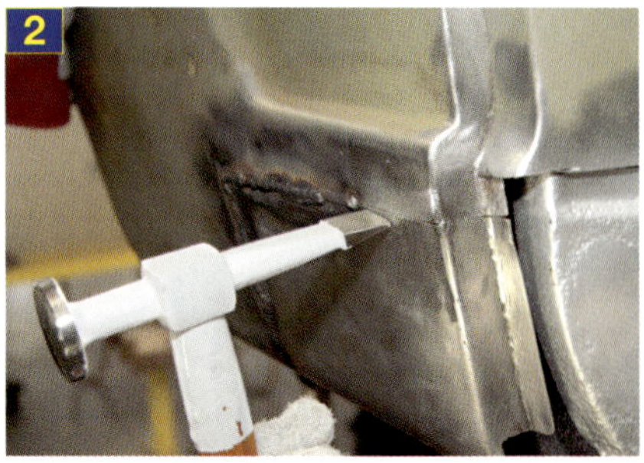

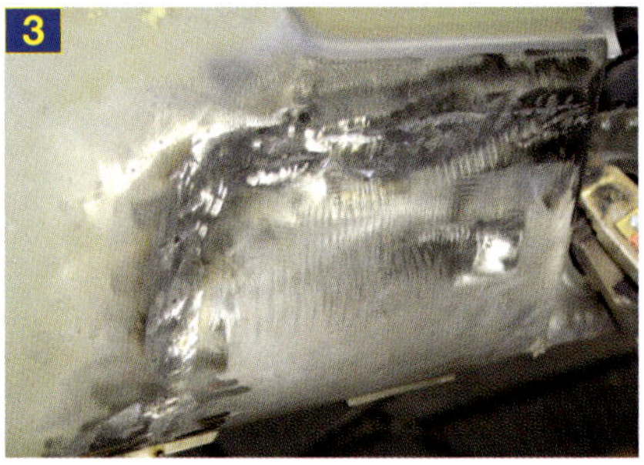

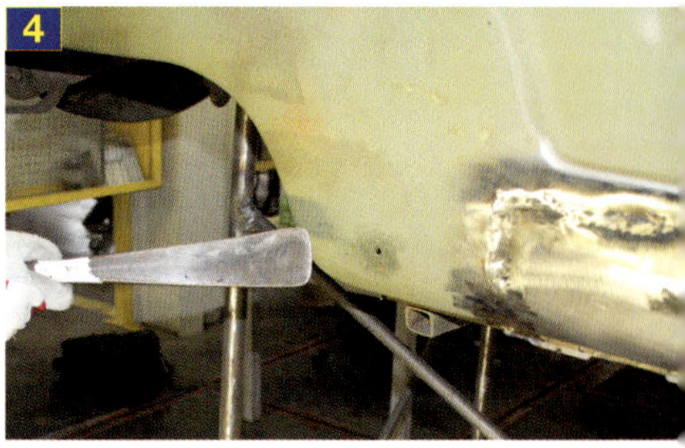

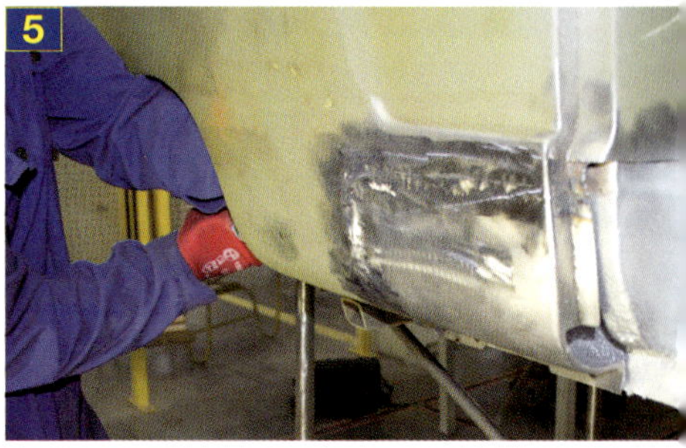

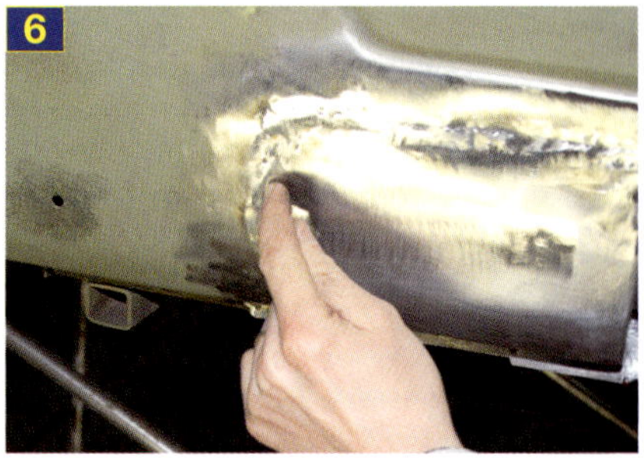

5 Man drückt das Löffeleisen von hinten gegen Partien, die sich ausgebeult haben und versucht, die Beulen glattzudrücken.

6 An dieser Stelle ist eine Vertiefung geblieben, dicht neben einer Schweißnaht.

Schweißpunkte als Kette anlegen

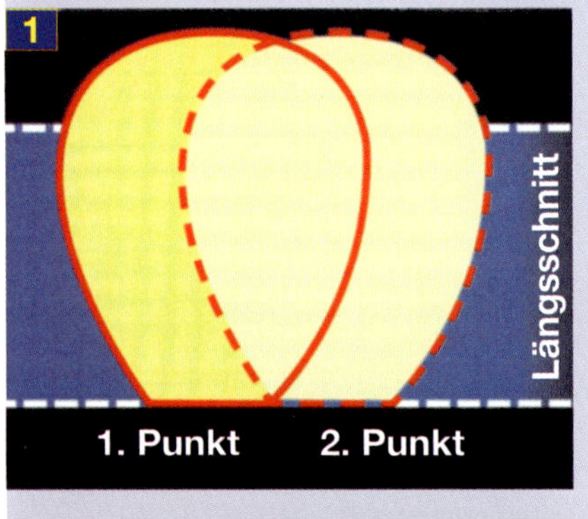

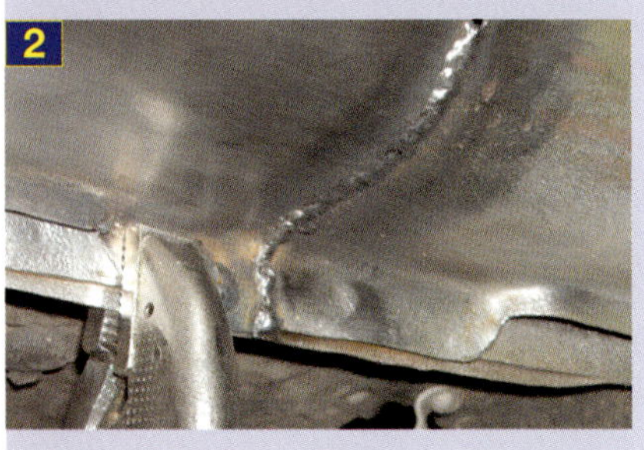

1 Schnittbild zweier Schweißpunkte.

2 So sieht eine Kettenschweißnaht aus.

Wenn man zwei Stahlblechteile aneinanderfügen will und eine **Deformation verhindert** werden soll, werden Schweißpunkte in Kettenform angebracht.

Bekanntlich dehnt sich Stahlblech aus, wenn es erhitzt wird. Dabei verformt es sich, denn beim Schweißen entstehen hohe Temperaturen. Um eine Deformation beim Verbinden von zwei Blechen zu verhindern, kann man kleine **Schweißpunkte in Kettenformation** anbringen. Nach jedem gesetzten Punkt wartet man, bis dieser aufhört, rot zu glühen, dann wird der nächste Punkt gesetzt, der zur Hälfte über dem ersten liegen muß. Man wartet wieder etwas und setzt dann den dritten und vierten Punkt. Anschlies-send verfährt man auf der gegenüberliegenden Seite genauso. So wird durch das Kontrollieren der Hitzeeinwirkung die Ausdehnung des Materials vermieden.

Warum muß man den zweiten Punkt versetzt über den ersten legen (s. Zeichnung, Querschnitt von oben)? Ein Schweißpunkt besitzt die Form eines Tröpfchens, unten spitz zulaufend, oben rund aufgebläht. Um eine perfekte Verbindung zu erzielen, muß man die **Tropfen** bis an ihre Basis miteinander verschmelzen wie auf den Fotos gezeigt.

7 Gilles versucht mit leichten Hammerschlägen die Niveaudifferenz auszugleichen. Aber die Unebenheit ist so bedeutend, daß wir schwereres Geschütz auffahren müssen.

8 Eine Beule ist nichts anderes als ein Stück ausgedehntes Blech, das bei Hitzeeinwirkung oder Druck von der Seite nicht ausweichen konnte und sich deshalb angehoben hat. Wenn wir die Beule nicht durch Hämmern eliminieren können, muß sie erneut erhitzt werden. Man macht das mit dem Schweißbrenner oder mit einem elektrischen Apparat, der mit einer Kupferelektrode (Bearbeitung Punkt für Punkt) oder einer Kohleelektrode ausgerüstet ist (Bearbeitung linear); es gibt auch Kupfer-/Graphit-Elektroden, die man punktweise oder in Form eines Kommas einsetzt. In unserem Fall arbeiten wir mit einer Kupferelektrode, die die Oberfläche nicht verhärtet und somit ein Abtragen der Beule ermöglicht.

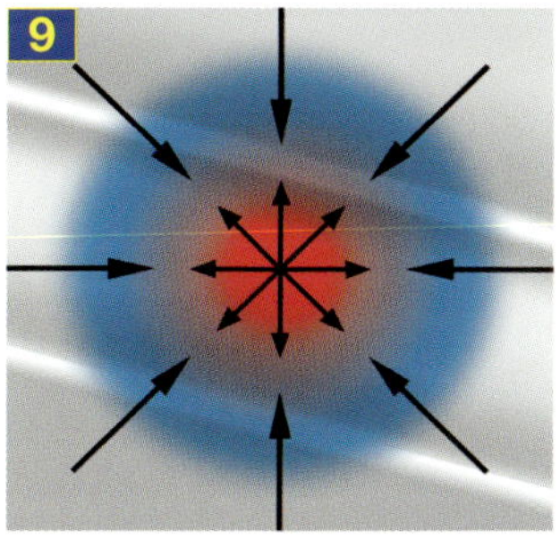

9 Das Schema zeigt, wie vorgegangen wird. Wir erhitzen die Beule genau in der Mitte. Die Hitze breitet sich gleichmäßig in alle Richtungen aus, das Blech dehnt sich zunächst weiter aus. Aber die kalte Zone ringsum wirkt dem entgegen, indem sie zirkulär auf das durch die Dehnung geschwächte Blech drückt; die gedehnte Partie gewinnt dadurch wieder an Stärke.

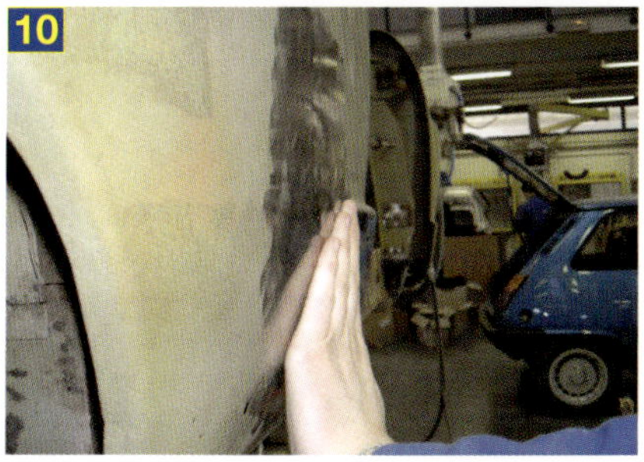

10 Nun wird das Blech abgetastet, um die Stellen ausfindig zu machen, die abgeschreckt werden sollen.

11 Wichtig ist, daß der Zeitraum zwischen der Erhitzung und der Erkaltung möglichst klein ist. Zum Abschrecken nimmt man einen in kaltes Wasser getauchten Schwamm, wobei man in einer Hand den Brenner, in der anderen den Schwamm hält.

12 Die Ausbeulung muß glühend rot erhitzt werden.

13 Dann sofort mit dem in kaltes Wasser getauchten Schwamm abschrecken.

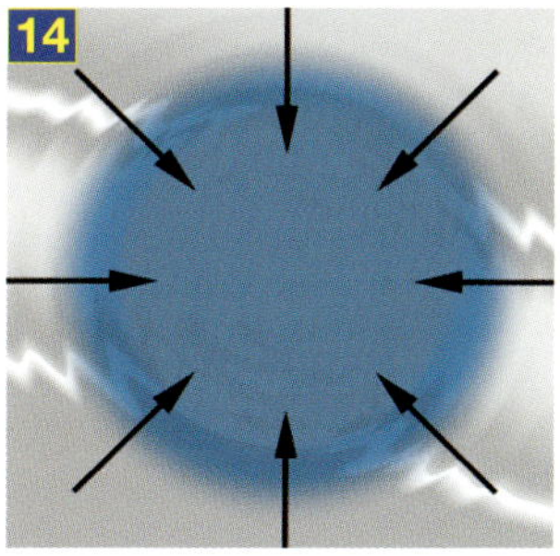

14 Die erhitzte Fläche zieht sich schlagartig zusammen, die Spannung konvergiert zur Mitte des zuvor erhitzten Punktes hin. Das ausgebeulte Blech zieht sich wieder zusammen und erhält dadurch die ursprüngliche Stärke zurück. (Eine Ausdehnung bewirkt eine Minderung, ein Zusammenziehen durch Abschrecken ein Erhöhen der Blechstärke.)

Mängelbehebung mit Gleithammer

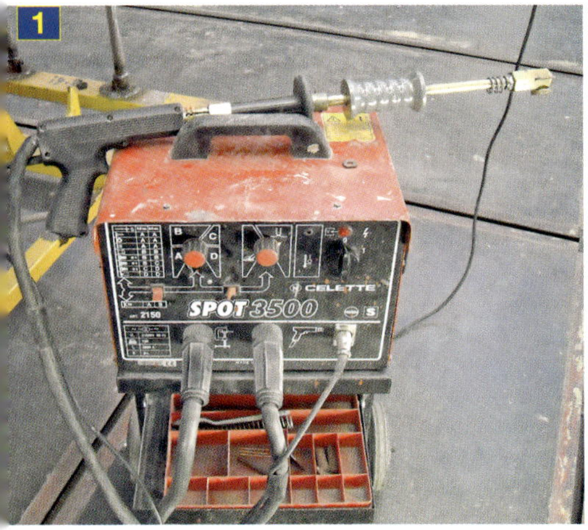

1 Um Dellen herauszuholen, hat der Karossier einen Gleithammer, der mit einer Schweißelektrode ausgerüstet ist und die Vertiefung in einem Zug herausziehen kann.

2 Die Schweißelektrode wird in Position gebracht.

3 In der Mitte der Delle setzt der Karossier einen Schweißpunkt, um eine feste Verbindung herzustellen.

4 Ist die Verbindung hergestellt, dann agiert man auf den Gleithammer und zieht so die Delle heraus.

Azetylen-Schweißen

Schweißen heißt, zwei metallische Teile auf Dauer miteinander zu verbinden, sei es durch Weich- oder Hartlöten oder durch Fusion mit oder ohne Metallzufuhr (autogenes Schweißen). Auf jeden Fall ist eine Wärmequelle erforderlich, um das verbindende Material aufzuschmelzen oder die Teile durch Fusion aneinander zu heften.

Im Prinzip gibt es zwei Schweißverfahren: Schweißen mit **Acetylen und Sauerstoff** oder mit dem **Elektroschweißgerät** (Lichtbogenschweißen, Schutzgasschweißen im MIG-/MAG- oder TIG-Verfahren, s. nächstes Kapitel). Oder, wenn Geld keine Rolle spielt, können Sie es mit **Laser-Plasma-Schweissen** versuchen, bei dem Elektronen das Metall bearbeiten. Aber die vielseitigste Methode ist und bleibt das Azetylen-Schweißen,

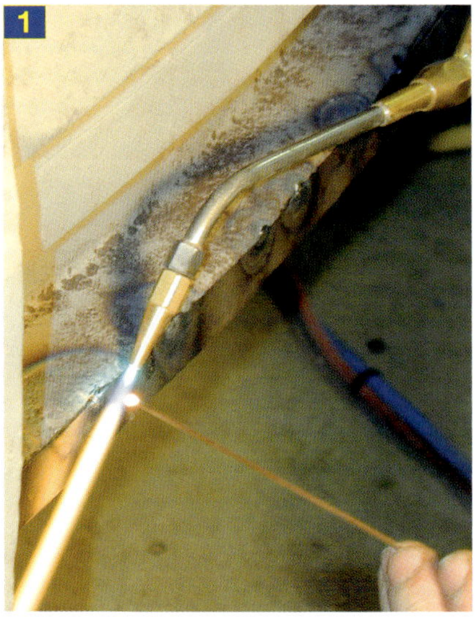

Material: Autogen-Schweißgerät für Sauerstoff und Acetylen, Schweißerbrille oder -helm, dem Zweck entsprechende Schweißdrähte.

1 Autogenes Schweißen mit Brenner und Schweißdraht. Man sieht hier, wie der Schweißdraht zugeführt wird.

2 Weichlöten bzw. Verzinnen mit Zinn und sehr langer Flamme; besser sind Lötkolben oder Lötlampe.

3 Hartlöten mit Brox (Draht aus Speziallegierung).

weil es sowohl unterschiedliche Metalle als auch Metalle gleicher Komposition zusammenfügen kann. Es muß allerdings nach Art der gewünschten Verbindung die richtige Methode angewandt werden.

Weichlöten

Weichlöten ist eine Schweißmethode, bei der Metall zwischen die zu verbindenden Teile aufgebracht wird, egal, ob es sich dabei um dieselbe Metallzusammensetzung handelt oder nicht; alle Materialien müssen dabei relativ weich sein. Gewöhnlich nimmt man **Kupfer oder Messing,** um die Verbindung zwischen verschiedenen Metallsorten herzustellen, die nicht einer mechanischen Beanspruchung ausgesetzt sind. Die dazu erforderliche Hitze ist mit 600 bis 850 Grad relativ gering, sodaß man mit einer einfachen Lötlampe arbeiten kann. Dabei ergießt sich das flüssige Metall zwischen die zusammenzufügenden Teile, was eine feste Verbindung ergibt, selbst wenn zwischen den Teilen etwas Spiel vorhanden ist.

Wenn mit einem Kupfer-Phosphor- oder Messing-Draht gelötet wird, um zwei Kupferelemente zusammenzufügen, taugt dies nur **für schwache mechanische Beanspruchung** und für elektrische Verbindungen oder Teile.

Um die Verbindung zwischen Kupfer- und Messingteilen zu gewährleisten oder um zwei Metalle zu verbinden, die die Eigenschaft haben, sich auszudehnen, wird meist mit einem **silberhaltigen Draht** gelötet. Auch hier dürfen die Teile anschließend keiner **stärkeren mechanischen Beanspruchung** ausgesetzt sein. Der hierbei verwendete Draht enthält einen Anteil von 20 bis 55% Silber. Man benutzt ihn zusammen mit einer Beize, in die man ihn entweder eintaucht, oder mit der er schon umgeben ist. In beiden Fällen müssen die zusammenzuschweißenden Teile zunächst erhitzt werden (Kupfer dunkelrot glühend, Eisen und Stahl hellrot), dann bringt man den Silberdraht mit beiden Teilen in Berührung und nimmt die Flamme in diesem Moment zurück. Auf jeden Fall wird niemals der Draht erhitzt sondern nur das Blech.

2

Hartlöten

Die durch Hartlöten erzielte Verbindung ist viel **widerstandsfähiger.** Als Schweißmetall wird meist **Messing** oder eine Legierung angewandt, die Brox heißt und deren Schmelzpunkt bei 875 °C liegt.

Man kann diese Arbeit nur mit einem Schweißbrenner ausführen und auf diese Weise Kupfer mit Stahl, Stahl mit Stahl und selbst verzinkte Stahlteile miteinander verbinden. Es können mit dieser Technik auch Löcher geschlossen und schlecht zusammenpassende Stellen überbrückt werden. Man geht in zwei Schritten vor: Zuerst werden die Teile durch Punkte geheftet, indem man wiederum die Teile und nicht den Lötdraht erhitzt. Dann wird die Schweißnaht gelegt. Mit dieser **Zweistufenmethode** vermeidet man zu starke Erhitzung und verhindert die Deformierung der Teile.

3

Autogenes Schweißen

Hier handelt es sich um **Hochtemperatur-Schweißen** im Gegensatz zu den Niedertemperatur-Schweißverfahren Weich- und Hartlöten. Es entsteht die **Fusion** zweier gleicher Metalle, sei es ohne oder mit Zufügung von Metalldraht.

Das zugegebene Metall muß eine den zusammenzuschweißenden Teilen entsprechende Stärke haben. Um zwei 1 mm starke Bleche zu verbinden, sollte man einen **Stahldraht mit Kupferummantelung** von 1,5 mm Durchmesser benutzen. Die Fusionstemperatur beträgt hier etwa 1550 °C. Man benötigt einen Azetylen-Sauerstoff-Brenner, um die Teile glühendrot zu erhitzen und sie so zum Schmelzen zu bringen. Dabei können sich die Moleküle des einen Teils mit denen des anderen verbinden. Auch hierbei geht man **in zwei Schritten** vor: Zuerst punktheften, um ein Ausdehnen des Metalls zu verhindern und dann die Schweißnaht legen.

Acetylen-Schweißen

Hier wird mit zwei Gasen gearbeitet, **Sauerstoff** als Oxidant und **Acetylen** als Brennstoff. Die Gase sind in zwei verschiedene Gasflaschen abgefüllt und stehen unter Druck. In gebrauchsfertigem Zustand ist jede Flasche mit einem regelbaren **Druckreduzierventil** und zwei Manometern ausgerüstet.

Das eine überwacht den **Druck** innerhalb der Flasche, das andere dosiert den Ausgangsdruck (0,4-0,6 bar für Acetylen, 0,9-1,5 bar für Oxygen). Um jeden Irrtum bei der Montage auszuschließen, wird das Druckreduzierventil für das Acetylen links herum eingeschraubt, jenes für den Sauerstoffs rechts herum. Auch die **Schläuche** können nicht verwechselt werden: **rot für Acetylen, blau für Sauerstoff,** und aus Sicherheitsgründen besitzen sie jeweils ein Anti-Rückschlag-Ventil.

Die Schläuche sind an die **Mischvorrichtung** angeschlossen, die in die Lanze und die auswechselbare Düse mündet. Durch den Austausch der Düse oder der gesamten Lanze wird der Durchfluß von Acetylen entsprechend der Stärke des zu schweißenden Blechs angepaßt. Je größer der **Durchmesser der Düse** ist, desto stärker ist der **Durchfluß** um jeweils dickere Bleche zu schweissen. Der Durchmesser ist auf Liter/Stunde Acetylen kalibriert, und dieser Wert kann von 45 bis 2200 reichen, je nach Schweißbrenner-Typ. Der Durchfluß von Sauerstoff und Acetylen wird durch zwei **Rändelschrauben** geregelt. Damit variiert man die **Länge der Flamme,** die blau aus der Düse austritt und von einem gelben Lichtkreis umgeben ist. Mit dieser Flamme erhitzt man die Teile. Je kürzer die Flamme, desto heißer ist sie. Andersherum gilt: je länger die Flamme, desto geringer ist die Hitze. Zum Hartlöten setzt man die lange Flamme ein, beim Autogen-Schweißen sollte sie so kurz wie möglich sein.

4

4 Dieses Foto zeigt von links nach rechts verschiedene Schweißdrähte: Draht aus Kupfer-Phosphor-Verbindung, mit Silberanteil, mit ummanteltem Messingkern, und ein Draht aus Stahl, der für autogenes Schweissen mit Kupfer ummantelt ist.

Regulierung der Brennerflamme

1 Blick auf die einstellbaren Druckminderventile und die je zwei Manometer für Acetylen (links) und Sauerstoff (rechts).

2 Die beiden Gasflaschen stehen kippsicher auf einem Transportkarren. Die Hauptventile auf den Flaschen sind durch blau lackierte Stahlkragen vor Beschädigung geschützt.

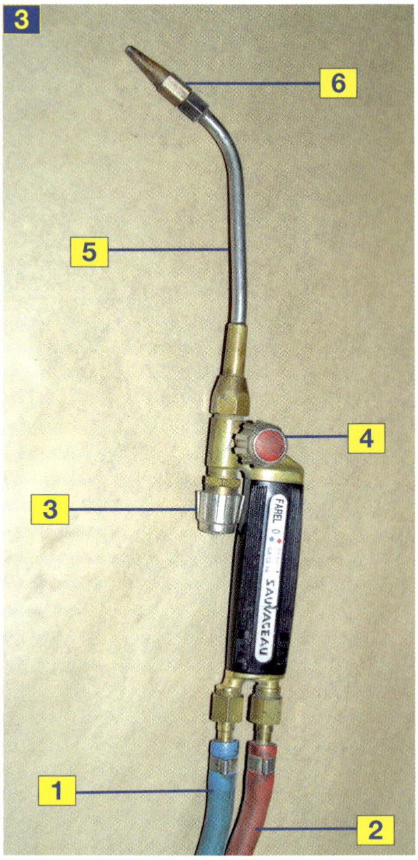

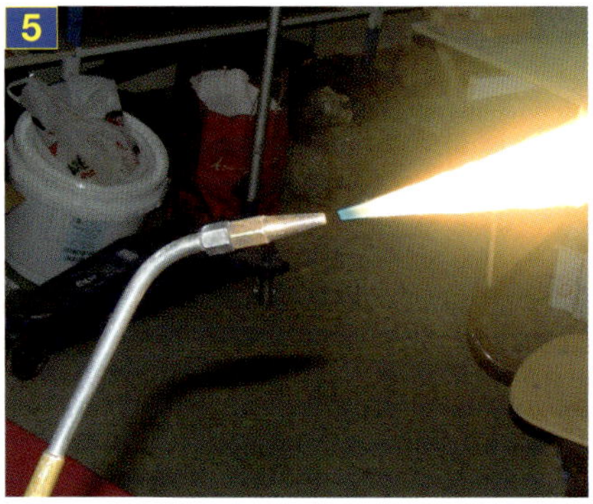

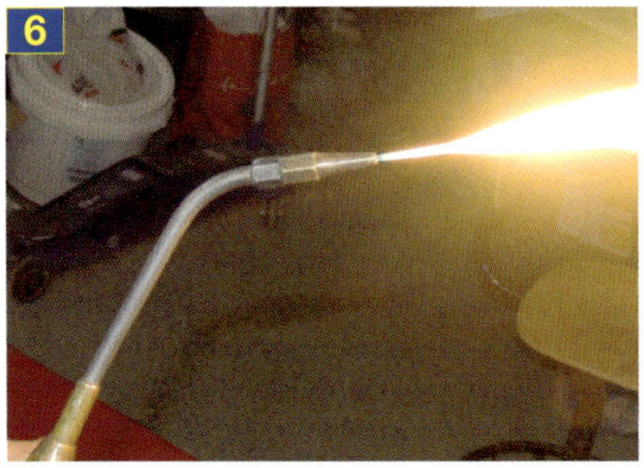

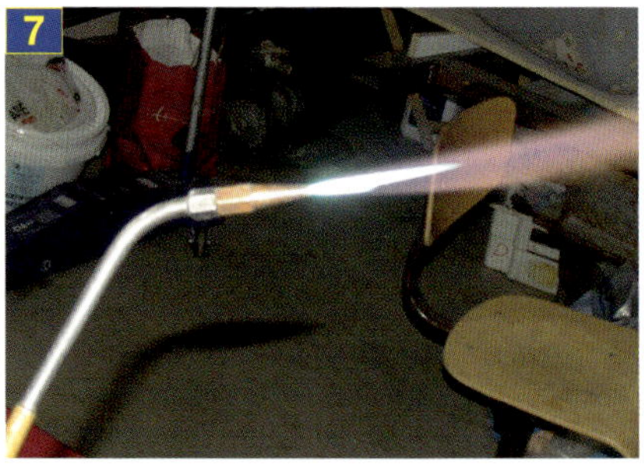

3 Die Mischvorrichtung des Brenners mit dem Anschluß für Sauerstoff (1) und Acetylen (2), die Rändelschrauben zum Einstellen des Durchflusses von Sauerstoff (3) und Acetylen (4), das Rohr oder die Lanze (5) und die auswechselbare Düse (6).

4 Mit der seitlichen Rändelschraube reguliert man zuerst den Durchfluß von Acetylen. Man öffnet ein wenig und entzündet das Gas mit einem Feuerzeug. An der Basis erkennt man eine gelb-orangene Flamme und an der Düse eine blaue Verfärbung, die „Zunge" der Flamme.

5 Hier ist der Durchfluß zu groß, die Zunge hat sich von der Düse abgesetzt.

6 Der Durchfluß wird verringert, indem an der roten Rändelschraube gedreht wird, bis die blaue Zunge direkt aus der Düse tritt.

7 Nun wird an der unteren Rändelschraube die Sauerstoffzufuhr aufgedreht.

8 Jetzt wird das Gemisch dosiert, bis die Flamme die gewünschte Länge erreicht hat.

Elektrisches Schweißen

1 Die Augen müssen beim elektrischen Schweißen unbedingt mit Spezial-Dunkelglas geschützt werden. Vor den heißen Spritzern schützt man sich durch eine geeignete Schutzbekleidung und die Maske.

2 Links der Elektroden-Halter eines Lichtbogen-Schweißgeräts. Rechts die Masse-Zange, in der Mitte zwei speziell ummantelte Elektroden.

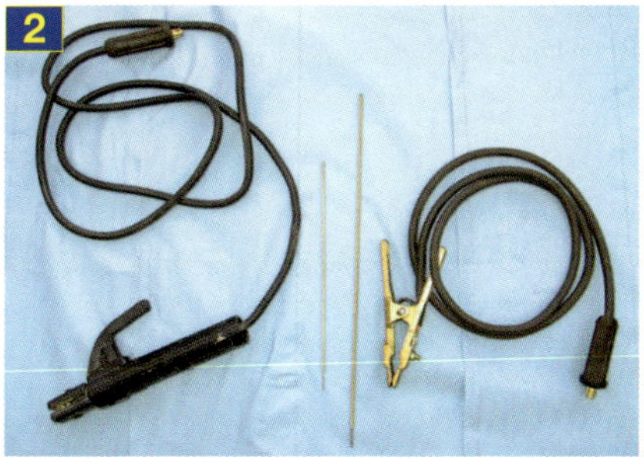

Material: Ein Elektro-Schweißgerät mit ummantelten Elektroden, Schutzhelm, Anzug, Handschuhe, Sicherheitsschuhe.

Blech-, Strom- und Elektrodenstärke

Material	Blechstärke mm	Stromstärke Ah	Elektrodenstärke mm
Weicher Stahl	1,5	40 bis 60	1,6
	2 bis 3	60 bis 70	2
	2 bis 5	80 bis 100	2,5
	3 bis 10	100 bis 130	3,2
	5 u. mehr	130 bis 160	4
Edelstahl	1,5 u. mehr	80 bis 100	2,5
Eisenguß	3 u. mehr	80 bis 100	2,5

Lichtbogenschweißen allgemein

Wie wir gesehen haben, ist der Einsatz des Schweißbrenners oft die beste Lösung, um zwei Metallteile zusammenzufügen, denn die Methode ist sehr vielseitig anwendbar, außerdem kostengünstig. Aber sie hat einen Nachteil: Das Blech dehnt sich unter der Hitzeeinwirkung aus. Beim Punktschweißen ist die Gefahr gering, aber beim Anlegen einer langen Schweißnaht läßt sich eine Ausdehnung des Blechs kaum verhindern.

Um dieses Problem auszuschalten, kann man zum **Elektroschweißgerät** greifen. Hier wird die Flamme des Schweißbrenners durch einen elektrischen **Lichtbogen** ersetzt. Der Schweißvorgang ist kürzer, weniger aggressiv, auf eine kleine Fläche begrenzt und führt zu einem solideren Ergebnis. Es ist eine Form des autogenen Schweissens, der Technik also, bei der gleiche Metallarten unter hoher Temperatur mit Schweißdraht derselben Natur (Stahl mit Stahl, Aluminium mit Aluminium, Edelstahl mit Edelstahl, usw.) und durch **Fusion** miteinander verbunden werden. Diese Fusion wird beim Elektroschweißen bei Temperaturen über 3000 °C erreicht, und zwar dank eines **Kurzschlusses** zwischen zwei Elektroden, die von den zu verschweißenden Teilen und dem Schweißdraht gebildet werden. Der Lichtbogen erscheint wie ein anhaltender Funke von enormer Intensität, der gleichzeitig starkes Licht und intensive Hitze abstrahlt.

Elektrisches Schweißen

Um beim elektrischen Schweißen einen **Lichtbogen** zu erhalten, braucht man einen Schweißapparat oder einen **Schweiß-Generator,** der an das elektrische Netz dreioder einphasig angeschlossen und mit einem Elektrodenhalter sowie einer Masse-Zange ausgerüstet ist. Die Masse muß an das zu schweißende Teil geklemmt werden, sonst gibt es keinen Lichtbogen.

Der Schweißapparat ist mit einer **Regulierschraube** bestückt, über die sich die Intensität der **Stromzufuhr** einstellen läßt. Auf den Elektroden-Halter wird eine **Elektrode** gesetzt, deren Durchmesser von der Stärke des zu schweißenden Bleches und des Materials abhängt. Die Prozedur hängt von drei Dingen ab: der Stärke des Materials, der Intensität der Stromzufuhr und dem Durchmesser der Elektrode. Die **Tabelle** setzt diese Faktoren in Relation zu den Materialien, die es zu schweißen gilt.

Die **Elektroden** bestehen aus Metall (kohlenstoffarmer Stahl, Inox, Guß) ummantelt von einer Schicht, die mehrere Aufgaben hat: Favorisierung der Zündung und Stabilisierung des Lichtbogens, Bündelung des Lichtbogens, Schutz des Schweißbereichs vor frühzeitiger Oxidation während des Abkühlens.

Das Verfahren läßt sich relativ leicht umsetzen: Zunächst die optimale **Intensität** wählen und die richtige **Elektrode** auf den Elektroden-Halter setzen, die Massezange an eines der zu verschweißenden Bleche klammern, dann den Strom einschalten und mit der Spitze der Elektrode das Blechteil berühren. Jetzt kommt es zur Funkenbildung. Dann sogleich die Elektrode 2 bis 3 mm zurückziehen, um den Bogen entstehen zu lassen und mit dem Schweißen zu beginnen. Die **Länge des Lichtbogens** muß konstant bleiben, er soll in etwa so stark sein wie der Durchmesser der Elektrode. Geschweißt wird, indem man die Elektrode in einem Winkel von etwa 60° zu sich hin zieht, und zwar mit gleichbleibender Geschwindigkeit, damit eine schöne Naht entsteht. Die Breite der Naht soll etwa zweimal so breit sein wie der Durchmesser der Elektrode. Nun die Naht abkühlen lassen. Anschließend die entstandene Schlacke abklopfen und abbürsten.

Achtung: Elektroschweißen ist gefährlich für die Augen (unverzichtbar ist eine Schweißermaske mit einem Schutzindex von mindestens DIN 9), für die Hände (Funkenflug und geschmolzenes Metall). Aber auch die Genitalien müssen mit einer Lederschürze geschützt werden (induzierte Ionisierung führt zu vorrübergehender Impotenz).

TIG- und MIG-MAG-Schutzgasschweißen

1 Ein MIG-MAG-Schutzgasschweißgerät mit seiner Flasche mit Mischgas Atal 5.

2 Bei einem Schutzgasschweißgerät ist der Schweißdraht auf eine Spule gewickelt.

3 Rechts die Schutzgas-Elektrode, unten die Masse-Zange.

TIG-Schutzgasschweißen

Diese Technik wird auch als **Lichtbogenschweißen** mit einer nicht schmelzbaren Elektrode bezeichnet, die zu über 99% aus Wolfram besteht und den Lichtbogen erzeugt (amerikanisch: **TIG, tungsten inertgaswelding).** Das Metall wird in Form eines Drahtes oder eines Streifens zugeführt und im Lichtbogen positioniert. Diese Schweißmethode wird immer mit schwer entflammbaren (inerten) Gasen (Argon, Helium oder Helium-Argon-Gemisch) ausgeführt. Das Schweißen damit ist sehr schwierig und bedarf langer Übung. Das Risiko, daß die Naht oxydiert, ist sehr hoch, wenn man diese Technik nicht perfekt beherrscht.

MIG-/MAG-Schutzgasschweißen

Wie beim WIG- oder TIG-Schweißen wird mit Gas gearbeitet, und zwar mit aktivem (leicht entflammbaren) Gas **(metall activ gas)** oder mit inertem (schwer entflammbarem) Gas **(metall inert gas;** auch: Metallaktivgasschweißen, Metallinertgasschweißen). Die Fusion findet geschützt vor Sauerstoff statt, um jede Bildung von Korrosion zu vermeiden, die in der Schweißnaht eingeschlossen werden könnte. Der **Lichtbogen** wird zwischen der Elektrode und dem Teil, das geschweißt werden soll, aufrechterhalten. Aber hier kommt die Elektrode von einer Spule und wird automatisch und regelmäßig der Brennerdüse zugeführt.

Eine gute Schweißnaht hängt auch hier von verschiedenen Voraussetzungen ab: 1. vom **Durchmesser des Schweißdrahts** (0,6 bis 2,4 mm); 2. der **Geschwindigkeit des Abrollens** (2 bis 20 m/min); 3. der **In-**

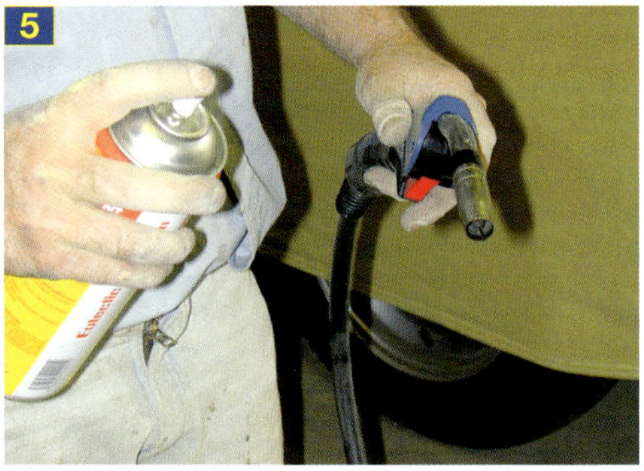

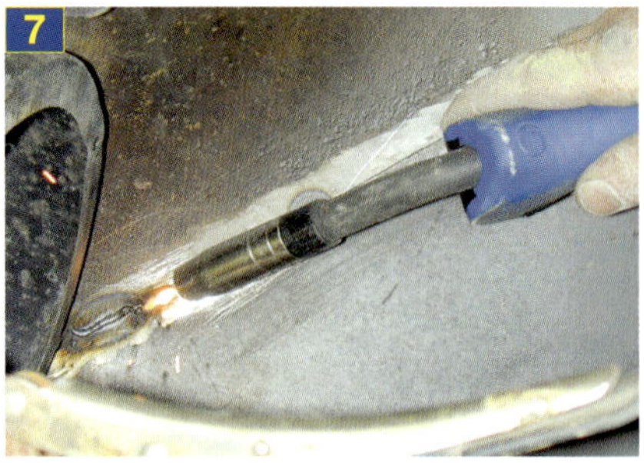

4 Um zu verhindern, dass sich Spritzer des geschmolzenen Metalls neben der Schweißnaht festsetzen, greift man zu einem Anti-Haftspray. Es enthält ein Anti-Korrosionsmittel aber keine Spur von Silikon, da das geschweißte Blechteil sonst nicht lackiert werden kann.

5 Die Antihaftschicht wird auf die Düse des Brenners gesprüht und auf die zu verschweißenden Teile.

6 Wie beim Autogen-Schweißen werden die Teile zunächst mit Schweißpunkten geheftet, die etwa 10 cm auseinanderliegen.

7 Die Schweißnaht wird gelegt, indem man den Brenner mit regelmäßiger Bewegung zu sich hin zieht.

8 Zum Schluß wird die Naht sauber abgeschliffen und damit überstehendes Metall entfernt.

Autogenschweißen Innenkotflügel

MIG = Metallinertgasschweißen mit schwer entflammbaren Gasen, MAG = Metallaktivgasschweißen mit leicht entflammbaren Gasen)
TIG = tungsten inert gas welding, auf Deutsch auch WIG = Wolfram-Inert-Gasschweißen

tensität des Schweißens (40 bis 700 Ah je nach Drahtstärke, der Geschwindigkeit, der Lage der Schweißstelle); 4. dem **Gasdurchsatz** (10 bis 30 l/min); 5. dem **Druck** in der Flasche. Für Stahlblech nimmt man meistens Atal 5, eine Mischung aus Argon und Karbondioxyd. Genauere Hinweise sollten Sie der Betriebsanleitung Ihres Gerätes entnehmen, aber es gibt durchaus allgemeingültige Regeln.

Für Karosseriearbeiten verwendet man Schweißdraht der Stärke 0,6 mm und eine **Stromstärke** von 40 bis 100 Ah. Auf jeden Fall muß die **Länge des Drahtes** reguliert werden, um zu verhindern, dass die Brennerdüse überhitzt (bei zu langem Draht) oder, dass sie auf dem Blech festklebt (bei zu kurzem Draht). Der Draht tritt normalerweise 20 bis 25 mm weit aus der Düse hervor. Schließlich spielt die Höhe des Bogens eine Rolle für die Breite der Schweißnaht. Je weiter er sich entfernt, desto stärker ist die Naht. Das Prinzip dieser Art zu schweißen unterscheidet sich kaum vom Lichtbogenschweißen, nur daß hier keine Schlacke entsteht und die Hitze mit der unvermeidlichen Verformungsgefahr geringer ist.

Material: MIG-MAG- bzw. TIG-Schweißgerät mit Zubehör (Schweißdrahtrolle). Schutzhelm, Anzug, Handschuhe, Sicherheitsschuhe.

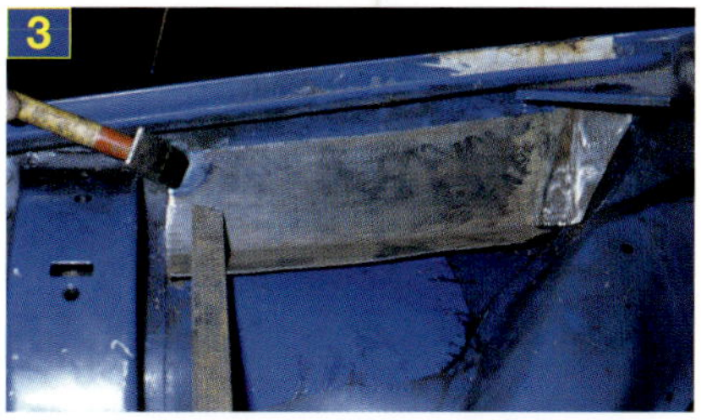

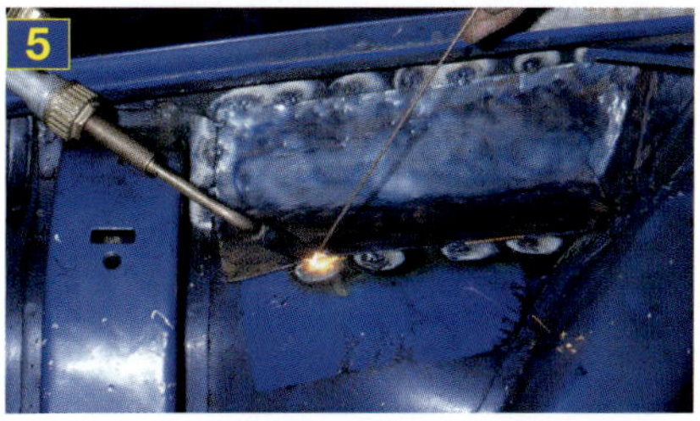

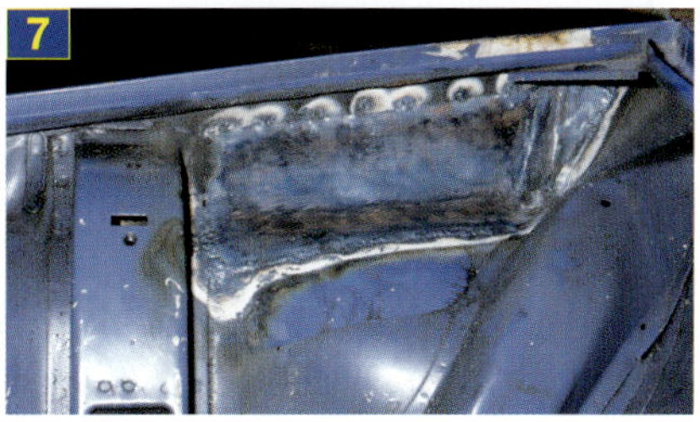

1 Wurde 1984 nach dem Schweißen verkauft: Alfetta GT 1.6 von 1976.

2 Durchgerostet: Alfa-Innenkotflügel.

3 Paßt: das zugeschnittene Blech.

4 Zuerst werden oben einige Schweißpunkte gesetzt.

5 Dann wird auch unten gepunktet.

6 Mit dem Hammer werden die Ränder angepaßt.

7 Das fertige Ergebnis mit rundum durchgehenden Nähten. Die korrodierte Blechpartie wurde nicht ausgeschnitten, das neue Blech wurde aufgeschweißt.

11

Aufbau schleifen grundieren

Nach dem Strahlen und dem Auftragen von Wash Primer wurde der 1954er BMW 501 gespachtelt, geschliffen und dann in zwei Durchgängen mit Füller gespritzt, der hier von Hand geglättet wird. Die Aufnahme stammt von 1989.

Spachteln und Schleifen

Wenn alle Blech- und Schweißarbeiten beendet sind, muß die Karosserie zur Lackierung vorbereitet werden. Dabei muß besonders sorgfältig vorgegangen werden, damit auch die kleinsten Mängel und Unebenheiten beseitigt werden, die sonst nach der Lackierung zum Vorschein kämen. An stundenlanger, anstrengender und penibler Arbeit, die in verschiedenen Phasen ablaufen muß, kommt man nicht vorbei. Wir zeigen (abgesehen vom Foto auf Seite 92) die zahlreichen Schritte an einem Fahrzeug, das nicht gestrahlt wurde und noch einen Großteil seiner Original-Lackierung besitzt.

Kratzer und winzige Dellen müssen mit **Mehrkomponenten-Spachtelmasse** (Prestolith) ausgeglichen werden. Das komplizierte Verzinnen ist zwar die ideale Lösung, wird aber nur noch von wenigen Profis beherrscht. Wir gehen darauf nicht weiter ein.

Pfuscher benutzten früher sog. Sintofer-Spachtelmasse, um grobe Unebenheiten zu kaschieren und trugen die Masse deshalb in dicken Schichten auf. Oft wurden so auch Rost oder sogar Löcher überdeckt. Sintofer war aber porös, fast wie Gips, und es saugte Farbe auf, wenn es als Grundiermasse benutzt und nicht mit einer Isolierschicht abgedeckt wurde. Das Ergebnis waren später matte Flecken auf dem Lack. Heute nimmt man modernen Mehrkomponenten-Spachtel **(Prestolith).** Diese Spachtelmasse enthält Grundierstoffe und ist bei perfekt vorbereitetem Blech ideal, wenn sie in dünnen Schichten aufgetragen wird.

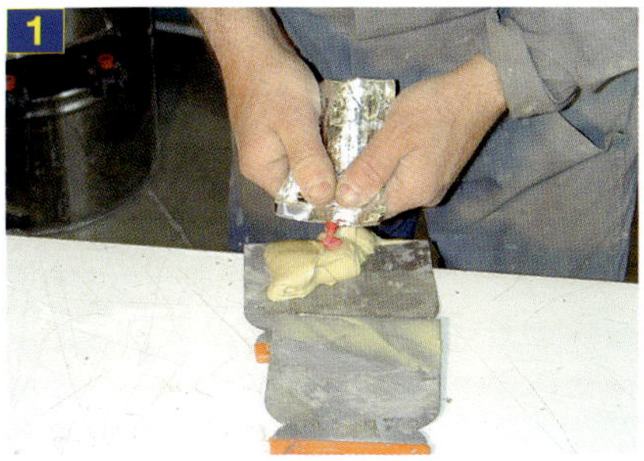

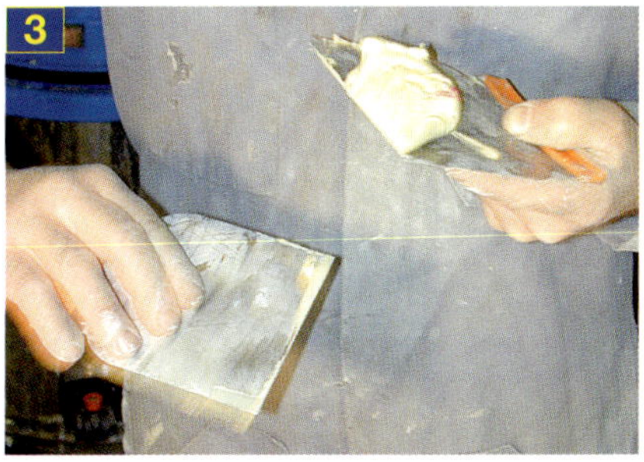

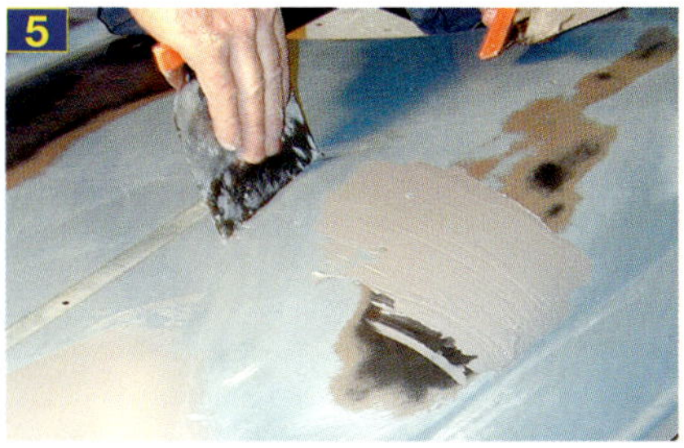

1 Prestolith ist ein Zwei-Komponenten-Produkt. Der Paste müssen zwei bis vier Prozent Härter beigemischt werden.

2 Prestolith gibt es in verschiedenen Qualitäten, als Fein-, Füll-, Alu- und Glasfaserspachtel, wobei das letztere Produkt für Restaurierungsarbeiten ausscheidet.

3 Beide Produkte werden mit einem Spachtel oder einem Holz so lange vermischt, bis die Masse völlig homogen ist. Nicht zu viel anmischen, denn die Masse trocknet in fünf bis zehn Minuten.

4 Die Masse auf die Stellen auftragen, die nicht perfekt eben oder Kratzer mit weniger als 1 mm Tiefe aufweisen.

5 Eine dünne Schicht der Zweikomponentenmasse auftragen. Dabei wegen der schnellen Trocknung zügig arbeiten.

6 Nach dem Austrocknen wird geschliffen. Zum Schleifen spannt man 60er Schleifpapier auf einen Schleifklotz und führt damit kreisende Bewegungen aus. Nur leicht aufdrücken! Ziel ist es, die Spachtelmasse soweit wieder abzutragen, bis das Blech wieder seine perfekte Oberfläche hat. Am Ende bleibt nur etwa ein Zehntel der aufgetragenen Masse auf dem Blech, selten mehr.

7 Hier sind die Spuren der Schleifbewegungen zu sehen.

8 Beim Schleifen stellt man noch kleine Unebenheiten fest, die man vorher nicht gesehen hat.

9
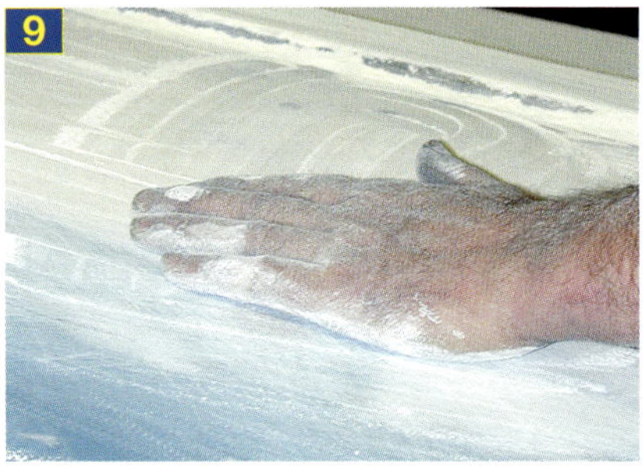

10

11

12

13

14

9 Mit der tastenden Handfläche läßt sich feststellen, ob das Blech eine Delle hat oder ob die Spachtelmasse nur weiter abgetragen werden muß, um die Originalform wiederzuerlangen. Im zweiten Fall muß mit dem Klotz noch weiter geschliffen werden.

10 Überall, wo Spachtelmasse aufgetragen wurde, muß nachgeschliffen werden.

11 Unter Umständen muß man eine zweite dünne Schicht auftragen, wie hier an dieser Tür, die nach dem ersten Schliff noch Kratzer aufweist. Die zweite Spachtelschicht wird mit einem Schwingschleifer abgetragen, wobei kreuzweise gearbeitet wird. Abschließend kommt noch einmal der unentbehrliche Schleifklotz zum Einsatz.

12 Nach dem Grobschliff kommt der Feinschliff, mit dem letzte Unebenheiten ausgeglichen werden. Diese und leichte Wellungen kann man mit bloßem Auge nicht sehen, aber mit der Handinnenfläche ertasten. Als Feinspachtel nimmt man ein Zellulose-Produkt, das sehr fein und nicht porös ist. Feinspachtel verträgt sich sehr gut mit Farbe und Lack. Er ist ein Ein-Komponenten-Produkt, das aber sehr gut aufgerührt werden muß, damit eine weiche, homogene Paste entsteht, die sich leicht auftragen läßt.

13 Die Paste wird mit einem breiten Spachtel als dünne Schicht aufgetragen und gleichmäßig verteilt.

14 Jetzt wird mit dem Schleifklotz naßgeschliffen, und zuerst mit 240er Körnung, dann mit 400er. Mit einem Schwamm das Schleifpapier mit Wasser benetzen, die bearbeitete Stelle immer wieder mit dem Schwamm säubern.

15 Die Handinnenfläche urteilt über den Erfolg der Arbeit. Die Rundung des Blechteils darf nicht mehr die geringste Verformung aufweisen.

15

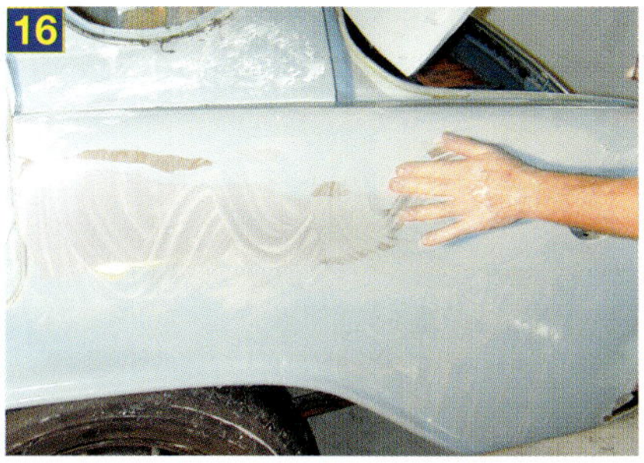

16 Auch an den Seiten wird die Glattflächigkeit mit der Hand geprüft.

17 Ist die zu schleifende Fläche groß, benetzt man sie komplett mit dem Schwamm.

18 Das Schleifen muß sehr sorgfältig ausgeführt werden.

19 Nachdem Türen und Hauben geschliffen sind, bearbeitet man auf dieselbe Weise die feststehenden Teile der Karosserie, die stets Schrammen oder Verformungen aufweisen, auch wenn sie noch so klein sind. Man muß auch hier sehr sorgfältig arbeiten, wenn man später eine qualitativ hochwertige und perfekte Lackierung haben will. Das ist zwar langwierig und ermüdend, aber je besser die Vorbereitung, desto perfekter das Resultat. Wir beginnen mit einem hinteren Kotflügel, den wir zuvor gerichtet, grob verspachtelt und geschliffen haben. Nach dem Aufbringen des Feinspachtels wird dem Kotflügel mit Schleifklotz und angefeuchtetem Schmirgelpapier der Körnung 240, später 400, der letzte Schliff verpaßt.

20 Wiederum dient der Schwamm dem Anfeuchten der Oberfläche und der stetigen Säuberung, damit auch kleine Macken deutlich sichtbar werden.

21 Der Schliff muß sehr fein und präzise sein, weil auf ihm letztlich die Qualität der Arbeit beruht. Und wieder ist die Handinnenfläche das beste Testinstrument.

22 Beim Feinschleifen kommt mitunter auch die erste Polyesterschicht wieder zum Vorschein. Tritt nacktes Blech zutage, muß es grundiert werden.

23 Der hintere Teil des Kotflügels wird ebenso bearbeitet wie der vordere: mit Schleifklotz und Schwamm.

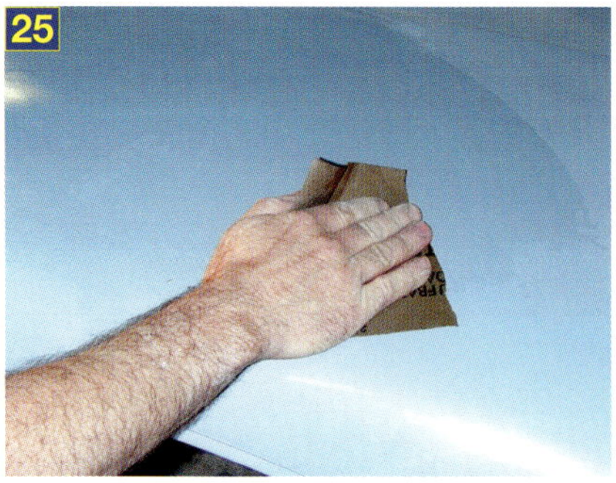

24 Die Übergänge zwischen neu eingeschweißten und originalen Blechen (Schweißnähte) müssen besonders gründlich geschliffen werden, auch um alle verbrannten Partikel der nach dem Strahlen aufgebrachten Schutzgrundierung oder des erhaltenen Originallacks zu entfernen. Später wird Füller aufgespritzt, der feinste Unebenheiten ausgleicht. Die gesamte Karosserie muß feinbearbeitet, jede Unebenheit ausgeglichen werden, sei es mit Polyester-Spachtelmasse, sei es nur mit Feinspachtel.

25 Teile der noch original lackierten Karosserie, die nach dem Test mit der flachen Hand keinerlei Deformierungen aufweisen, müssen nicht gespachtelt werden. Hier reicht es, einen Naßschliff mit 400er Schmirgel auszuführen, um dem späteren Lack eine gute Haftgrundlage zu schaffen. Es wird mit der Hand geschmirgelt, da kein Druck ausgeübt werden muß.

26 Man sieht den Unterschied zwischen der angeschliffenen Zone, die nun stumpf ist und der noch zu behandelnden Fläche, die glänzt.

Grundfüller anmischen, aufbringen, schleifen

1 Nach dem Schleifen des Feinspachtels wird der Füller aufgetragen, der die Spachtelgrundierung perfekt überdeckt und letzte noch eventuell verbliebene Macken ausgleicht, die dem Feinspachtel entgangen sind. Wir haben ein Produkt gewählt (Koba Plus von PPG), das zubereitet werden muß. Wir beginnen damit, die farbige Grundmasse (hier gelb) gut aufzurühren.

2 Die Dosierung muß genau stimmen. Man nimmt einen Meßbecher oder gibt fünf Teile Füller...

3 ...einen Teil Härter…

4 …und ein halbes Teil Verdünner hinein. Gibt man keinen Verdünner dazu, dann erhält man eine Paste, die durchaus geeignet wäre, grobe Schadstellen auszubessern. Versetzt mit Verdünner haben wir jetzt einen Füller mit der richtigen Viskosität für das weitere Vorgehen.

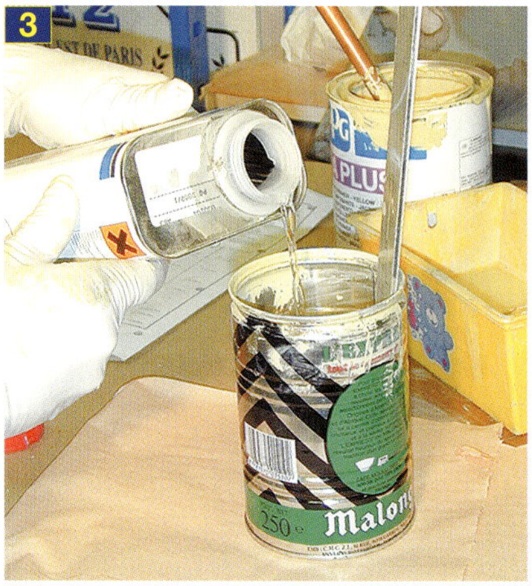

5 Man rührt so lange, bis eine perfekt homogene, dickflüssige Paste entstanden ist.

6 Das Produkt wird in den Tank einer Spritzpistole gegeben, die mit einer Düse der Stärke 2,2 bestückt ist.

7 Achtung: Vor jedem Spritzen müssen die zu lackierenden Teile bzw. die Karosserie mit Druckluft entstaubt werden. Dann werden nacheinander drei Schichten aufgespritzt, jeweils in einem Abstand von zehn Minuten.

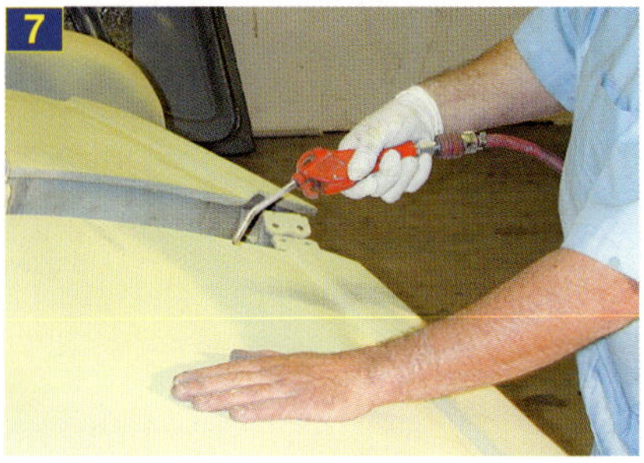

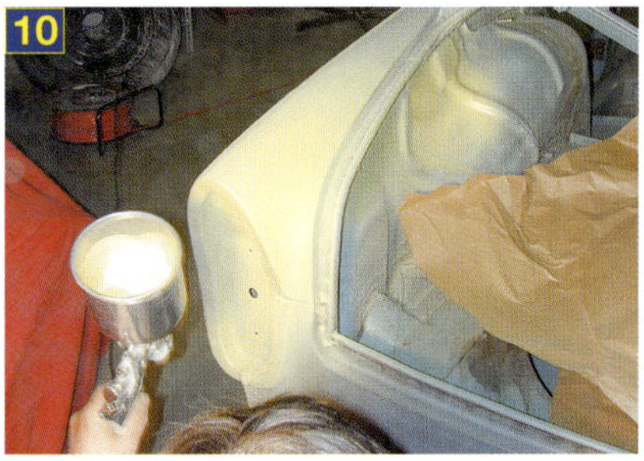

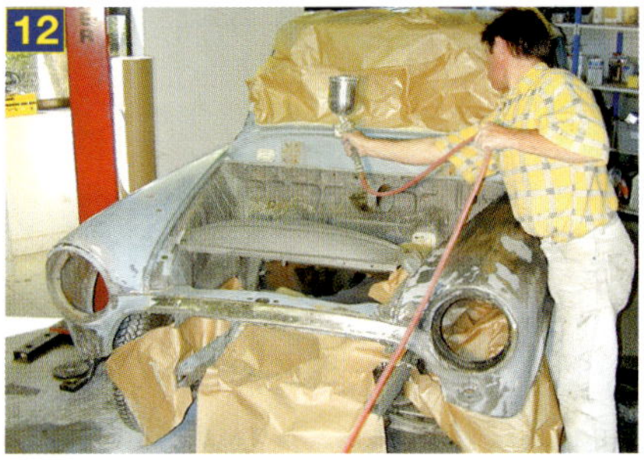

8 Gespritzt wird mit einem Druck von etwa 4 bar und einem Abstand von 20 cm von der Oberfläche. Unbedingt kreuzweise vorgehen. Leider hat der Lackierer fürs Foto vergessen, die Schutzmaske aufzusetzen. Auch Füller-Feinstaub ist nicht gut für die Lunge. Daher auch hier **immer mit Schutzmaske arbeiten!**

9 Dasselbe gilt für den hinteren Kotflügel: immer im Kreuzgang spritzen.

10 jetzt ist der Übergang zwischen Kotflügel und Heckschürze an der Reihe.

11 Hier wird die Heckschürze gespritzt.

12 Blick auf den Motorraum, nachdem die übrige Karosserie abgedeckt wurde.

13 Der fertig gespritzte Vorderkotflügel.

14 Nach dem Entstauben wird eine zweite Schutzschicht aufgespritzt.

15 Diese Schicht wird mit Schleifklotz und 400er Schmirgel naßgeschliffen; und immer wieder kommt der nasse Schwamm zum Einsatz.

16 Enge Rundungen, kleine Überstände oder enge Winkel werden vorsichtig von Hand geschliffen.

17 Die ganze Karosserie muß nachgeschliffen werden. Das ist viel Arbeit, aber sie ist unumgänglich. Und das ist noch lange nicht alles!

Feinfüller anmischen, aufbringen, schleifen

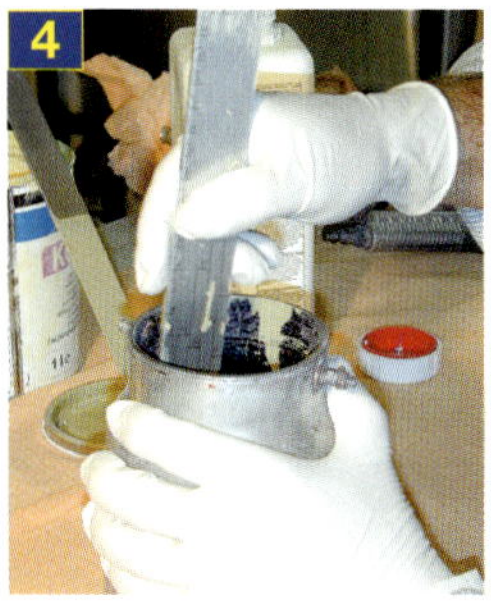

1 Nach dem Schleifen wird abschließend noch ein Feinfüller aufgespritzt. Wir haben ein Universalmittel und das entsprechende Lösungsmittel gewählt und beides im Tank der Spritzpistole im Verhältnis 1:1 gemischt.

2 Zuerst den Füller in den Behälter der Spritzpistole gießen.

3 Dann den Verdünner im Verhältnis 1 : 1.

4 Wieder gründlich umrühren.

5 Die Spritzpistole ist mit einer Düse der Stärke 1,8 bestückt. Bevor der Feinfüller gespritzt wird, müssen die Flächen nochmals sorgfältig von Staub und Fingerabdrücken befreit werden. Das geht am besten mit einem antistatischen Staubtuch.

6 Jetzt kann mit einem Druck von 4 bar gespritzt werden. Dann 24 Stunden trocknen lassen und danach erneut feucht abschmirgeln, diesmal mit 800er Papier. Jetzt ist die Karosserie komplett für die Lackierung vorbereitet.

Versiegelung von Falzen und Schweißnähten

1 Um die Übergangsstellen gut zu versiegeln, muß das Dichtmittel sauber linear aufgetragen werden. Gerade an diesen Stellen kann es sonst später zu Korrosion kommen. Wir haben Karosserieabdichtung auf Basis von grauem Polyurethan genommen, das es auch in schwarz gibt, für den Unterbodenbereich zum Beispiel. Nehmen Sie vor allem kein Silikon-Dichtmittel, wie man es für Badezimmer benutzt! Das Resultat wäre anschließend fürchterlich, denn dort bleibt der Lack nicht haften!

2 Ist das letzte Abschleifen beendet, muß die ganze Karosserie entfettet werden, um Fett- und womögliche Silikonspuren zu entfernen, die, wie jeder weiß, die Feinde einer gelungenen Lackierung sind. Außerdem ist dies die Voraussetzung, um die Versiegelungsnähte zu legen.

3 Für die Falzversiegelung ist ausschließlich überlackierbare, spezielle Karosserieabdichtung aus der Kartusche geeignet.

4 Die Naht wird mit etwas Spucke am Finger glattgezogen.

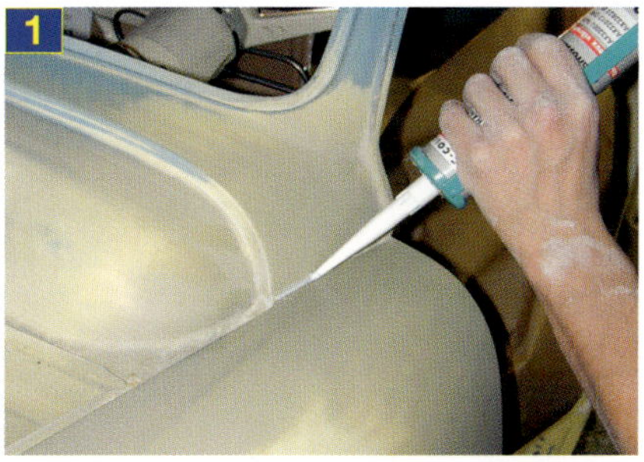

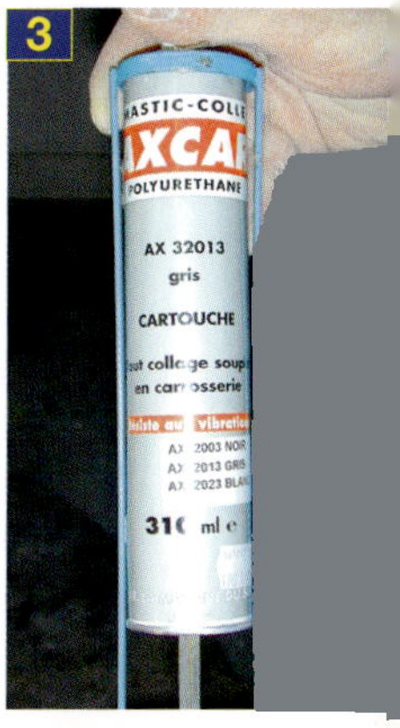

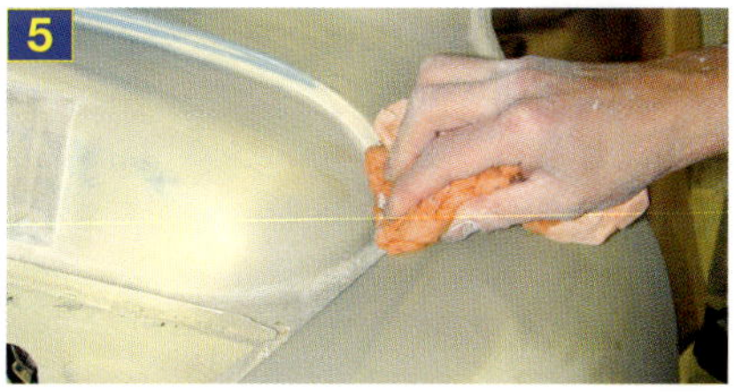

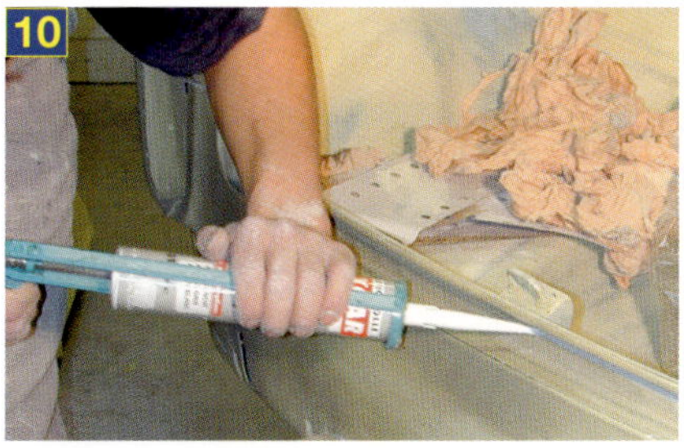

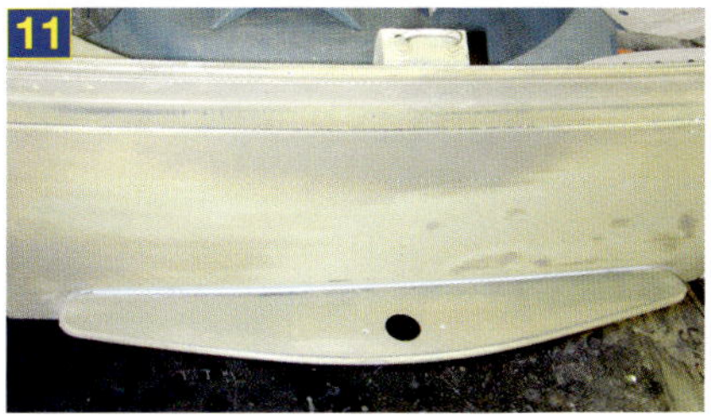

5 Dann mit einem Lappen abwischen, den man mit Terpentinersatz oder einfach mit Wasser, dem 10% weißer Essig zugefügt wurde, getränkt hat.

6 So sieht das fertige Ergebnis aus.

7 Alle Blechteile, die aneinander stoßen, werden versiegelt, hier, wo die B-Säule an den Schweller stößt.

8 Die A-Säulen werden an den Rändern sorgfältig ausgefugt.

9 Die Türausschnitte nicht vergessen!

10 Falzversiegelung des Übergangs vom Schweller zur Bodengruppe.

11 Abdichtung auch im Heckbereich.

Aufbringen von Unterbodenschutz

Bevor die Endlackierung erfolgt, muß der Unterbodenschutz aufgebracht werden. Ausgangsbasis: ein komplett gereinigter, entfetteter und womöglich entrosteter, u.U. sogar geschweißter und phosphatierter Unterboden.

Man benutzt nicht mehr bitumenartiges Teroson wie früher. Man kann den Unterboden mit Epoxy einsprühen. Aber das ist sehr aufwendig. Oder ein modernes Produkt benutzen, das von Teroson kommt: **Variodur.** Dies gibt es wasserlöslich (Variodur aqua) und lösungsmittelhaltig (Variodur classic). Ein Liter kostet etwa 33 Euro. Variodur hat eine sehr **hohe Resistenz** gegenüber Steinschlag, ist nach Trocknung glatt und glänzend, gut deckend, schallschluckend und läßt sich vor allem in Wagenfarbe einfärben.

Zwar ist für einen Unterboden schwarz nicht schlecht, aber für die Radkästen ist es hübscher, wenn sie **in Wagenfarbe** erscheinen. Man kann mit dem Produkt auch beanspruchte Teile wie die unteren Schweller, die zuvor nicht geschützt waren, abdecken. Philippe von der Firma Teroson zeigt uns, wie's gemacht wird.

1 Die Trockenzeit beträgt nur eine Viertelstunde, gerade so viel Zeit, um eine weitere Mischung in den Tank der Pistole zu füllen und eine zweite Schutzschicht aufzuspritzen.

2 Zunächst wird die Mischung hergestellt. Als Unterbodenschutz wählen wir auch Variodur classic von Teroson. Wer will, kann diesem modernen Produkt Karosseriefarbe hinzufügen, die zuerst entsprechend den Anweisungen des Farbenherstellers gemischt werden muß, und zwar im vorgegebenen Mischungsverhältnis zwischen Farbe, Härter und Lösungsmittel. Wir bleiben der Zusatzfarbe der Marke PPG treu und entscheiden uns für klassisches Schwarz.

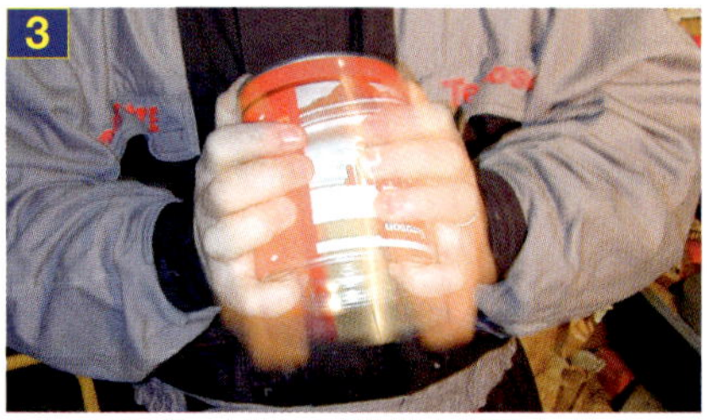

3 Die Dose gut verschließen und kräftig schütteln, um eine perfekt homogene Mischung zu erhalten.

4 Jetzt die Farbmischung in eine leere Dose gießen und Variodur im Verhältnis 50:50 hinzufügen.

5 Die Mischung muß in einem geeigneten Behälter kräftig umgerührt werden.

6 Selbstverständlich müssen alle Partien, die nicht eingesprüht werden sollen, gut abgedeckt werden, vor allem Gummi- und Fahrwerksteile. Die Hinterachse, die zuvor restauriert wurde, wird in Klarsichtfolie eingewickelt. Soll der Unterbodenschutz einen glatten, glänzenden Effekt haben, dann nimmt man eine Düse der Stärke 1,8 bis 2,0 und wählt einen Druck von 4 bar. Wenn der Aspekt aber etwas körnig erscheinen soll, dann ist eine Düse von 2,5 die richtige und ein Druck von 2,5 bar.

7 Die Variodur-Farb-Mischung wird aus dem Mischgefäß in den Tank der Spritzpistole geschüttet.

8 Für die Stellen, die mit der Spritzpistole schlecht zugänglich sind, hält Teroson eine Sprühdose mit demselben Produkt bereit. Das ist praktisch, selbst wenn der Glanz etwas geringer ist. Aber das ist ja unerheblich, weil es ja um die Schutzschicht geht und der Unterboden nur ins Auge fällt, wenn der Wagen auf der Hebebühne steht.

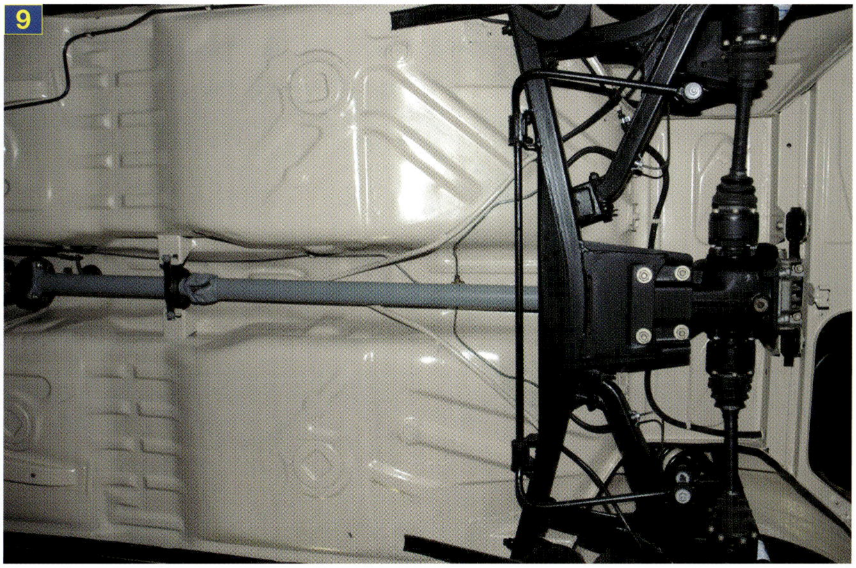

9 Der ab Werk mit PVC geschützte Unterboden dieses BMW 2002 wurde 2009 mit farblich zur Außenfarbe passendem, terpentinhaltigem Schmiedeeisenlack lackiert und sah auch nach fünf Jahren Alltagseinsatz noch genauso appetitlich aus.

12

Karosserie neu lackieren

Der BMW 501 B wurde im Original-Farbton Atlantikblau lackiert, der von BMW in den 1950er und 1960er Jahren eingesetzt wurde. Die viertürige Karosserie war zuvor nachgearbeitet, geschliffen und mit den verschiedenen Grundierungen und Füllern behandelt worden.

Lackaufbau, Werkzeuge, Lackierverfahren

Das Geheimnis einer guten Lackierung liegt in der Vorbereitung, wie wir gesehen haben. Je gründlicher sie ausgeführt wurde, desto einfacher gestaltet sich die Lackierung, desto weniger treten böse Überraschungen auf. Es ist so wichtig, jedes noch so kleine Detail präpariert zu haben, bevor die Karosserie in die Lakkierkabine kommt, um das Tüpfelchen auf dem i zu erhalten: die Endlackierung. Aber, und das ist nicht weniger wichtig: Man muß viel Übung im korrekten Umgang mit der Lackierpistole haben, lange Erfahrung ist dazu erforderlich.

Historie der Autolackentwicklung

Die Geschichte der Fahrzeuglackierung ist so alt wie das Automobil. Die ersten Farben basierten auf Naturharz mit einem Zusatz fetten Grundlacks, mineralischer Pigmente und Lösungsmitteln. Sie hatten eine extrem lange Trockenzeit und wurden mit einer Art Bürste aufgetragen. In den **1920er** Jahren, als die Serienproduktion anfing, kamen zunächst in den USA **Nitrozelluloselacke** auf Basis von aus Baumwolle synthetisierten Kunstharzen auf den Markt, die mit Nitroverdünnung verdünnt und einer pneumatischen Spritzpistole aufgebracht wurden. Nach Verdunstung hinterließen sie einen harten und undurchsichtigen Film.

Um eine tiefgründige, hochglänzende Lackierung zu erreichen, mußten **mehrere Lackschichten** aufgebracht und eine nach der anderen geschliffen werden. Zum Schluß wurde eine Glanz-Versiegelung vorgenommen, das Ganze nannte man **Mehrschichtlackierung.**

Anfang der **1950er** Jahre kamen die ersten aus Mineralöl synthetisch hergestellten **Kunstharzfarben** auf, deren Deckfähigkeit deutlich besser war. Nun reichte eine Farbschicht aus, und der Lack hatte sofort seinen Glanz. Da die Trockenzeit immer noch sehr lang war, wurde die Lackierung in drei Schritten vorgenommen, um ein zufriedenstellendes Resultat zu erreichen: Zuerst ein Farbschleier, dann eine etwas dickere Schicht und noch einmal eine ebensolche Schicht. Um die Trocknung zu beschleunigen, wird die Innenluft der Kabine erhitzt; damit kann das **Lösungsmittel** verdampfen, was aber nicht gut für die Umwelt ist.

In den **1970er** Jahren kamen dann erstmals **Acrylfarben** zum Einsatz, die thermoplastisch oder durch Hitze aushärten, je nach verwendetem Harz. Sie verarbeiten sich genauso wie Kunstharz-Farben, sind aber einerseits geschmeidiger andererseits härter und trocknen sehr schnell.

In den **1980er** Jahren erschienen zwei Kategorien von **Polyurethan-Farben:** erstens als deckender Basislack, d.h. die Farbe wird in zwei oder drei Schichten aufgetragen und härtet dann aus; zweitens als Polyurethan-Glanzlack, der die Deckschicht bildet oder direkt in die Farbmischung integriert ist.

1999 schließlich griff die europäische Verordnung, aus Umweltgründen wasserlösliche Autolacke einzuführen und die bisherigen Acryl- und Polyurethan-Produkte nach und nach vom Markt zu nehmen. Heute sind fast nur noch **wasserlösliche Farben** gebräcuhlich. Neben dem nicht zu vernachlässigenden ökologischen Aspekt haben diese neuen Farben den Vorteil, daß sie in einer einzigen Schicht aufgetragen werden können. Im Oldtimerbereich aber ist dies nicht ideal, denn die alten Farbtöne müssen aus Gründen der Originalität gemischt und in drei Schichten aufgebracht werden. Wir haben beste Erfahrungen mit Polyurethan-Lacken gemacht, die zudem sehr widerstandsfähig und schlagfest sind.

Alle derzeit verfügbaren Lacke sind aus **Trockenextrakt** hergestellt. Das ist das, was übrig bleibt, wenn der flüchtige Anteil in Form von Lösungsmittel und Verdünner verdampft ist. Die Farben sind entsprechend der Proportion dieser Trockenextrakte in den gebrauchsfertigen Produkten klassifiziert. Ein Lack mit 45% Trockenextrakt gilt als Standard (S), einer mit 46 bis 55% als halbfest (medium solid, MS), ein Lack zwischen 56 und 65% als hochfest (high solid, HS); darüber ist die Kategorie HS+ angesiedelt. Diese kann in einer einzigen Schicht aufgebracht werden. Außer seinem ästhetischen Aspekt bildet der Lack ein gute **Schutzschicht** für alle Oberflächen, die er bedeckt, sei es nun Metall wie Stahlblech, elektroverzinktes Metall oder Leichtmetall, aber auch Plastik, Polyester usw.

Schritt 1: Wash-Primer auftragen

Blankes Blech: Abgeschliffen, abgekratzt oder gestrahlt muß das Blech gegen Oxydation und Korrosion geschützt sein. Nach dem Trockenschleifen mit 150er Schmirgelpapier – selbst einer gesandstrahlten Karosserie – wird das Blech mit **Terpentinersatz** abgewischt, um alle Spuren von Silikon zu entfernen, die zurückgeblieben sind und die sich auf den Oberflächen abgesetzt haben könnten.

Dann wird ein **Wash-Primer** aufgetragen. Das ist eine Isolierschicht, die zwischen das blanke Blech und die folgenden Beschichtungen aufgetragen wird. Sie wirkt als perfekter **Korrosionsschutz,** wenn Sie einen

1 Die Lackierarbeiten am weißen DB Coupé Sport von 1957 wurden in Kooperation mit dem Lycée Professionnel Château d'Épluches in Frankreich durchgeführt. „D" steht für Charles Deutsch, „B" für René Bonnet. DB baute 1954 sogar ein Formel 1-Auto.

2 Unser BMW 501 B erstrahlt 2013 in perfektem Glanz. Das gnadenlose Neonlicht in der Lackierkabine würde jede Unregelmäßigkeit sichtbar machen. Aber Lackierer Pascal hat perfekt gearbeitet, keine störende Versatzlinie stört die barocken Rundungen.

1

2

Zweikomponenten-Anti-Rost-Primer ohne Zink-Chromat wählen, der einen besonders guten Haftgrund für die künftigen Farbschichten ergibt.

Lackiertes oder gespachteltes Blech: Wenn man eine beschädigte Partie wieder herrichten möchte, dann ist es wichtig, so nahe wie möglich an das blanke Blech heranzukommen, d.h. soviel wie möglich von den alten Farb- oder Spachtelschichten abzutragen. Denn sie können unterschiedlich auf die vorgesehene Behandlung reagieren. Es kommt durchaus vor, daß eine nitrohaltige Spachtelmasse von Kunstharz-Farben überdeckt ist. Um Reaktionen zwischen diesen unterschiedlichen Schichten auszuschalten, bieten sich zwei Möglichkeiten an: Man kann die Stelle mit einer **Polyester-Spachtelmasse** überdecken und sie nach dem Trocknen schleifen. Oder man trägt einen ausreichend dicken **Polyester-Füller** auf, um ihn dann großzügig anzuschleifen und vor allem, um eine gute Isolierschicht zwischen dem Untergrund und der Endlackierung zu schaffen. Wenn man auf blankes Blech gekommen ist, muß auf jeden Fall zuerst ein Wash-Primer als Rostschutz aufgetragen werden.

Polyester-Karosserie: Hier sind wir vor Rost sicher, aber nicht vor Reaktionen zwischen den Komponenten des **Glasfaseraufbaus.** Wichtig ist, die Glasfaser zu imprägnieren, vor allem dann, wenn die obere Schicht abgeschliffen werden mußte. Wenn das nicht gemacht wird, kommt nach der Lackierung die **Faserstruktur** zum Vorschein. Alle Stellen, an denen die Glasfaser sichtbar geworden ist, müssen mit Polyester-Spachtelmasse abgedeckt werden, darüber hinaus auch die angrenzenden Flächen, insbesondere wenn zwei Kunststoff-Elemente miteinander verschweißt wurden.

Schritt 2: Grundfüller aufbringen

Ob es sich später um eine Polyurethan-Lackierung in Ein- oder Zwei-Komponentenform oder um Zweischicht-Polyester handelt: Es muß zunächst ein **Grundfüller** in zwei oder gar drei dicken Schichten aufgetragen werden, die zusammen letztendlich einen Millimeter dick sein können.

Damit wird eine **Isolierschicht** zwischen der Grundierung und der Lackierung geschaffen, die zudem leichte Unebenheiten in der Oberfläche sowie kleine Schrammen ausgleicht, die beim Schleifen entstanden sind. Diese Schicht wird über die geschliffene Spachtelschicht, die alte angeschliffene Farbschicht oder den Wash-Primer gelegt, nachdem die zu lackierenden Teile entfettet und entstaubt worden sind.

Der anschließende **Schleifvorgang** wird trocken ausgeführt. Die Korngröße richtet sich nach dem Untergrund: Polyurethan ist z.B. steifer als Polyester und braucht daher eine größere Körnung, um die Oberfläche anzuschleifen. Um danach Unebenheiten feststellen zu können, wird mit einer Spraydose aus etwa 50 cm Abstand ein **schwarzer Film** aufgesprüht, der eine sehr feine **Kontrollschicht** herstellt. Mit einem langen Schleifklotz wird nun über den Film gefahren, aber nie zweimal auf derselben Stelle. Man erkennt so letzte Buckel und Vertiefungen. Wo der Film sich nicht abschleift, existieren noch winzige Vertiefungen, die nochmal mit Füller ausgeglichen und geschliffen werden müssen. Umgekehrt werden Erhebungen sichtbar, die es abzu-

3 Nach dem Blankschleifen der Karosserie wurde der „Barockengel" mit Wash-Primer vor neuer Korrosion geschützt und erhielt dann eine Schicht Grundfüller (s. „Schritt 2"). Anschließend trug Pascal den schwarzen Kontrollfilm auf, der Unebenheiten sichtbar machte, wie das Foto zeigt. Diese wurden im nächsten Schritt ausgeglichen.

4 Nach der Behandlung mit Wash-Primer, Kontrollfilm sowie Füller und nach tagelangem Ausgleichen und Schleifen konnte der seltene BMW lackiert werden. Das Ergebnis ist überzeugend.

schleifen gilt. Wenn auf den Blechpartien oder der gesamten Karosserie keine Spur mehr von dem aufgebrachten **Schleiffilm** zu sehen ist, wird das Ganze noch einmal mit feinerer Körnung weitergeschliffen (mit 150er Papier, wenn vorher 80er benutzt wurde). Anschließend noch einmal einen neuen Film aufsprühen und wieder trocken anschleifen. Sie könnten sagen: Das ist übertrieben. Aber wenn eine tadellose Lackierung angestrebt wird, dann können die Vorarbeiten dafür nicht penibel genug sein!

Schritt 3: Feinfüller auftragen

Das ist der letzte Schritt vor dem letzten Schliff, aber nicht der unbedeutendste! Ein **Polyurethan-Füller** wird in ein oder zwei Schichten auf die perfekt vorbereitete, entfettete und entstaubte Karosserie aufgetragen. Sie hat den Vorteil, gleichermaßen kompatibel zu sein mit der Polyester-Unterschicht wie mit Polyurethan- oder auch mit modernen, wasserlöslichen Lacken.

Um die schon behandelten Flächen besser von den noch unbehandelten unterscheiden zu können, bietet es sich an, den **Polyurethan-Feinfüller** in einer anderen Tönung zu wählen als die vorher aufgetragene Schicht. Auch hier muß noch einmal mit feinerer Körnung nachgeschliffen werden, zuerst mit 400er für den Trockenschliff, danach mit 800er für den abschließenden Naßschliff. Manche gehen sogar noch weiter und schleifen ein letztes Mal mit 1000er Schmirgel und einer leichten Seifenlauge, um eine glänzende und spiegelglatte Oberfläche zu erhalten.

Schritt 4: die Farbwahl

Das ist das schwierigste Unterfangen, da jeder Hersteller seine eigene Zusammenstellung hat, obwohl es die internationale **Norm RAL (Reichsausschuß für Lieferbedingungen)** gibt, die versucht, alle tausendneunhundert kodierten Farbnuancen unter einen Hut zu bringen – und das schon seit dem Jahr 1927!

Es gibt zahlreiche **Farbhersteller** wie z.B. Sikkens, Autocolor, Glasurit, Max Meyer, RM, PPG, Dupont, Spies Hecker, Standox etc. Die drei letztgenanten Marken gehören zum selben Konzern. Glücklicherweise haben die meisten Lackhersteller zahlreiche Farbmischungen archiviert, die (zum Teil) bis in die 1950er Jahre zurückreichen. Aber selbst die alten Angaben können von den am Auto vorhandenen Originaltönen abweichen und somit Verwirrung stiften. Handelt es sich um einen neueren Farbton, gibt es keine größeren Probleme: Anhand der **Farbkarte** jedes Herstellers ist der richtige Ton normalerweise zu finden.

Aber ab den 1970er Jahren und weiter zurück wird es schwieriger. Dann werden Sie sich an Ihren Farbieferanten oder Lackiermeister wenden müssen, um Hilfe zu bekommen. Der Lackierer kann die Originalfarbe analysieren, wenn Sie ihm ein **original lackiertes Blechteil** geben, das nicht der UV-Strahlung ausgesetzt war. Original-Fahrzeugunterlagen und Markierungen an der Unterseite der Heckklappe oder im Motorraum helfen ebenfalls.

Wir haben Glück: Das von uns benötigte Blanc Réjane (Réjane-Weiß), ein Farbton der Dauphine Typ 1093 von 1962 mit der Renault-Referenz-Nummer 305 ist noch heute im Katalog von Autocolor zu finden. Trotz unserer guten Erfahrungen mit Polyurethan-Lacken entscheiden wir uns in diesem Fall für einen Lack auf Wasserbasis.

Daniel von der Berufsschule „Château d'Épluches", erklärt: „Wie man sofort sieht, handelt es sich hier nicht um eine HS+ Farbe. Sie ist dazu gemacht, um in mehreren Schichten aufgebracht zu werden, wie die Bezeichnung ‚2K glänzend' auf der Beschreibung zeigt; es handelt sich um einen MS-Lack. Die **Mischungsformel** ist sehr präzise, aufs Gramm genau. In der linken Spalte der Mischanweisung sind die Referenznummern der Grundtöne und deren Namen angegeben, ferner die Menge jeder nötigen Farbe sowie das summierte Gewicht alle Zutaten, damit man die Mischung exakt auf einer Waage komponieren kann."

Für unsere Tönung wird als Basis Super White, Russet, Blue Black, Yellow Oxide und **„Adjuster"** benötigt, von dem eine erhebliche Menge zugefügt wird. Daniel erklärt, beim Adjuster handele sich um einen transparentes Produkt, das es ermöglicht, sofort **brillanten Glanz** zu erhalten wie in unserem Fall oder aber, wenn gewünscht, eine matte Farboberfläche zu erzielen, die dann noch glanzversiegelt werden muß. Es ist letztlich also ein Bindemittel." Ist der gewünschte Farbton erzielt, müssen noch proportional die Anteile des zuzufügenden **Verdünners** und des **Härters** festgelegt werden. „Auch hier muß sehr genau abgewogen werden. Wir haben eine Tafel, die ge-

5 Der 1974er BMW 2002 Automatic ist bereits fertig lackiert und wartet jetzt auf die Komplettierung. Der Lack wurde nach allen Schritten, die in diesem Kapitel beschrieben sind, von einem Profi mit Polyurethan-Lack von Glasurit und den zugehörigen Produkten aufgebaut.

6 British Racing Green ist wohl die Farbe schlechthin für englische Sportwagen wie diesen Jaguar C-Type von 1953, der 2013 auf einem Oldtimer-Flohmarkt in der Normandie auftauchte, wo viele Engländer ihren Zweitwohnsitz haben – und manch' wertvollen Klassiker in der Garage.

naue Maßeinheiten für unseren Bedarf angibt: Drei Teile Farbe, ein Teil Härter und 15% Verdünner." Es ist ganz wichtig, diese Proportionsangaben genauestens einzuhalten.

Schritt 4: die richtige Lackierpistole

Es sollte selbstverständlich sein, daß eine Lackierung nur in einer **Kabine mit leichtem Überdruck** ausgeführt wird, damit sich kein Staub oder andere statische Elemente auf die frische Farbe setzen können, die dann störende Effekte auf das Erscheinungsbild erzeugen, die im besten Fall wegpoliert werden können, im schlimmsten Fall das Resultat verderben.

„Ein guter Handwerker braucht gutes Werkzeug", fügt Daniel hinzu, indem er zwei verschiedene, qualitativ sehr hochwertige **Lackierpistolen** auf den Tisch legt. „Die muß man sehr gut pflegen und peinlich nach Gebrauch säubern. Das ist ganz wesentlich." Heute wird überwiegend mit pneumatisch betriebener Lackierpistole, selten mit elektrischer gearbeitet. Wenn der Lackbehälter sich unterhalb der Pistole befindet, wird die Farbe angesaugt. Sitzt sie oben, tut die Schwerkraft ihr Werk. Beide Pistolenarten haben eine Kammer, durch die **Druckluft und Farbe** gepreßt werden. Mit einer Rändelschraube läßt sich der **Durchfluß** regulieren. Um ihn zu senken, dreht man im Uhrzeigersinn, um ihn zu erhöhen, gegen dem Uhrzeigersinn. Die Einstellung hängt auch von der Pistole oder der Farbe selbst ab. Bei der von uns benutzten Pistole mit Schwerkrafttechnik, einer Düse der Stärke 1,6 und einem Druck von 3,5 bar sieht die Einstellung so aus: Die obere **Regulierungsschraube** wird zunächst vollständig geschlossen, dann wird sie langsam und gleichmäßig geöffnet, bis Farbe austritt. Dann dreht man die Schraube um zweieinhalb Touren weiter auf.

Die **Breite** oder **Schärfe des Strahls** wird mit einer seitlichen Schraube geregelt. Je näher man am Objekt ist, desto geringer muß der **Druck** bei Austritt aus der Pistole sein. Im Gegenzug heißt das, den Druck zu erhöhen, um eine entfernte Stelle zu erreichen. Daher ist ein dritter Aspekt zu berücksichtigen: der Druck, mit dem die Farbe aus der Pistole schießt. Dazu wird der Luftdruck mit der unteren Schraube geregelt und von einem Manometer angezeigt. Die modernen Farben lassen sich **mit niedrigem Druck** aufsprühen, mit weniger als 4 bar, was auch dazu führt, daß in der Kabine weniger Sprühnebel auftritt. Wir haben unseren Druck auf 3,5 bar festgelegt.

Für die Pistole gibt es zwei Arten von abschraubbaren **Düsenträgern,** je nachdem, ob das Gemisch Luft/Farbe außerhalb oder innerhalb des Düsenträgers hergestellt wird. Bei der internen Mischung wird das Gemisch Luft/Farbe im Düsenträger hergestellt, bevor es herausgespritzt wird. Normalerweise nimmt man aber einen Düsen-

7
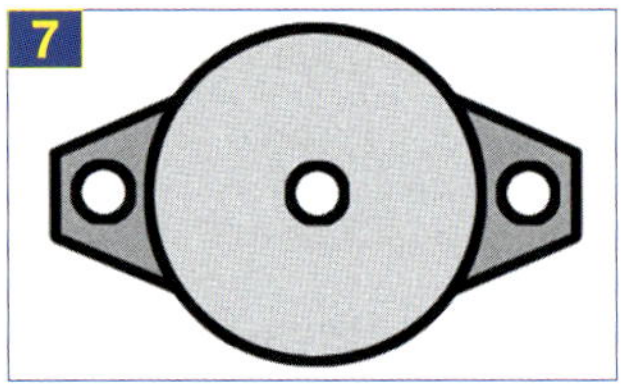

8
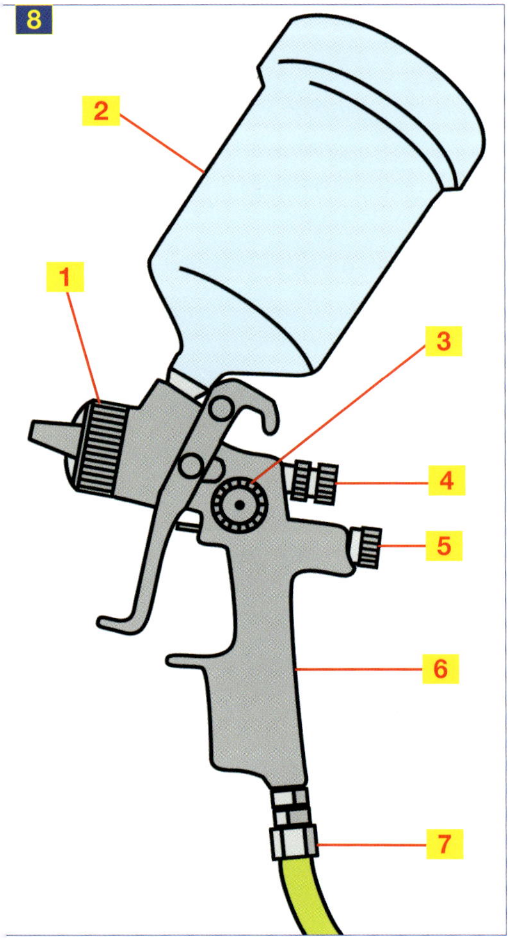

9
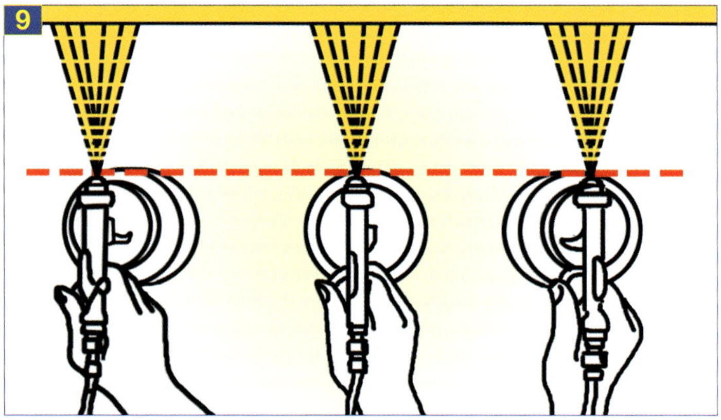

10
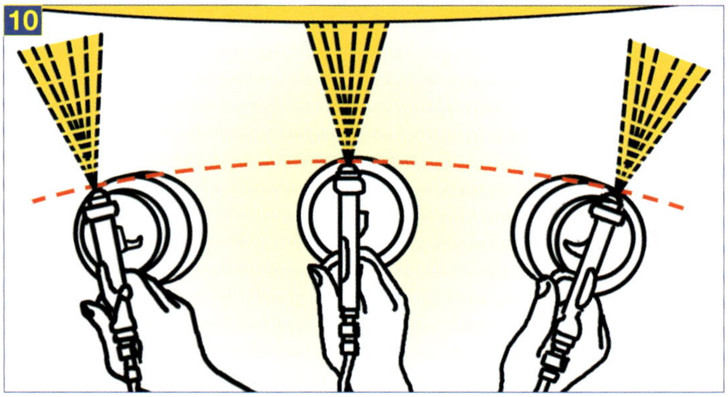

7 Spritzdüse mit Luftführungen von vorn.

8 Aufbau einer Spritzpistole: 1 = Düse und Nadel aus rostfreiem Edelstahl, 2 = Kunststoffbecher mit Deckel und verstellbarer Tropfsperre, 3 = stufenlose Rundstrahlregulierung, 4 = Farbdurchflußregler, 5 = Luftregler, 6 = Griff mit Nadeldichtung aus Teflon am Hebel, 7 = Luftschlauchanschluß.

9 **Korrekt:** Die Pistole locker halten und parallel zur Oberfläche bewegen.

10 **Falsch:** Handgelenk steif; der Strahl entfernt und nähert sich, was zu einem unregelmäßigen Farbauftrag führt.

träger mit außenliegender **Mischfunktion;** er hat drei Öffnungen: eine Öffnung in der Mitte, in die sich Farbe und Druckluft ergießen und zwei seitliche Austritte, die den Strahl mit Luftdruck lenken. Es gibt auch ringförmige Luftaustritte. Die zentrale Öffnung besitzt eine **kalibrierte Düse,** deren Größe von der Farbkonsistenz abhängt: je dicker die Farbe, desto größer der Düsendurchmesser. So kann ein steifer Polyester-Füller mit einer Düse der Größe 2 oder 2.2 aufgebracht werden.

Für eine abschließende **Decklackierung** benötigt man eine Düse der Größe 1,6. Wird dafür eine zu große Düse genommen, dann kommt es zu **Tropfenbildung,** weil der Durchfluß des Produkts zu stark ist. Ist der Druck zu schwach, bildet sich eine **Orangenhaut.** Um dies zu korrigieren, kann man während der Arbeit den **Farbdurchfluß** reduzieren, indem man am Pistolengriff den Luftdruck verändert. Die Ausrichtung der Düsenkappe bestimmt die des Strahls. Um einen vertikalen Strahl zu erhalten, wird der Düsenträger horizontal ausgerichtet, für einen horizontalen Strahl vertikal.

Bevor mit dem Lackieren begonnen wird, muß der Strahl getestet werden. In jedem Fall muß die Pistolenspitze immer 15 bis 20 cm vom Objekt entfernt sein. Der **Strahl** sollte **olivenförmig** austreten, und weder im Zentrum noch im Außenbereich einen Farbüberschuß aufweisen. Bei Unregelmäßigkeiten muß nachreguliert werden.

– **Zuviel Farbe an einer Seite des Strahls:** Die mittlere Öffnung oder die seitlichen Austritte der Kappe sind verstopft. Zur Reinigung muß der Düsenträger in Lösungsmittel (je nachdem auch Wasser) getaucht werden.

– **Zuviel Farbe in der Mitte des Strahls:** Zu große Farbmenge oder zu dicke Farbe; Luftdruck verringern und oder die Farbe stärker verdünnen.

– **Nicht genug Farbe in der Mitte:** Der Farbdurchfluß ist zu gering, mit der Drehschraube nachregulieren.

– **Zuviel Farbe rechts oder links bei gleichzeitiger Deformierung des Strahls:** Die Düse ist stellenweise verstopft, sie ist mit Lösungsmittel zu säubern.

– **Unregelmäßiger Strahl:** nicht genug Farbe oder schlechtsitzende oder teilweise verstopfte Düse.

Schritt 6: Präparierung der zu lackierenden Oberfläche

Wir wiederholen noch einmal, wie wichtig es ist, daß die Oberfläche vor der Decklakkierung **vollkommen staub- und fettfrei** sowie frei von Unregelmäßigkeiten ist.

Vor dem Endlackieren wird die Karosserie abgestaubt, am besten mit einem **Mikrofasertuch.** Man kann einen Fön zu Hilfe nehmen und ihn auf niedrigster Betriebsstufe laufen lassen, um Staubspuren aufzuwirbeln und dann wegzuwischen.

Mit einem mit **Silikon-Entferner** getränktem Tuch werden alle Fingerabdrücke und letzte Silikonspuren entfernt. Man reibt damit alle zu lackierenden Oberflächen ab und wischt mit einem trockenen, natürlich völlig staubfreien Tuch die Spuren des soeben eingesetzten Mittels weg. Das Schlimmste für den Lackierer sind Silikonspuren.

Schritt 7: die Endlackierung

Wasserlösliche Farben werden bei Zimmertemperatur (etwa 20°) in einer peinlichst gesäuberten **Lackierkabine** aufgebracht. Der Lackierer muß eine spezielle **Schutzkleidung** (zum Wegwerfen oder Auswaschen) tragen, denn ein fusseliger Pullover z.B. hinterläßt seine Spuren unvermeidlich durch elektrostatische Anziehungskraft auf der Fahrzeugoberfläche, selbst wenn man die Karosserie erdet. Außerdem muß selbstverständlich eine professionelle **Schutzmaske** mit Kohlefilter, die Farbe und Lösungsmittel absorbiert, getragen werden.

Wie schon gesagt, sollte der **Abstand der**

11
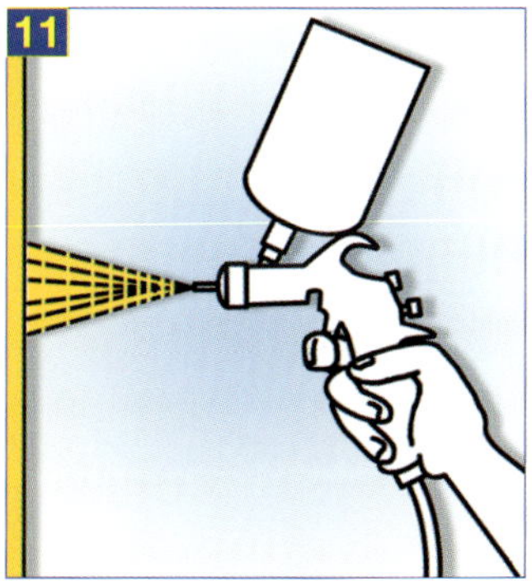

12

13

11 Oben: Die Spritzpistole muß im rechten Winkel zur Fläche gehalten werden, damit der Lack nicht „läuft“ und ein perfektes Lackierergebnis entsteht.

12 Unten: Wenn schräg gespritzt wird, führt dies sofort zu Tropfenbildung.

13 Frisch lackiert und im Februar 1984 als Geburtstagsgeschenk verpackt: Alfetta GTV 1.8 von 1978. Die Ronal A1-Räder im Format 6 J x 14 waren zur Feier des Tages von einer Alfetta 2.0 Lusso ausgeliehen worden und wurden danach durch die Originalräder ersetzt. Im Jahr darauf wurde der Wagen verkauft, was die Verkäuferin noch heute bereut.

Lackierpistole 15 bis 20 cm vom Objekt betragen. Das ist die **Grundbedingung für eine korrekte Lackierung.** Aber es gibt noch eine zweite, wichtigere: Die **Pistole** muß immer **im rechten Winkel** zur Oberfläche und stets in parallelen Linien zum Objekt geführt werden. Bei dieser Bewegung muß der ganze Körper mitmachen, nicht aber das Handgelenk. Die Sprühbewegung muß rechts-links verlaufen, und jede Bahn muß die vorige zu etwa 50 % überdecken. Nur so wird eine gute Deckung ohne erkennbare Übergänge erreicht.

Wird die Pistole zu schräg gehalten oder werden kreisende Bewegungen ausgeführt, dann ergeben sich Zonen mit zu viel Farbe und andere mit zu wenig. Die **Bildung von Laufnasen** verrät eine zu reichlich aufgetragene Farbmenge.

Unsere Lackierung wird **in drei Schichten** durchgeführt: Die erste ist nur ein **Farbschleier,** mit dem die ganze Karosserie bedeckt wird. Es sieht aus, als würde nur die letzte Appretur leicht überdeckt. Die zweite Schicht, die zehn Minuten nach der ersten aufgebracht wird, ist eine richtige **Farbladung.** Sie hat schon einen leichten Glanz. Jetzt solange abwarten, bis die Farbe getrocknet, aber noch nicht durchgehärtet ist (ein Druck mit dem Finger bleibt sichtbar).

Die letzte Schicht ist schließlich jene, die den **Glanz** hervorbringt. Das ist nochmal eine ordentliche **Farbladung,** die da progressiv versprüht wird. Die Sprühbewegung ist hier langsamer auszuführen als bei den ersten beiden Schichten, aber sie wird immer in derselben **Reihenfolge** ausgeführt: Man beginnt mit der Fahrerseite, dann folgt die Beifahrerseite, dann kommt der hintere Kotflügel derselben Seite an die Reihe und dann der hintere Kotflügel fahrerseitig. Als nächstes werden die Schweller in Angriff genommen, dann geht es von da aus wieder hoch zu den Vorderkotflügeln, zuerst der auf der Fahrerseite, dann auf der Beifahrerseite. Abschließend werden die Frontpartie und der Scheibenrahmen lackiert. Die abnehmbaren Teile wie Türen und Hauben werden mit derselben Methode behandelt, ebenfalls in drei Schritten.

Wenn das alles erledigt ist, kommt die **Trocknungsphase.** Bei wasserlöslichen Farben reicht eine Temperatur von 60° während 20 Minuten, um eine staubfreie Trocknung und eine gute Haftung der Farbe zu gewährleisten. **Nach 24 Stunden** ist die Farbe so fest, daß keine Gefahr besteht, beim Berühren Spuren zu hinterlassen. Aber richtig durchgetrocknet ist der Lack erst **nach weiteren 14 Tagen** bei Temperaturen von mindestens 15 Grad.

Anmischen des Decklacks

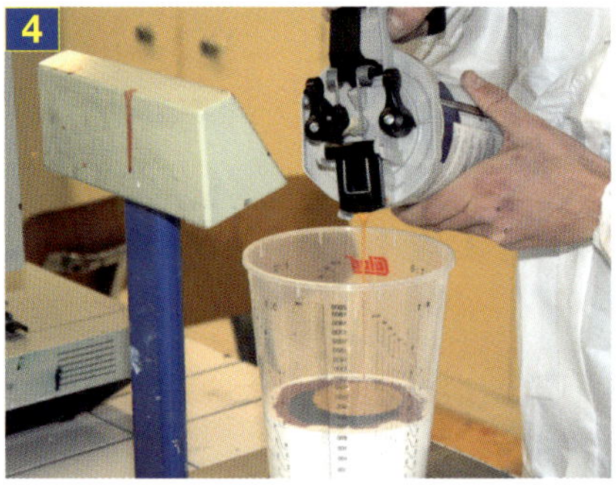

1 Unser Farbton besteht aus fünf Elementen. In einen Meßbecher, den wir auf eine Waage gestellt haben, füllen wir zunächst die Basisfarbe Super White P425-900. Die Farbmenge muß sehr präzise abgemessen werden: 702,8 g auf 1 kg herzustellender Farbe.

2 Jetzt werden 30,6 g Russet P420-908RT hinzugefügt. Die Anzeige der Waage gut im Auge behalten!

3 Dann 20,4 g Blue Black P420-933 in das Mischgefäß geben.

4 Es folgen 73,4 g Yellow Oxide P420-905.

5 Zum Schluß kommen 344,8 g Adjuster P190-376 hinzu; das ist der Umwandler, der den Hochglanz erzeugt.

6 Alle Zutaten werden sorgfältig gemischt, dabei auch den Innenrand des Behälters immer wieder abschaben!

7 Um die beizufügenden Anteile von Verdünner und Härter genau zu bestimmen, werfen wir nochmal einen Blick auf die Angaben des Herstellers. Daniel, unser Lackierer, hat das Mischungssystem entschlüsselt (2K, glänzend, vielschichtig) und die Qualität der Farbe. Das angegebene Verhältnis: drei Teile Farbe bei einem Teil Verdünner und 15% Härter.

8 Um falsche Mengenberechnungen zu verhindern, bietet der Hersteller eine Meßlatte an, an der sich die nötigen Proportionswerte ablesen lassen. Um die Mischung herzustellen, reicht dieses Lineal; man kann an ihm das Verhältnis 1 : 3 : 15% ablesen. Die Spalte links gibt die Farbmenge an (zwischen 7 und 8), die mittlere Spalte bezieht sich auf den Härter (es muß so viel zugefüllt werden, bis die Markierung zwischen 7 und 8 erreicht ist), die rechte Spalte steht für die Menge des Verdünners. Auch hier muß die Markierung zwischen 7 und 8 erreicht werden.

9 Man beginnt mit dem Härter P210-796.

10 Abschließend wird der Verdünner P850-1492 zugefüllt.

11 Um eine perfekt homogene Mischung zu erreichen, rührt man sehr sorgfältig um und schabt immer wieder auch die Innenseite des Behälters gut ab.

12 Nun muß das Ganze nur noch in den Becher der Lackierpistole gefüllt werden; am besten gießt man die Mischung noch durch ein Sieb, um eventuelle Krümel aufzufangen.

6

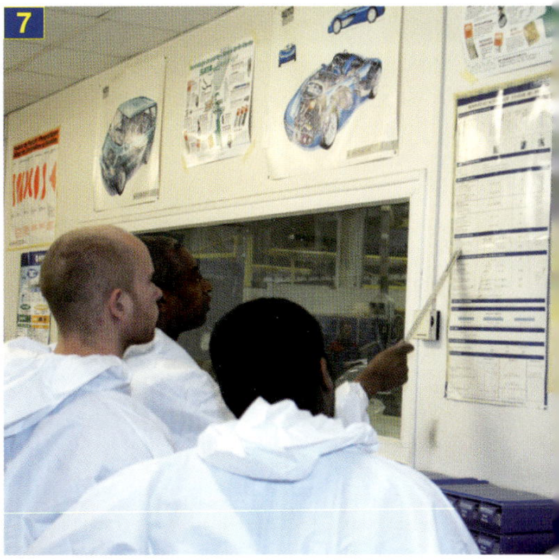
7

8

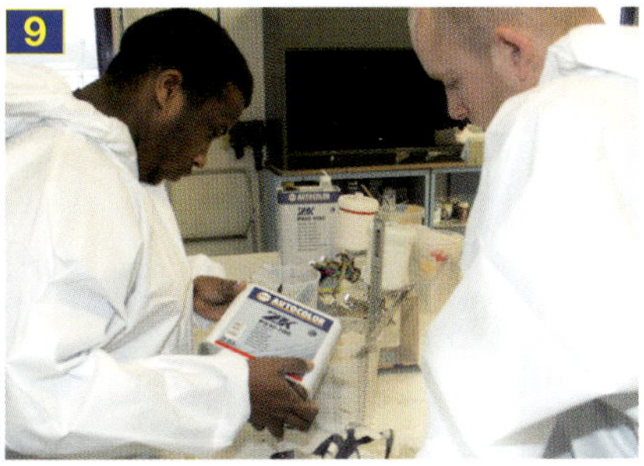
9

10

11

12

Lackierung einzelner Blechteile

1
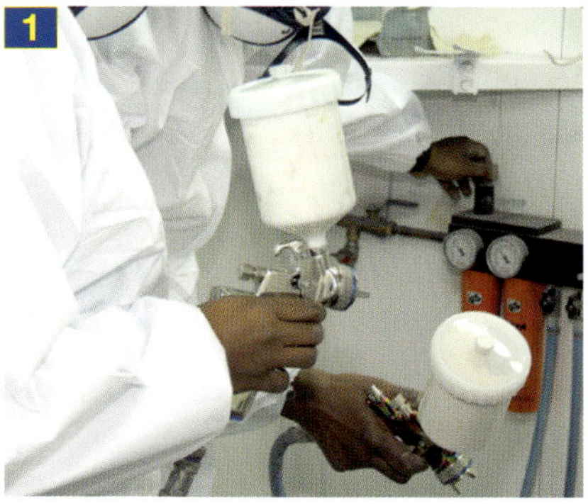

2

1 Luftdruck regulieren; 4 bar auf dem Manometer bedeuten einen tatsächlichen Druck von 3,5 beim Austritt aus der Pistole.

2 Regulierung des Farbdurchflusses; man schliesst die Regulierschraube zunächst, öffnet sie, bis Farbe austritt, dann öffnet man sie um weitere 2,5 Umdrehungen.

3
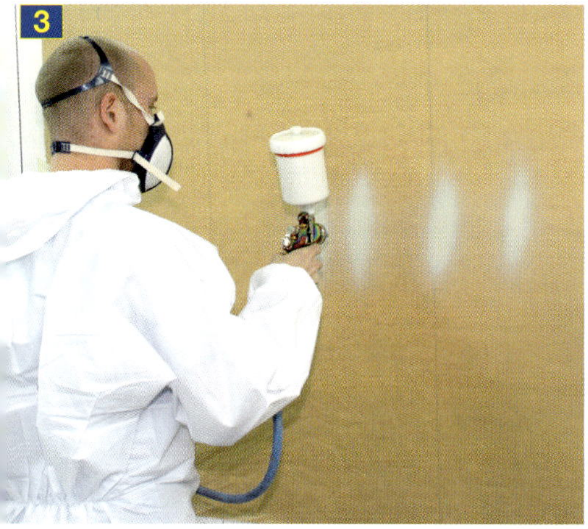

4
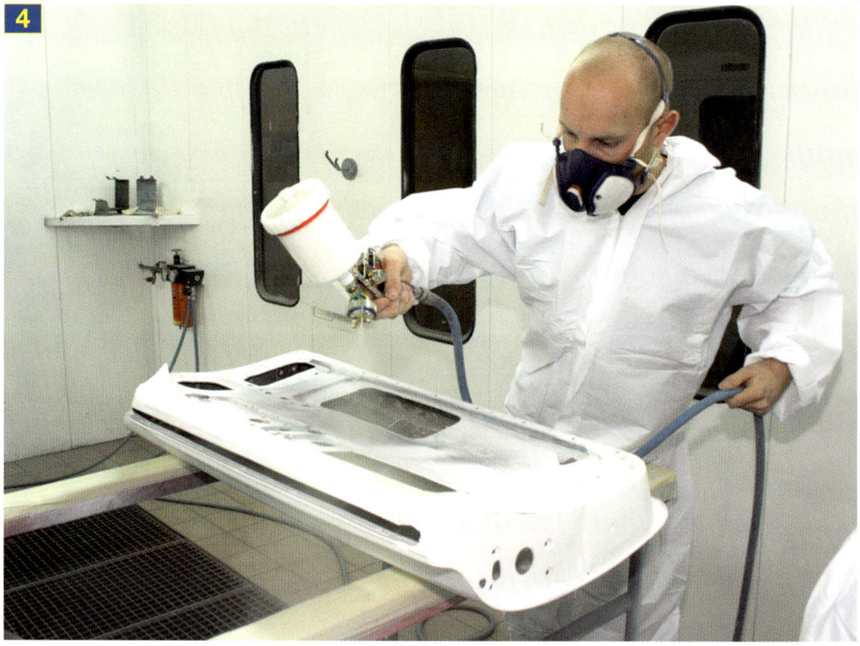

3 Vor dem Lackieren die Homogenität des Farbstrahls prüfen; er muß olivenförmig auf der Fläche erscheinen.

4 Alle zu lackierenden Teile sind perfekt vorbereitet, entfettet und entstaubt wie im Kapitel 10 beschrieben.

5 Die Pistole muß immer senkrecht zur Oberfläche gehalten werden, und die Bewegung muß mit dem ganzen Körper ausgeführt werden, aber nie mit dem Handgelenk, damit der Strahl immer parallel auf die Oberfläche trifft.

5
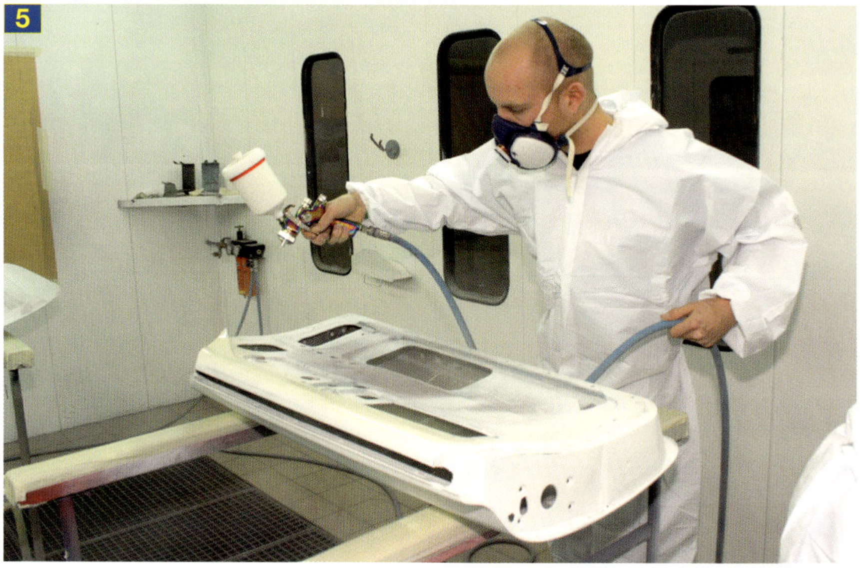

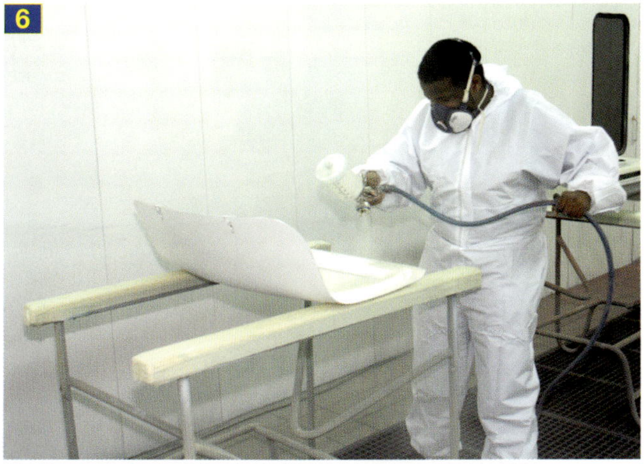
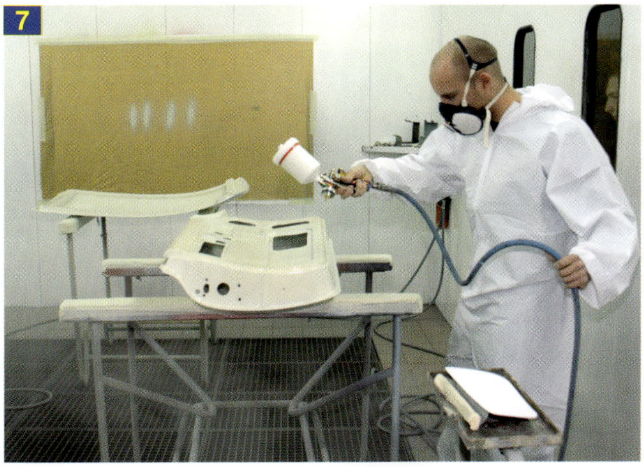

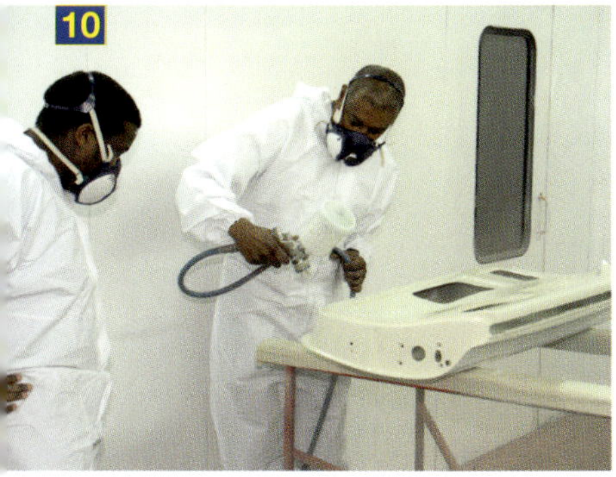

6 Christian beginnt mit der Kofferraumklappe. Es muß mit der Lackierung der Innenseite des Teils begonnen werden, zunächst wird nur ein Farbschleier aufgetragen.

7 Die Flächen erhalten jetzt eine zweite Schicht; jetzt wird viel Farbe aufgebracht, damit der Glanzeffekt erreicht wird.

8 Daniel kontrolliert die Arbeit und zeigt die Stellen, die zu wenig oder zu viel Farbe abbekommen haben.

9 Noch ist die Farbe nicht trocken, daher kann man Fehler ausbessern.

10 Daniel ist mit dem Resultat nicht zufrieden: „Es fehlt noch an Glanz, es muß nochmal nachlackiert werden."

11 Wir sehen die Rückseite einer Haube mit ihren Verstärkungen. Sie bekommt eine dritte Farbschicht, nachdem die vorherige leicht angetrocknet ist, d.h., sie klebt bei Berührung nicht mehr. Man lackiert so lange, bis Glanz entsteht.

12 Nun muß man abwarten, bis die Farbe so gut getrocknet ist, daß man das Teil umdrehen kann, um die Außenseite zu lackieren, hier am Beispiel einer Tür.

13 Mit einem speziellen Mikrofasertuch wird noch einmal eventuell vorhandener Staub entfernt.

14 Und nun geht es von vorne los: Farbschleier, erste Schicht, Glanzlackierung.

15 Eventuelle Läufer an den Rändern müssen rechtzeitig abgenommen werden, damit die Farbe nicht tropft oder zu dick wird. Man stört den Überschuß mit der scharfen Kante eines Stücks Schmirgelpapiers, bevor die Farbe antrocknen oder eine Verdickung bilden kann.

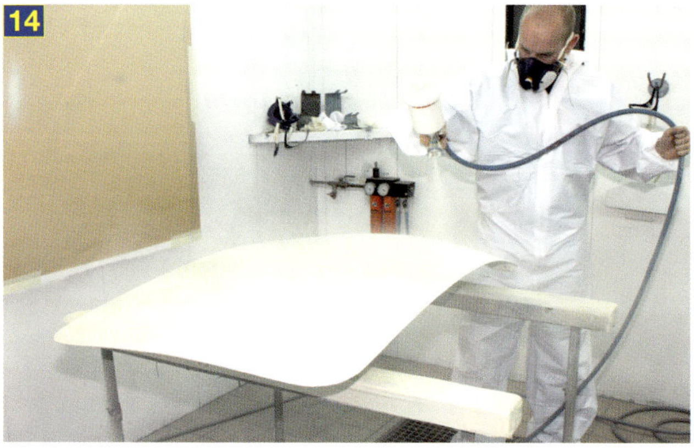

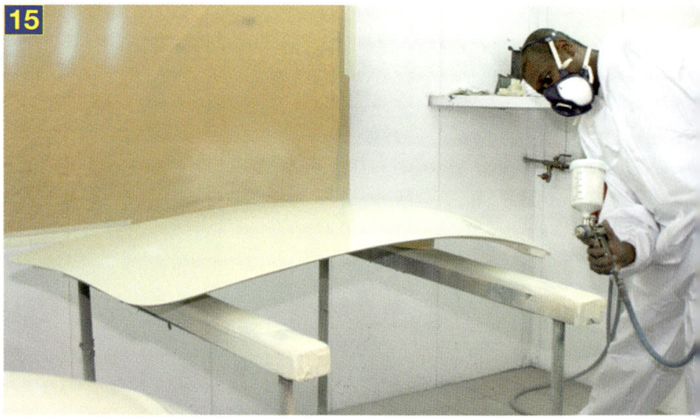

16 Bei unserem BMW 2002 von 1974 wurden auch die Innenseiten der restaurierten und mit eingeschweißten, neuen Blinkergehäusen versehenen Kotflügel lackiert, allerdings nicht mit der Spritzpistole, sondern mit dem Pinsel. Alle Fugen und Schweißnähte waren zuvor mit Karosserieabdichtung versiegelt worden. Auch Radhäuser und Unterboden wurden mit Speziallack auf Terpentinbasis gestrichen, wie er für schmiedeeiserne Geländer verwendet wird.
Der Lack war zudem mit Rostschutz-Additiven versetzt, was sich für unsere Zwecke als ideal erwies. Obendrein paßte der Farbton „Platane" perfekt zum BMW-Originallack „Sahara" und mußte daher nicht nachgetönt werden.

Lackierung des Aufbaus

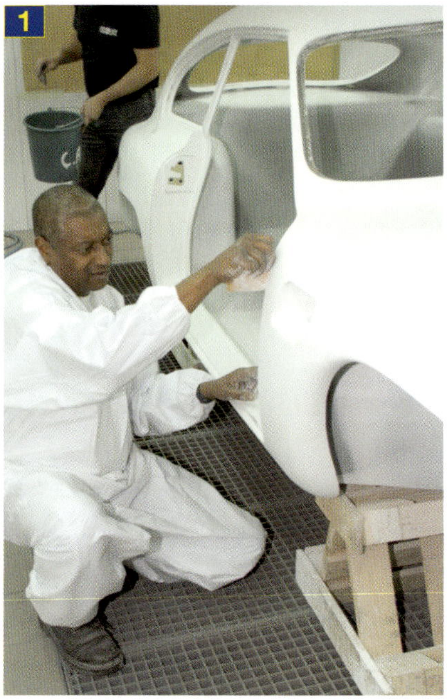

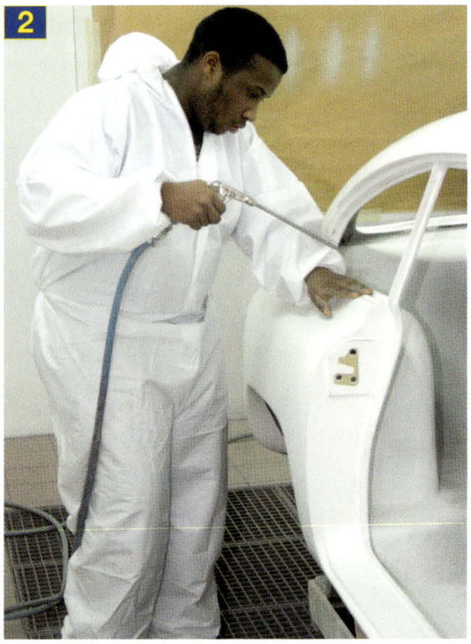

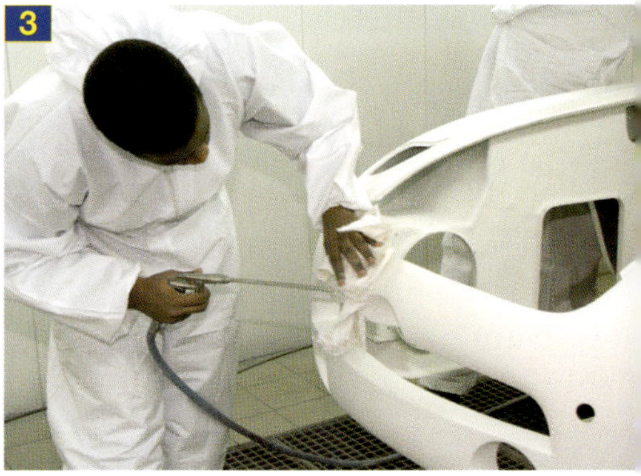

1 Bevor der Decklack aufgebracht werden kann, sind einige Vorbereitungen erforderlich. Zunächst werden mit 150er Schmirgelpapier die Ränder leicht „gebrochen".

2 Mit Druckluft wird der entstandene Staub dann aufgewirbelt...

3 ...und sofort mit einem Tuch aus Mikrofaser eingefangen.

4 Die Einfassung der Frontscheibe wird mit Karosserieband präzise abgeklebt, um hier einen Lackauftrag zu verhindern, der sonst wieder mühsam abgetragen werden müßte.

5 Mit einem mit Silikonentferner getränktem Baumwolltuch (hier P850-1402 von Autocolor) werden letzte Fettspuren eliminiert.

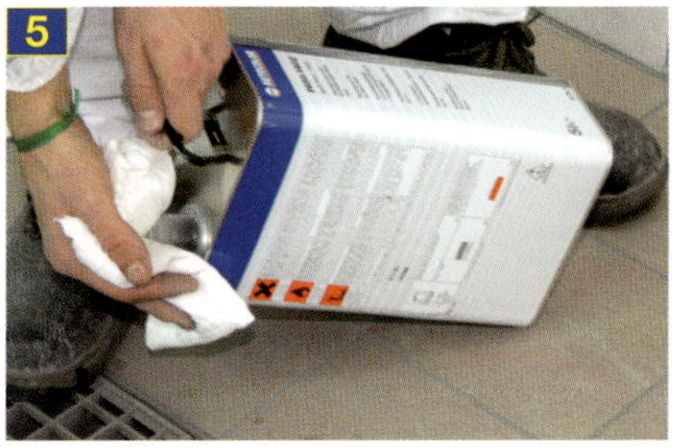

6 Man benötigt zwei Tücher: ein getränktes und ein trockenes, um die Stellen wieder abzuwischen, die mit dem Silikonentferner behandelt wurden. Hier kümmern sich gleich drei Angehörige der Fachoberschule um das DB Coupé.

7 Die Vorkehrungen können nicht aufwendig genug sein. Hier eine letzte Antistaub-Behandlung mit Luftdruck und Mikrofaserlappen.

8 Nun ist es soweit: Zuerst wird ein Nebel im Innenraum aufgetragen.

9 Für das Sprühen weiter entfernter Stellen muß man an der Regulierschraube drehen, um den Druck zu erhöhen.

10 Die Lackierpistole muß wiederum senkrecht zum Objekt gehalten werden.

11 Außen trägt Daniel den Schleier zuerst auf der Fahrerseite auf, wobei er in der Dachmitte beginnt.

12 Arnaud arbeitet auf der gegenüberliegenden Seite und überdeckt auf dem Dach den Rand der Farbe, die Daniel von der anderen Seite aus aufgetragen hat. Mit Bewegungen von rechts nach links und umgekehrt arbeitet er sich auf die Beifahrerseite vor.

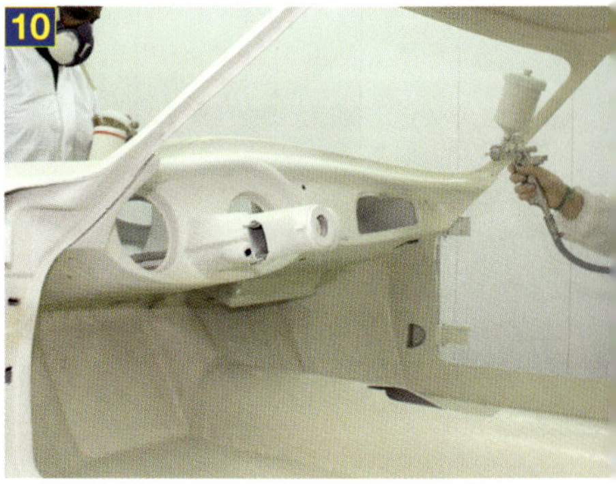

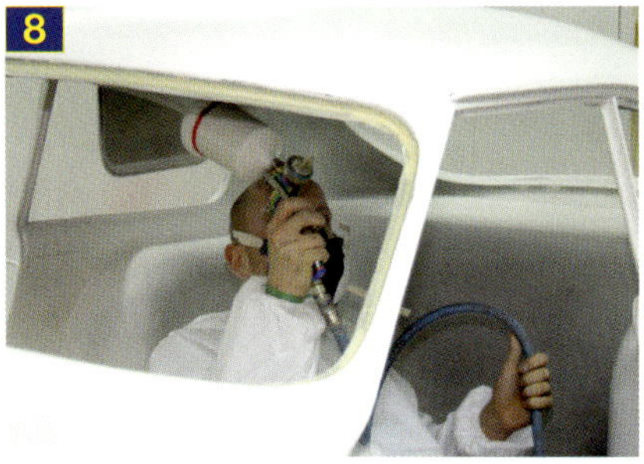

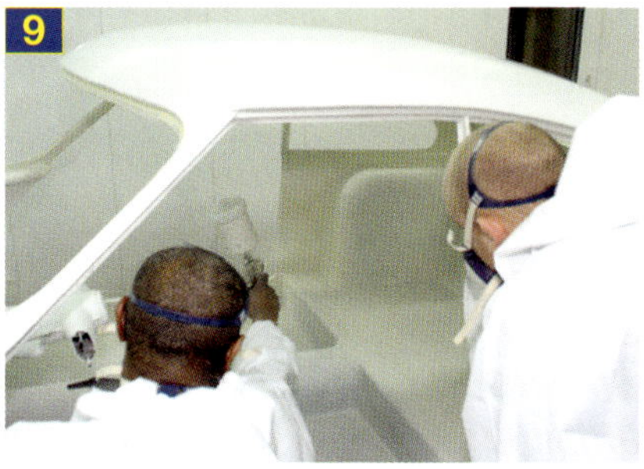

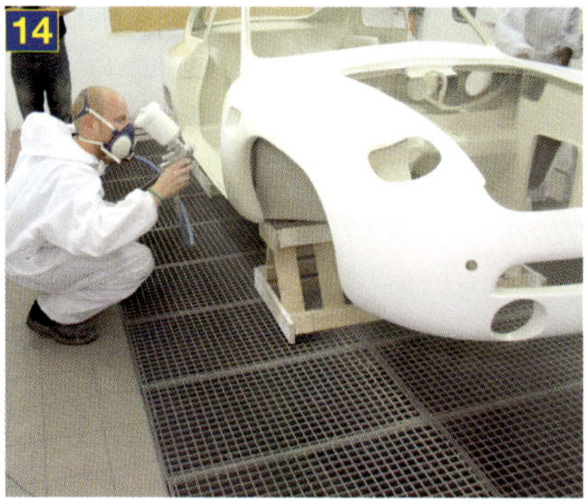

13 Dann kommen die Kotflügel und die Heckpartie an die Reihe.

14 Von den Schwellern aus arbeitet man sich nach oben.

15 Dann wird die Frontscheibeneinfassung behandelt und schließlich die Frontpartie des Coupés.

16
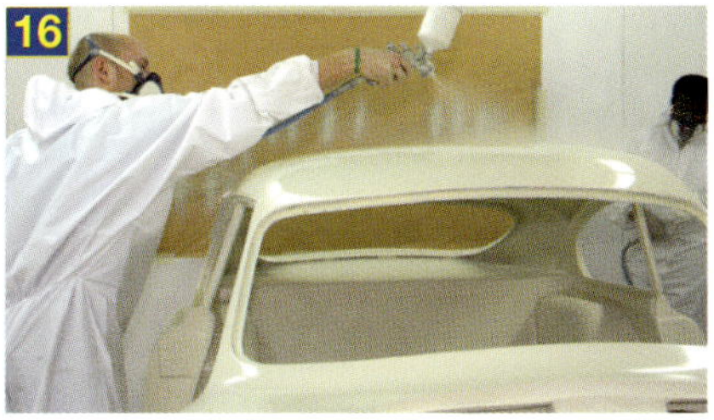

17

18

19
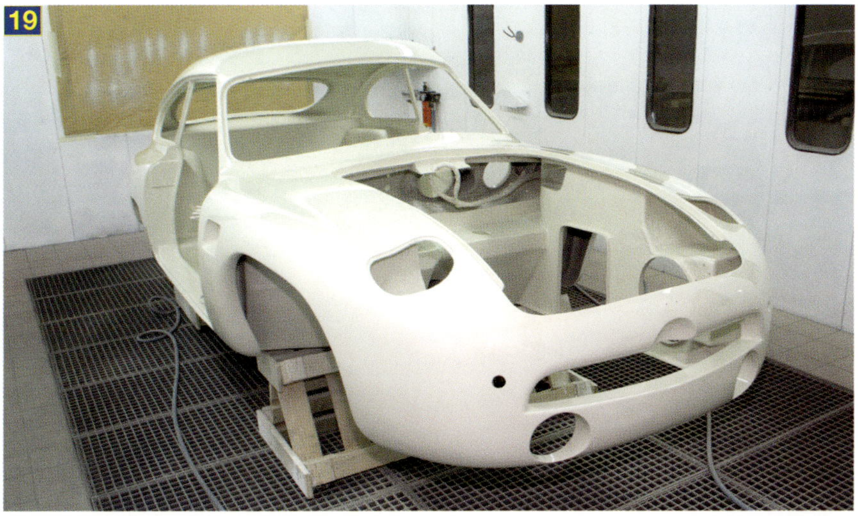

20

21

16 Die zweite Decklackschicht wird jetzt aufgetragen.

17 Der Glanz entsteht erst beim dritten Lackiervorgang.

18 Die Operation ist absolut gelungen, der Glanz ist perfekt.

19 Fertig! Nun muß die Farbe 20 Minuten lang bei 60° trocknen.

20 Wir danken Christian, Daniel und Arnaud von der Industrie-Berufsschule Château d'Epluches, die die Lackierung im Rahmen eines pädagogischen Projekts durchgeführt haben. An dieser Schule werden junge Leute u.a. in Berufen des Karosseriebaus und der Autolackierung ausgebildet.
Die fertig lackierte und völlig durchgetrocknete Karosserie des 1957er DB Coupé Sport wurde zum Abtransport auf Paletten gesetzt und mit Gurten gesichert; die Gurte werden von Schaumstoffblöcken am Kontakt mit der Oberfläche gehindert.

21 Dieser dem lackierten Wagen sehr ähnliche DB Panhard gehört dem ehemaligen französischen Le Mans-Piloten Bernard Kosselec und nimmt noch regelmäßig an Veranstaltungen teil.

13

Plastik lackieren, auffrischen

Von Mai 1968 bis Oktober 1987 wurden insgesamt 144.953 Citroën Méhari gebaut, davon 1213 mit Allradantrieb. In Frankreich ist das offene Spaßauto auf Basis des 2 CV Kult und wird teuer gehandelt. In Deutschland bekam der Wagen keine ABE, weil der Aufbau aus brennbarem Kunststoff bestand. Den Méhari gab es in knalligen Farben, der auf dem Foto zeigt eine ganze Farbpalette.

Kunststoffelemente neu lackieren

In den 1930er Jahren wurden zahlreiche Kunststoffe entwickelt, und in den 1950er Jahren entdeckte die Automobilindustrie in großem Umfang die Vorzüge leicht und billig herzustellender Plastikteile. Vor allem Thermo- und Duroplaste wurden im Automobilbau reichlich vor allem für die Herstellung dekorativer Elemente benutzt.

Zu den massenhaft eingesetzten Kunststoffen gehören Polyethylen (PE), Polypropylen (PP), Polyvinylchlorid (PVC), Polystyrol (PS), Polyurethan (PU/PUR) und Polyethylenterephthalat (PET). Im **Karosseriebau** setzten vor allem Kleinserien- und Sportwagenhersteller oft auf komplette Aufbauten aus glasfaserverstärktem Kunststoff (GFK). **GFK** ist ein Faser-Kunststoff-Verbund aus einem Kunststoff und Glasfasern. Als Basis kommen duroplastische (z.B. Polyesterharz (UP) oder Epoxidharz), aber auch thermoplastische (z.B. Polyamid) Kunststoffe in Frage.

Bei unseren Oldtimern hat Kunststoff, der meist durchgefärbt ist, mit der Zeit aber die Farbe verloren und durch Aushärtung und Hitzeeinwirkung gelitten. Man findet Lenkräder, deren **Plastikummantelung** Sprünge aufweist, weil das Material ausgehärtet ist, oder Armaturenabdeckungen, die spröde und rissig geworden sind. Oft sind Türgriffe auf der oberen Seite von der Sonne ausgeblichen, wohingegen die untere Hälfte den Originalfarbton konserviert hat.

Bei älteren Fahrzeugen trifft man viele Elemente aus **Bakelit** an, eine Masse, die 1909 von Hendrik Baekeland entwickelt wurde und die sich dadurch auszeichnete, sich schmelzen und gießen zu lassen, um anschließend auszuhärten. Es war einfach, in Formen damit Einzelteile zu gießen, die in getrocknetem Zustand äußerst resistent waren.

Es gibt auch Teile aus **Ebonit,** ein Material, das durch Vulkanisierung von Gummi und der Zugabe von schwarzem Ruß hergestellt wurde oder auch Teile aus in Formen gegossenem Harz. Bei den ältesten Modellen wurden auch Knöpfe oder Bananenstecker aus **Galalith** verwendet, einem Plastikmaterial, das durch Polykondensation aus Casein und Formaldehyd hergestellt wird.

Wie gibt man solchen Teilen nun ihre Frische zurück? Oder wie färbt man die unterschiedlichen Elemente ein? Wir haben graue, braune, beige und cremefarbene Griffe sowie Türeinfassungen in Schwarz, Blau und Beige sowie ein neues, aber graues Lenkrad lackieren lassen und gesehen, daß man phantastische Ergebnisse erzielen

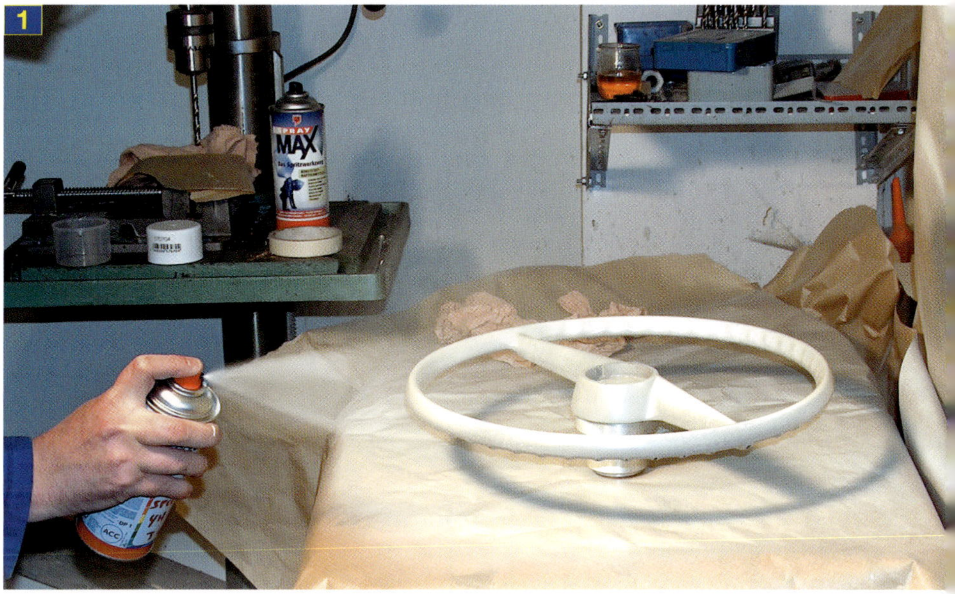

1 In den 1950er Jahren waren Lenkräder noch lackiert, meist in Elfenbein, Grauweiß oder Schwarz. Der Endlack wird einfach mit der Sprühdose aufgetragen.

2 Ein besterhaltenes Lenkrad, wie schön! Nur daß es nicht die richtige Farbe hat. Denn in dem Fahrzeug, in das es eingebaut werden soll, sind alle Kunststoffelemente wie die oberen Teile der Sitzbezüge und die Türverkleidungen in einem hübschen Cremeton gehalten. Dieses Lenkrad ist aber grau; es muß also in der passenden Farbe lackiert werden.

3 Zuerst muß das Lenkrad entfettet und entstaubt werden. Mit einem Reinigungsspray wird das gemacht, in diesem Fall haben wir beste Erfahrung mit Loctite 7840 gemacht. Dann wird mit klarem Wasser abgespült.

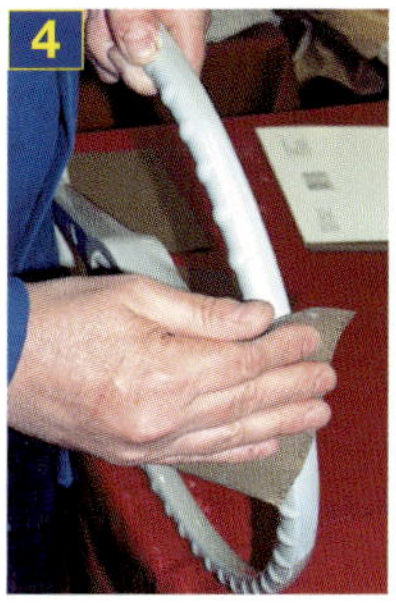

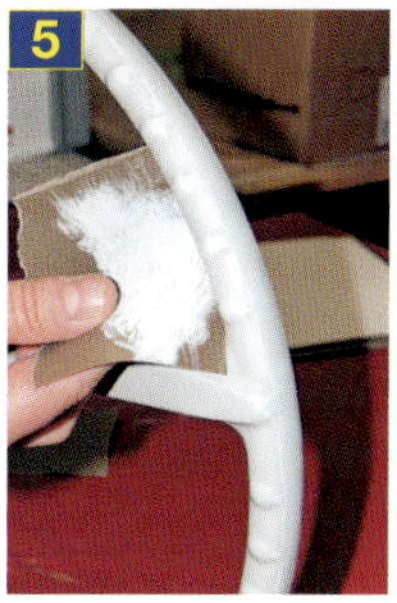

4 Wenn das Teil abgetrocknet ist, wird es trocken mit 1000er Schmirgel geschliffen, um den Glanz wegzunehmen und eine gute Haftgrundlage zu schaffen. Das dauert, und es darf keine Stelle übersehen werden.

5 Das Schleifpapier setzt sich ziemlich schnell zu, wir haben zwei Blätter für dieses eine Lenkrad benötigt.

kann – allerdings nur nach stundenlangen Vorarbeiten, die teilweise sogar entmutigend sein können. In jedem Fall hängt ein gutes Ergebnis von der **Präparierung der Teile** ab. Wir zeigen am Beispiel eines Lenkrads, wie's gemacht wird.

6 Ist diese Arbeit beendet, muß das Lenkrad erneut entfettet werden. Dazu haben wir Spirit Wipe D837 von PPG (einer Art Terpentinersatz) genommen und ein weiches Tuch damit getränkt.

7 Von jetzt an darf das Teil nicht mehr mit bloßen Händen berührt werden, damit sich keine Fettspuren mehr absetzen können. Zum Anfassen nimmt man zwei flusenfreie Lappen.

8 Man legt das Lenkrad auf eine Unterlage (Pappe, Brett), die man bei Bedarf drehen kann, ohne das Teil zu berühren. Man sprüht zunächst einen Plastik-Haftprimer auf, der die Farbe ans Objekt bindet. Verschiedene Produkte sind auf dem Markt. Wir haben hier zu einem Produkt von „K auto" gegriffen.

7
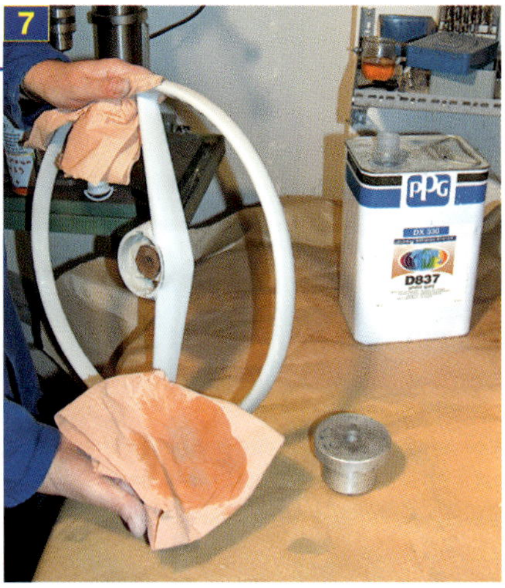

6
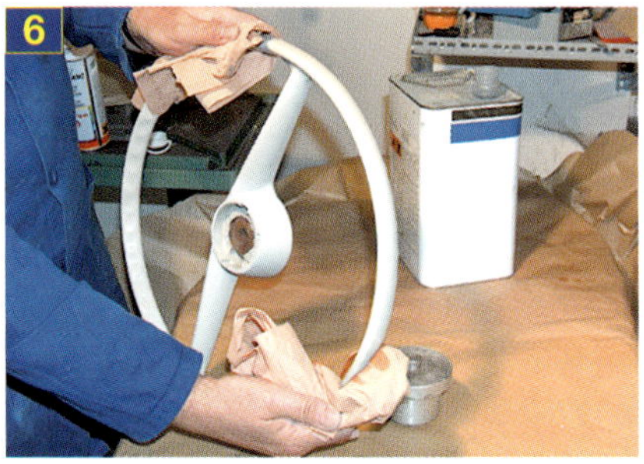

8

9

10
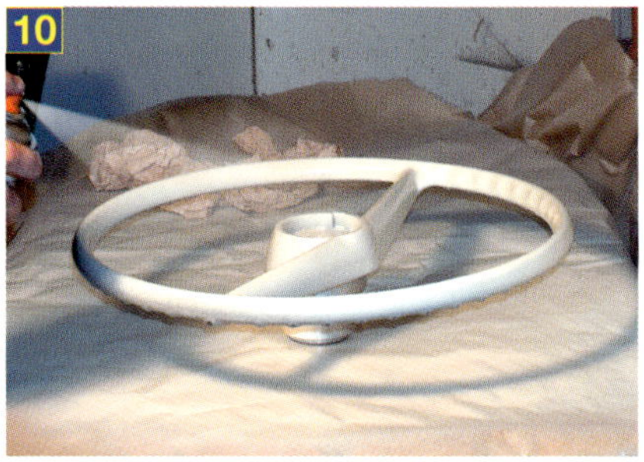

9 Gesprüht wird aus etwa 20 cm Abstand zum Objekt in sich kreuzenden Richtungen. Den Mundschutz nicht vergessen, denn der Xylen-Gehalt im Spray ist schädlich für die Lunge. Außerdem muß der Raum belüftet sein.

10 Die Trockenzeit beträgt 15 Minuten, danach kann mit der Lackierung im gewünschten Farbton begonnen werden. Wir haben uns die passende Farbe im Laden mischen lassen, was aber 30 Euro für 400 ml kosten kann. Aber mit Glück findet man auch die richtige Farbe vorgemischt und preiswert im Regal. Man kann jeden Autolack zum Lackieren von Kunststoffteilen benutzen.

11 Hier sieht man das Ergebnis anderer Arbeiten: Türgriffe, Fensterkurbeln, Armlehnen sehen aus wie neu!

11
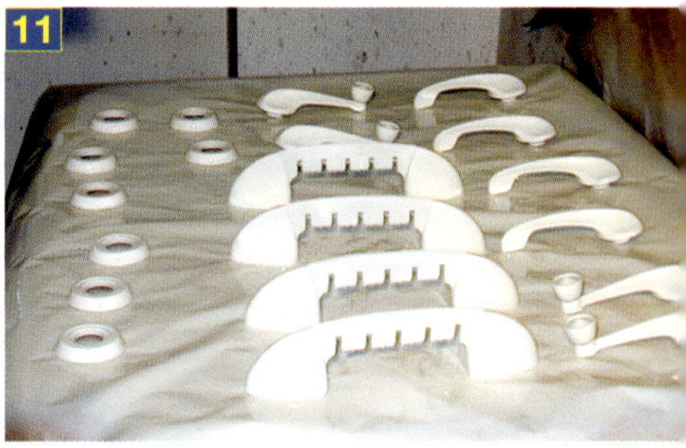

Front und Heck des von 1969 bis 1980 in 101 Exemplaren gebauten Melkus RS 1000 bestanden aus Kunststoff.

Läufer entfernen

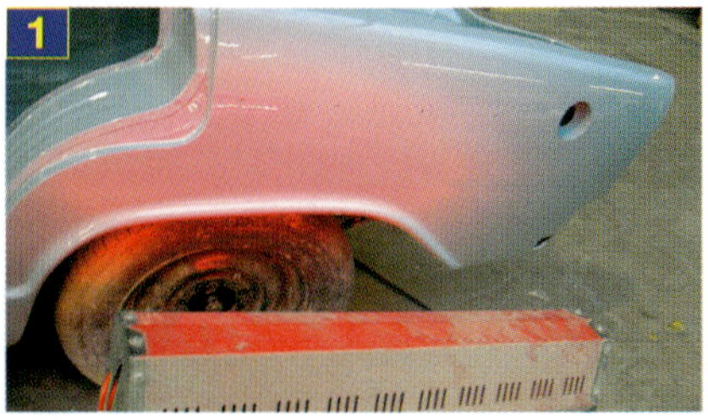

1 Am hinteren linken Kotflügel hat der Lack einen Läufer bzw. eine „Nase" gebildet. Um sie zu entfernen, muß die Farbe zunächst erhitzt werden, damit sie vollständig durchhärtet. Dazu nimmt man eine Rotlicht-Schiene und heizt damit zweimal zwanzig Minuten lang die betreffende Stelle auf.

2 Mit einem Schleifklotz, 1000er Schmirgelpapier und Wasser wird die Nase abgeschliffen. Man soll ruhig über die Stelle hinausschleifen, damit keine Vertiefung entstehen kann.

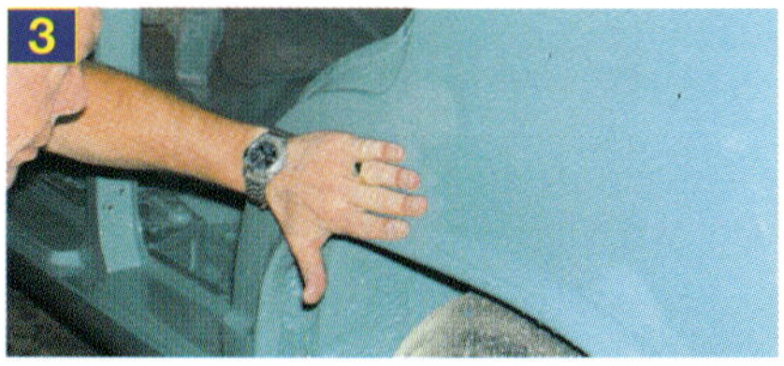

3 Mit der Hand wird die Arbeit überprüft.

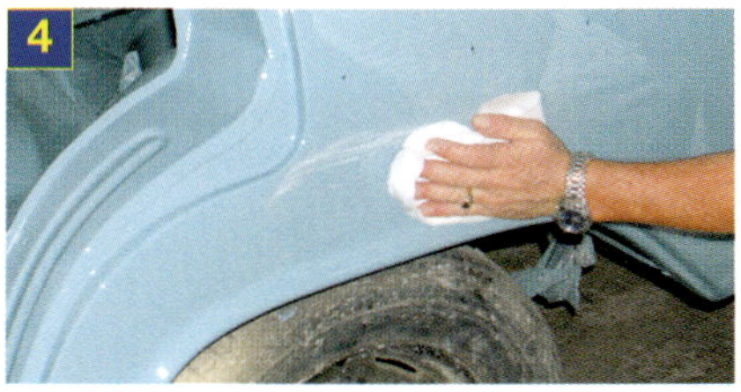

4 Nun ist kein Glanz mehr auf der behandelten Stelle. Um wieder Glanz zu erzeugen, muß mehrstufig poliert werden, und zwar mit einem Baumwolltuch. Zuerst nimmt man grobe, zuletzt sehr feine Politur.

Leuchtengläser auffrischen

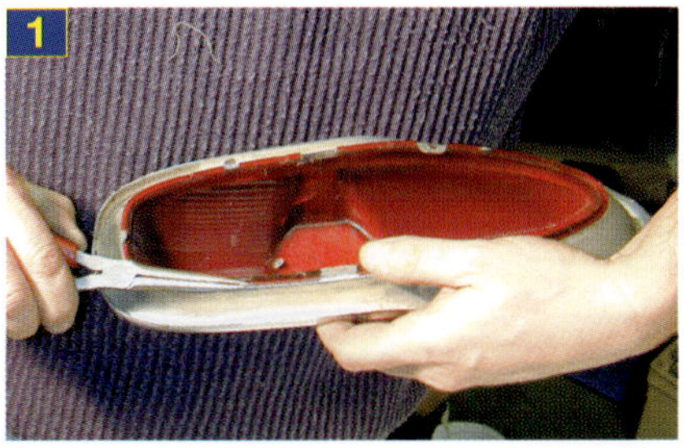

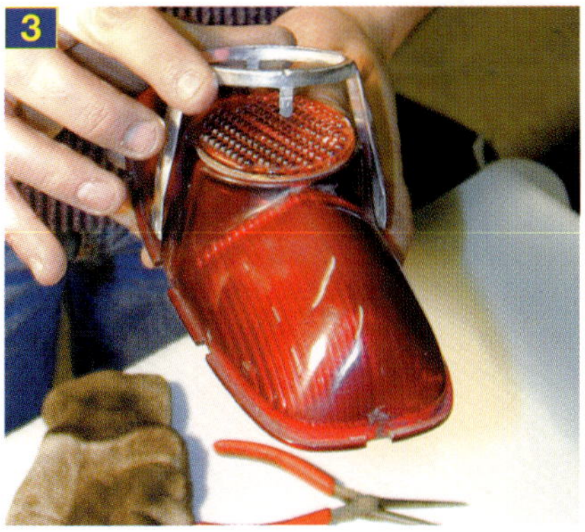

Bei vielen Fahrzeugen der 1950er und 1960er Jahre sind die Kunststoffgläser der Rückleuchten durch Sonneneinstrahlung, Staub und Luftverschmutzung verwittert und regelrecht undurchsichtig geworden. Besonders betroffen sind die roten oder orangenen Heckleuchten und die mitunter weißen Blinkergläser.

Um besser von den nachfolgenden Fahrern gesehen zu werden oder einfach, um beim TÜV erfolgreich abzuschneiden, müssen diese Teile in gutem Zustand sein. Was tun? Sie austauschen? Das ist nicht immer einfach, denn manche Modelle sind neu nicht mehr zu haben. Das ist der Fall bei unserem Restaurationsobjekten. Wir können sie nicht so lassen, wie sie sind. Wie können wir ihnen eine **Verjüngungskur** verpassen? Nach etlichen fruchtlosen Versuchen haben wir eine überraschend gute Lösung gefunden. Wir zeigen, wie es gemacht wird.

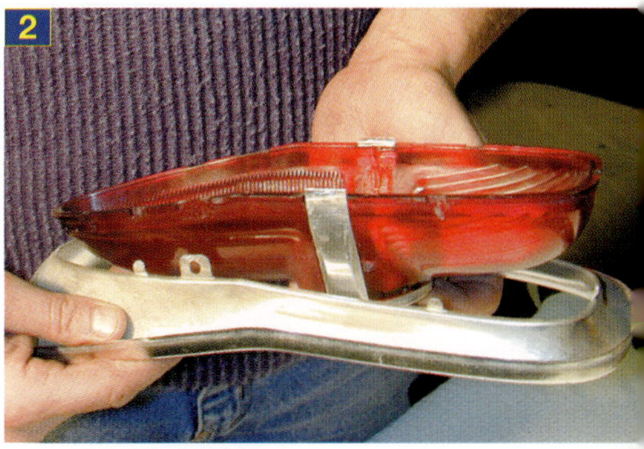

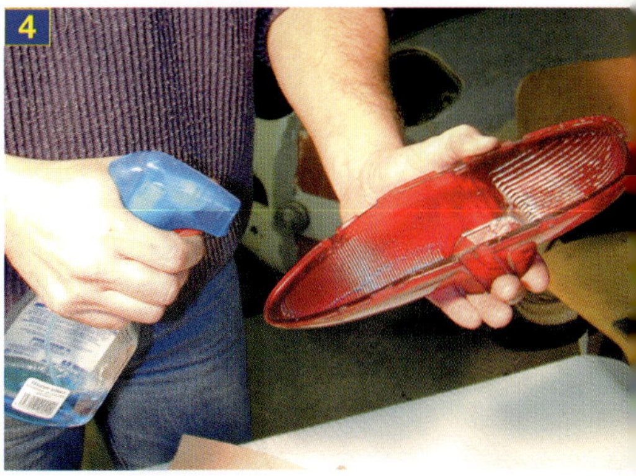

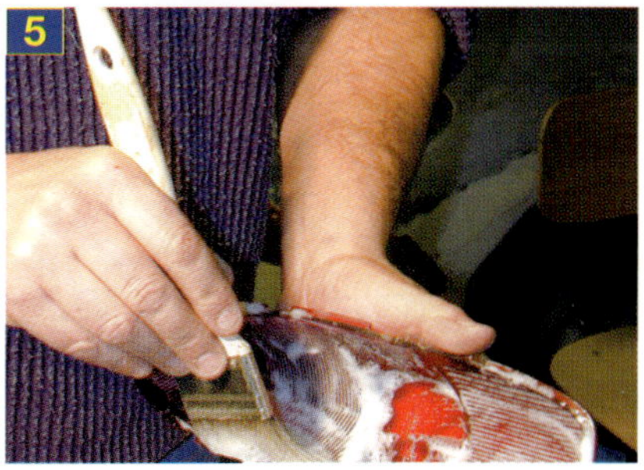

1 Zuerst muß das Plexiglas aus seiner Halterung herausgenommen werden. Mit einer feinen Spitzzange werden die Heftklammern aufgebogen.

2 Die Halterung ablegen, dabei den Rückstrahler aus seinem Halter nehmen.

3 Der Rückstrahler und seine Halterung werden beiseite gelegt.

4 Mit Fensterreiniger wird das Plexiglas innen und außen gründlich eingesprüht.

5 Mit einem harten Borstenpinsel werden alle Riffelflächen sorgfältig ausgebürstet. Hier haben sich jahrzehntelang Staub und Dreck abgesetzt, verhärtet und so das Glas trüb werden lassen.

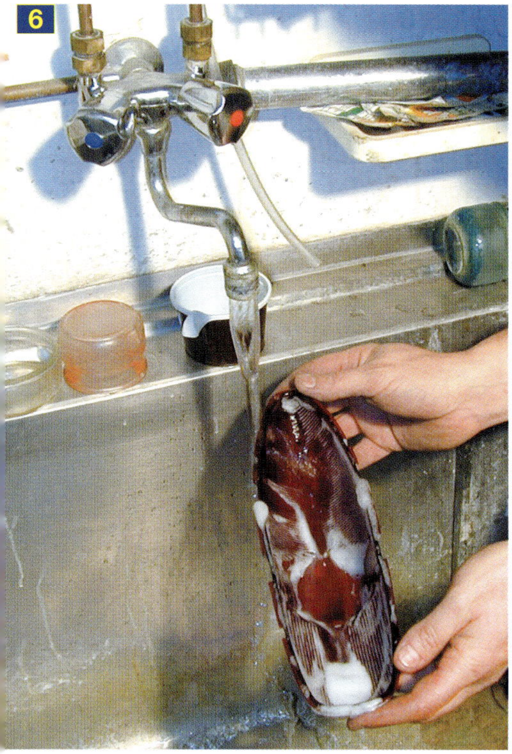

6 Nun mit klarem Wasser gut ausspülen und mit Druckluft trocken pusten.

7 Jetzt ist das Glas zwar sauber, aber immer noch undurchsichtig.

8 Anschließend kommt eine Schleifmaschine zum Einsatz. Eine Polierscheibe aus Flanell wird aufgesetzt, die zunächst mit einer Stahlbürste angerauht wird.

9 Dann wird weiße Schleifpaste auf die Scheibe aufgebracht.

10 Jetzt kann poliert werden. Aber nie zulange auf derselben Stelle, damit das Plexiglas nicht erhitzt wird.

11 Das Ergebnis kann sich sehen lassen. Nun muß das Rücklicht noch mit Wasser und Pinsel gesäubert, getrocknet und befestigt werden.

12 Auf den ersten Blick erscheint der Unterschied in puncto Durchsichtigkeit zwischen der oberen, völlig matten Leuchte im Originalzustand und der aufgearbeiteten, glänzenden unten nicht so groß, dabei ist er in Wirklichkeit ganz erheblich, vom äußeren Anblick ganz zu schweigen.

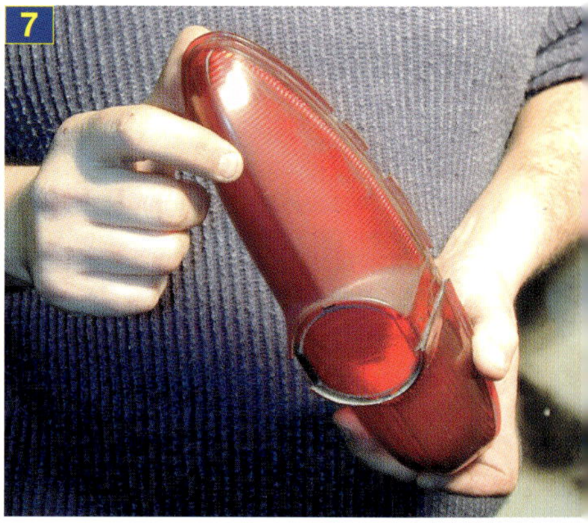

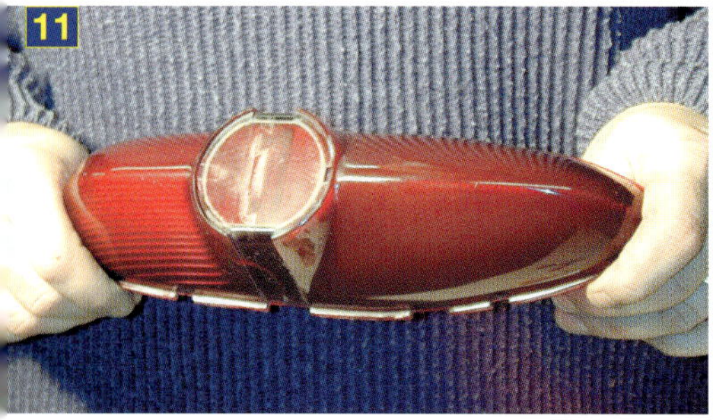

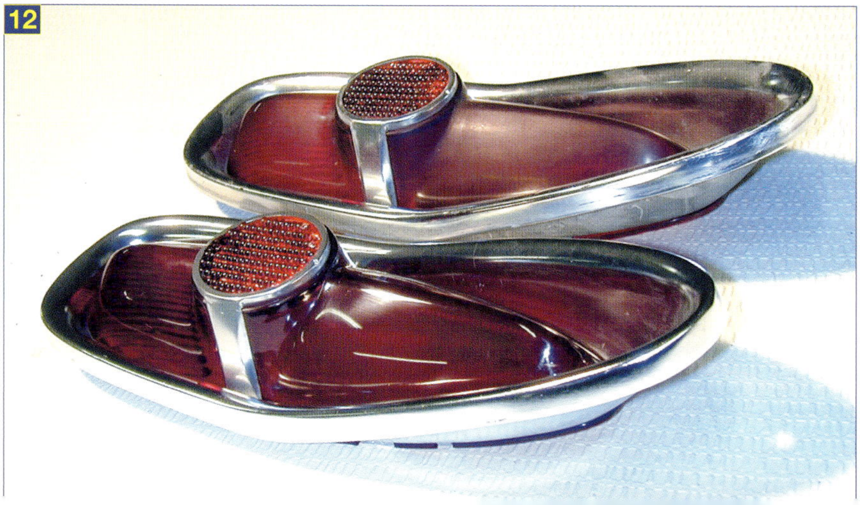

Kleinteile und Achselemente lackieren

Auch Kleinteile wie Bremstrommeln oder Luftfilter dürfen nicht stiefmütterlich behandelt werden. Sie müssen gereinigt, entrostet und lackiert werden.

Alle Kleinteile – wie hier die Elemente des Heckantriebs – werden entfettet, gestrahlt oder abgebürstet, mit Druckluft ausgeblasen, dann **phosphatiert** (hier mit PAC 4090 von Restom), um anschließend mit **Epoxid-Lack** (hier wieder ein Restom-Produkt, EAF 2090) gespritzt oder von Hand lackiert zu werden. Bei unserem Beispiel haben wir allerdings entgegen der Empfehlung auf der Gebrauchsanweisung das Mischungsverhältnis abgewandelt, und zwar auf 150 g Grundfarbe, 150 g Härter und 150 g Nitroverdünnung. Damit haben wir einen besseren Glanz erzielt. Zudem haben wir die Farbe mit höherem Druck gespritzt, mit 2,5 bar und einer Düse 1,8. Dadurch konnte eine größere Menge in den Farbbecher gefüllt werden, andererseits war der Sprühnebel nicht so ausgeprägt.

1 Wenn es sich um eine größere Anzahl von Kleinteilen handelt, empfiehlt es sich, den Epoxidlack mit der Spritzpistole aufzubringen. Umständlicher, aber genau so effizient ist es, die Teile einzeln mit dem Pinsel zu lackieren.

2 Das Spritzen lohnt sich nur, wenn gleichzeitig möglichst viele Teile lackiert werden sollen. Ein halber Liter Lack reicht allemal, um alle Kleinteile einer Hinterachse zu behandeln, inklusive Bremstrommeln und Federn, zusätzlich andere Elemente wie Luftfiltergehäuse, Schutzbleche, Batteriehalter etc.

3 Andere, vorher sorgfältig von Korrosion befreite und phosphatierte Kleinteile werden mit Zinkspray aus der Dose lackiert.

1

2

3

Das Differentialgehäuse hingegen wurde mit dem Pinsel lackiert, und zwar mit einer Farbmischung aus 50 g Grundfarbe, 50 g Härter und 20 g Verdünner. **Achtung:** Der Lackiervorgang muß unbedingt im Freien vorgenommen werden, die Dämpfe sind gesundheitsschädlich! Daher stets eine Schutzmaske mit Kohlefilter tragen.

Jene Kleinteile, die nicht schwarz lackiert werden sollten, wurden mit einer **Sprühdose kaltverzinkt.** Wir haben damit gute Erfahrungen gemacht; entsprechende Produkte sind in jedem (guten) Handwerkermarkt erhältlich.

4
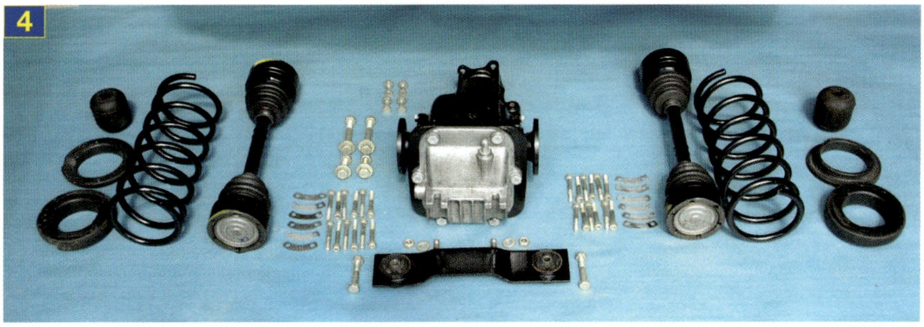

4 Die Hinterachselemente unseres BMW 2002 einschließlich Antriebswellen und Hinterachsgetriebe wurden entrostet, grundiert und mit mattschwarzem Schmiedeeisenlack gestrichen. Sechs Jahre danach sahen sie noch aus wie frisch restauriert.

14

Ohv-Zylinderkopf Teile-Analyse

Dei meisten Fotos auf den folgenden Seiten wurden anhand des Ohv-Motors eines Simca Aronde P 60 gemacht. Die damals sehr populäre französische Mittelklasse-Limousine lief von 1959 bis 1963 von den Bändern. Dieser Wagen gehört einem Sammler in der Normandie.

Ohv-Motor, Zylinderkopf: die einzelnen Komponenten

Wenn die Kompression stimmt und der Motor kein Öl verbraucht, sind grundlegende Arbeiten am Aggregat nicht erforderlich. Anderenfalls ruhig Blut bewahren! Die Überholung der Mechanik ist keine Zauberei. Zunächst werden alle Teile gründlich geprüft, wobei wir gerne professionelle Hilfe in Anspruch nehmen.

Motor zerlegen, Teile prüfen

Wenn die Kompression zu gering ist und der Motor Öl verbraucht, seltsame Klopfgeräusche von sich gibt und die **Öldruckanzeige** nicht erlischt, muß die Mechanik dringend überholt werden. Ein deutlicher Hinweis war auch das Entdecken verdächtiger Spuren beim letzten Ölwechsel: grauer oder – schlimmer noch – kupferfarbenen Metallabrieb. Ein Anzeichen dafür, daß die Pleuel- und/oder die Kurbelwellenlager angegriffen sind.

Das **Zerlegen** eines Standard-Vier- oder Sechszylindermotors ist nicht besonders schwierig. Die Reihenfolge ergibt sich fast von selbst: Schwungscheibe, Keilriemenscheibe, Nockenwellenantrieb, Zylinderkopfdeckel, Zylinderkopf, u.U. Ölkühler, Ölpumpe, Pleuellagerdeckel, Pleuel-Kolben-Einheiten, Kurbelwellenlagerdeckel und Kurbelwelle. Je nach **Motor-Typ** gibt es natürlich Unterschiede. Stecken sie alle Schrauben und Einzelteile in markierte Tüten, sonst ist das Chaos später groß. Auch müssen alle Elemente wieder an der gleichen Stelle eingebaut werden, wo sie vorher waren: Kolben mit Pleueln, Stößelbecher, Stößelstangen etc. Man legt die Teile daher auf einem **markierten Brett** sorgfältig ab.

Ein Tipp für alle **Zerlegungsarbeiten:** Vor dem Lösen der Befestigungsschrauben insbesondere des Zylinderkopfs prüfen, ob sie mit dem richtigen **Drehmoment** angezogen waren. Falsche Werte können die Fehlfunktion bewirkt haben. Ein falsch angezogener Pleuellager-Deckel, sei es zu stark oder zu schwach, kann in kurzer Zeit zur Abnutzung des Lagers führen.

Auf einem **Drehmomentschlüssel** den empfohlenen Maximalwert einstellen und die Schraube oder den Bolzen anziehen. Der Drehmomentschlüssel muß sofort einrasten. Ist das nicht der Fall, nochmal versuchen. Rastet es immer noch nicht, dann war die Befestigung unzureichend. Manches läßt sich durch Augenschein überprüfen, für viele Kontrollen aber benötigt man den Einsatz von Meßinstrumenten.

Der Zylinderkopf

Nachdem der Zylinderkopf gründlich gesäubert wurde, muß geprüft werden, ob er plan ist. Man legt eine **Metallschiene** und ein Meßblatt mit dem Wert 5/100 auf; 5/100 ist die Höchst-Toleranz für eine eventuelle **Verformung.** Es wird der Länge nach gemessen und quer zu den Zylindern. Paßt das Blatt an einer Stelle locker unter die Schiene, d.h., es läßt sich frei hin- und herbewegen, muß der Kopf geplant werden.

Zusatzkontrolle: Ist der Zylinderkopf schon einmal oder gar mehrmals geplant worden? Wenn dieser Verdacht besteht (Bearbeitungsspuren) und der Kopf sich auf der Schleifbank nicht mehr korrekt planen läßt, muß man sich nach einem neuen Teil umsehen. Es empfiehlt sich, auch die **Höhe des Zylinderkopfs** zu messen. Im zum Motor passenden Handbuch sind die Toleranz-Werte zu finden.

Verschleiß läßt sich auch an den **Ventilführungen** ablesen (z.B. wenn sie oval statt rund sind). Das Ventil in der Führung gleiten lassen und dann das Spiel messen (lassen). Es muß zwischen 10 bis 15/100 liegen. Im Zweifelsfall wendet man sich an eine Spezialfirma, die in der Lage ist, die Führungen auszuschleifen und neue Ventilen mit größerem **Schaftdurchmesser** zu besorgen. Alternative: Austausch der Ventilführungen gegen genau passende. Das ist auf jeden Fall dann angebracht, wenn früher schon einmal nachgeschliffen wurde.

Auch die **Ventilsitze** müssen kontrolliert werden. Sie dürfen keinen Riß oder an einer Stelle stärkere Abnutzungsspuren aufweisen; beides rührt von verbrannten Ventilen her. In diesem Fall müssen die Ventilsitze ausgetauscht werden.

Die **Zündkerzengewinde** sind ebenfalls zu prüfen. Ist das Gewinde im Zylinderkopf

1

2

3

1 Zwischen Meßlatte und Dichtungsfläche des Zylinderkopfes darf ein Zwischenraum von 5/100 nicht überschritten werden

2 Der Ohv-Zylinderkopf des BMW-Sechszylinders von 1954 besteht aus Grauguß. Blick auf Kipphebelwelle, Kipphebel, Ventilfedern. Stößelstangen-Motoren dieser Bauart wurden vor dem Krieg und in den 1950er Jahren produziert.

3 Am Leichtmetall-Zylinderkopf des Simca Aronde stellten wir durch Abziehen mit einem Meßstab fest, daß die ab Werk vorgesehen Kontrollmarkierung noch 1,5 mm Tiefe aufwies, was bedeutete, daß der Zylinderkopf noch nie abgeschliffen wurde. Wir hatten uns das schon gedacht, da keine entsprechenden Spuren zu sehen waren.

abgenutzt, ist die Zündkerze nur mit Mühe einzusetzen. Es muß dann ein neues Gewinde vom Typ **Helicoil** eingesetzt werden, wie im Kapitel „Gewinde erneuern" beschrieben.

Bei moderneren Motoren ist der Zylinderkopf mit **Wasserkanälen** ausgerüstet, die unbedingt kontrolliert werden müssen. Die Zu- und Abläufe sowie die Kanäle dürfen auf keinen Fall verstopft sein, das Innere sollte frei sein von grober **Korrosion.** Zur Kontrolle mit einem leicht gebogenen, dünnen Draht in den Kanäle stochern, loses Material mit Druckluft ausblasen. Rostansatz ist mit blossem Auge auszumachen und nicht besonders tragisch, wenn es sich nur um Flugrost handelt. Stärkere Korrosion kann einen Austausch des Kopfs erforderlich machen. Das gilt auch für den Zylinderblock.

Zuletzt das vielleicht Wichtigste: Die **innere Dichtigkeit** des Zylinderkopfs. Die Prüfung kann nur in der Fachwerkstatt durchgeführt werden. Dort muß der Zylinderkopf „abgedrückt", d.h. unter Druck gesetzt werden, um eventuelle Haarrisse oder poröse Stellen aufzuspüren.

Zylinderkopfbolzen

Auch die Zylinderkopfbolzen müssen nachgesehen werden. Das Gewinde darf nicht zum unteren Ende hin eine größere **Steigung** aufweisen als oben. Anderenfalls hat sich der Bolzen gelängt, was wiederum eine Schwächung darstellt und zum Bruch des Bolzens führen kann. Wir raten dazu, immer alle Bolzen auszutauschen, nicht nur den geschwächten. So schreiben es zumeist auch die Hersteller vor.

Ventile

Bevor der Zustand der Ventile begutachtet werden kann, müssen sie gesäubert und abgebürstet werden, damit alle **Verbrennungsrückstände** verschwinden. Danach kann man die ringförmige Auflagefläche in Augenschein nehmen. Normalerweise sind die **Einlaßventile** relativ sauber.

Anders dagegen die **Auslaßventile:** Sie weisen meist Brand- oder Fraßspuren auf. In Extremfällen stößt man auch auf deformierte oder angebrochene Ventilteller. Da hilft nur eines: Austausch des Ventils. Es kommt auch vor, daß der **Ventilschaft** oberhalb des Tellers abgenutzt ist, was ein Zeichen für falsche Zündung oder zu mageres Benzingemisch ist. Auch in diesem Fall muß das Ventil ausgetauscht werden. Geprüft werden muß ferner, wie das Ventil auf dem Sitz aufliegt. Eine zu breite Auflage zeigt, daß der Druck beim Schließen zu groß war. Dann müssen **Ventil und Ventilsitz** erneuert werden. Ein Profi, den man zu Rat zieht, kann beurteilen, ob nicht vielleicht doch ein Nachschleifen der Ventilsitze ausreicht.

4 Links sehen wir ein Ventil nach dem Abbürsten, rechts vor der Säuberung. Wenn die Rückstände beseitigt sind, kann man anhand der glänzenden umlaufenden Partie prüfen, wie der Ventilteller auf dem Ventilsitz liegt. Auch der Ventilschaft wird kontrolliert.

5 Das Ventil rechts weist erhebliche Verbrennungsrückstände auf. Nach dem Abbürsten erkennt man, ob der Teller verformt ist oder nicht. Gründliches Säubern ist extrem wichtig.

6 Prüfen, ob der Federteller perfekt auf der Feder sitzt.

7 Bevor die Stößelstangen untersucht werden können, müssen sie sorgfältig abgebürstet werden.

Ventilfedern

Mit dem Auge läßt sich hier nicht viel feststellen. Man bräuchte eine Tariermaschine, um festzustellen, ob alle Federn die gleiche Spannung haben. Aber man kann auch empirisch vorgehen: Mit Hilfe eines 10 Kilo-Gewichts, das auf die Feder drückt, wird die **Belastung** simuliert. Alle Federn auf diese Weise ausmessen, die Höhen müssen in belastetem Zustand identisch sein.

Ventilkeile

Das sind konische, geriffelte Halbmonde, die zusammen mit den Federtellern Ventil und Feder in Position halten. Sie sind sehr widerstandsfähig und brechen selten. In diesem Fall ist es kein Problem, Ersatz zu finden.

Federteller

Die Federteller dürfen nicht verformt oder abgenutzt sein, die konischen Innenseiten dürfen keine Gebrauchsspuren zeigen. Wenn doch, können die Federteller aus ihrer Position springen, – mit verheerenden Folgen: Das Ventil fällt in den Brennraum, was sofort einen schweren Kolben- und Motorschaden bewirkt.

Kipphebelachse

Man kann sie nur visuell kontrollieren. Dabei besonders auf die **Schmierlöcher** achten, sie dürfen nicht verstopft sein.

Kipphebel

Falls sie abgenutzt sind vom ewigen Auf und Ab und dem Druck auf die Ventilschaft-Enden, müssen sie ausgewechselt werden.

Kipphebel-Einstellschraube

Die Schraube darf kein abgenutztes Gewinde aufweisen. Besonders kontrolliert werden muß der Zustand des Bereichs, der

8 Nockenwellenantrieb: oben ein neues Zwischenrad aus Kunststoff, unten ein Ritzel, dessen Bronzelager sich gelöst hat; Lager oder Ritzel müssen erneuert werden.

9 Eine Zahnkette besteht aus Gliedern, die durch Nieten zusammengehalten werden. Im Bild der Antrieb einer untenliegenden Simca-Nockenwelle.

mit den Stößelstangen in Kontakt steht; er muß glatt und gerundet sein.

Stößelstangen

Die Stößelstangen dürfen werden deformiert (verbogen) sein, noch Abnutzungsanzeichen haben. Auch die ausgestülpte Seite, die Kontakt zur Einstellschraube hat, darf nicht abgenutzt sein. Die untere, runde Partie, die in den Stößelbechern steht, muss völlig glatt sein.

Stößelbecher

Das Kopfteil des Stößelbechers, das mit der darunterliegenden Nockenwelle in Berührung kommt, muss vollkommen plan sein. Der innere Teil, der den Kopf der Stößelstange aufnimmt, darf keine Verschleißspuren aufweisen und nicht deformiert sein.

Nockenwelle

Man muß vor allem die Oberfläche der Nokken und die **Nockenwellenlager** begutachten. Die gehärteten Partien der Nocken dürfen kein **Pitting** (Fraßspuren) und keine Abnutzung zeigen, die Lager dürfen kein Spiel haben oder Verschleißspuren zeigen. Mit einer Lehre kann man feststellen, ob die Lager oval geworden sind.

Nockenwellen-Antrieb

Es gibt drei Arten des Nockenwellen-Antriebs, wobei wir in diesem Buch nur den Antrieb einer untenliegenden Nockenwelle behandeln, die über Stößelstangen auf die im Zylinderkopf hängenden Ventile wirkt **(Ohv-Prinzip,** Overhead Valves).

Erstens: Antrieb durch **Stirnzahnräder;** hier kommt es vor allem auf den Zustand des Zwischenrads an, das aus Kunststoff oder Duraluminium bestehen kann. Nicht nur die Zähne sondern auch das Mittellager dürfen nicht abgenutzt oder gar ausgeschlagen sein. Bei Rennmotoren mit zwei obenliegenden Nockenwellen übernehmen meist Stahl-Zahnräder in Kaskaden-Anordnung den Antrieb.

Zweitens: Übertragung durch **Zahnkette** oder **Einfach- bzw. Doppelrollenkette,** gebräuchlich bei unten- und obenliegenden Nockenwellen.

Drittens: Steuerung durch **Zahnriemen;** dieser muß normalerweise alle 80.000 bis 100.000 km gewechselt werden. Dabei werden auch Spannvorrichtung, Wasserpumpe, Nockenwellen- und Kurbelwellenrad kontrolliert. Zahlreiche moderne Motoren mit obenliegenden Nockenwellen haben Zahnriemenantrieb. Bei Oldtimern ist dies eher selten, ausgenommen z.B. die Vierzylinder-Motoren von Glas der frühen 1960er Jahre.

10 Bei Zahnketten, mitunter auch bei Rollenketten ist ein Glied mit einem Splint gesichert, was den Ausbau ermöglicht .

11 Doppelrollen- bzw. Duplexkette bei einem Ohc-Motor von BMW. Sie treibt die obenliegende Nockenwelle an.

Nockenwelle prüfen

1 Die Nockenwelle mit einem Metallreiniger oder Diesel säubern. Die Nocken gut abtrocknen, genau anschauen und durch Abtasten den Zustand ihrer Oberflächenbeschichtung beurteilen. Sie darf nicht die geringste Unebenheit oder Beschädigung aufweisen (Pitting, Riefen).

2 Prüfung der Nockenwellenlager: Wenn zur Hand, ein Prüfgerät auf Anzeige „0" stellen und die Nockenwelle drehen. Die Deformationstoleranz liegt unterhalb von 3/100 mm.

3 Die Zähne am Ölpumpenmitnehmer überprüfen. Sie dürfen keine Abnutzungsspuren zeigen oder ausgebrochen sein.

4 Die Nockenwelle in den Zylinderblock setzen und sich vergewissern, daß die Lager kein Spiel haben. Wenn das aber der Fall ist, dann müssen die Lagerschalen ausgewechselt werden.

Ausbau der Ventile beim Ohv-Zylinderkopf

1 Das Minimum an Werkzeugausrüstung sind Ventilausheber, Magnet oder Pinzette, kleiner Schraubendreher und sehr feine Spitzzange.

2 Prinzipiell gilt: Was abgebaut wird, legt man in der richtigen Reihfolge ab. In ein Stück Karton oder ein Brett werden Löcher gebohrt, in die man die ausgebauten Ventile steckt. Dabei notieren, wo sich die Stirnseite des Motors befindet. Die Ventile werden in der Reihenfolge Auslaßventil, Einlaßventil, Einlaßventil, Auslaßventil usw. (AE/EA/AE/EA) in die Pappe gesteckt.

3 Man beginnt mit dem Ausbau der Federteller und Ventilkeile. Mit dem Ventilheber werden die Ventilfedern zusammengedrückt, bis sich die Keile mit einer Pinzette herausnehmen lassen. Dann wird die Zange entlastet, und man kann Teller, Feder und Federsitz abnehmen. Die Kappen der Ventilschaftabdichtung sitzen mit ihren Metallhülsen fest auf den Ventilschaftenden und müssen mit einer Zange abgezogen werden. Danach lassen sich die Ventile herausnehmen. Der Ausbau mit dem Ventilausheber ist die Profi-Methode; die obere Zangenhälfte drückt auf den Federteller.

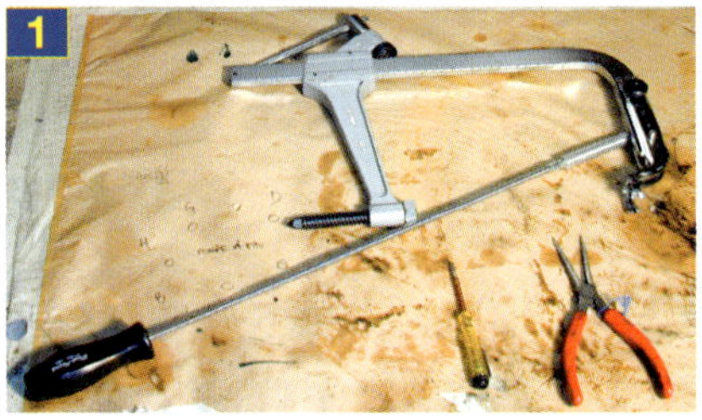

4 Die Behelfs-Methode ist etwas brutaler: Man setzt eine passende Hülse oder Stecknuß auf den Federteller, schlägt leicht mit dem Hammer auf den Teller und bewirkt damit, daß die Keile freikommen. Aber Vorsicht: Die Teller und Keile können dabei unkontrolliert durch die Gegend fliegen!

5 Die untere Hälfte des Ventilhebers muß auf das Ventil drücken, das herausgenommen werden soll.

6 Die Feder so weit zusammendrücken, bis die Verriegelungskeile frei kommen.

7 Mit Hilfe des Magneten die beiden Keile abnehmen.

8 Die Feder entlasten.

9 Das Ventil von unten festhalten und den Ventilheber absetzen.

10 Das Ventil herausziehen.

11 Zum Aufbewahren in der richtigen Reihenfolge das Ventil in das dafür gekennzeichnete Loch in der Pappe stecken.

12 Den Federteller abnehmen.

13 Die Feder zur Seite legen.

14 Die untere Druckscheibe der Feder ablegen und die Ventilschaftabdichtung abziehen.

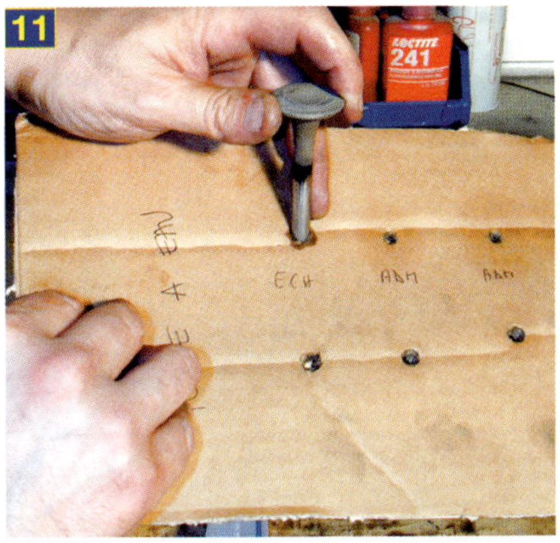

15 Mit den restlichen sieben Federn in derselben Weise verfahren.

16 Den Zylinderkopf sorgfältig reinigen.

17 Mit einem Holz- oder Kunststoffspachtel die Dichtungsreste abkratzen.

Steuerkette kontrollieren

1 Den Zustand des Nockenwellen-Antriebsritzels prüfen.

2 Die Zähne des Kettenantriebsritzels auf der Kurbelwelle prüfen.

3 Den Zustand der Glieder der Steuerkette prüfen.

4 Die Kette auf das Zahnrad der Kurbelwelle legen und prüfen, ob sie kein seitliches Spiel hat und nicht schlackert.

5 Genauso beim Ritzel der Nockenwelle verfahren.

6 Der komplett instandgesetzte Ventiltrieb eines BMW M10-Ohc-Motors, wie er in den 1960er und 1970er Jahren hunderttausendfach verbaut wurde. Die Duplex-Steuerkette treibt hier eine obenliegende Nokkenwelle an; darüber liegt das Ölrohr. Die einstellbaren Schwinghebel sind auf zwei Wellen gelagert.

Brennraum-Volumen prüfen

Erinnern wir uns zunächst daran, was „Verdichtungsverhältnis" bedeutet: Es ist die Relation des angesaugten Gasgemisch-Volumens zwischen dem Beginn der Kompression am unteren Totpunkt (UT) und dem Ende der Kompression am oberen Totpunkt (OT). Das Verdichtungsverhältnis 8 : 1 besagt, daß das Gasvolumen am oberen Totpunkt achtmal geringer ist als am unteren Totpunkt.

Was bedeutet das in der Praxis? Ganz einfach: Je höher das Quotient, desto stärker wird das **Gasgemisch** komprimiert, umso höher ist nach der Explosion die Leistung. Es ist also theoretisch erstrebenswert, das Verhältnis zu erhöhen. Aber es darf nicht zu groß werden, damit die beweglichen Teile im Zylinder nicht überbeansprucht werden. Kompliziert wird die Sache dadurch, daß bei zu hohem Druck (wir legen die Grenze bei 12 : 1) große Hitze entsteht und das Gasgemisch sich schon vor der Verbrennung **selbst entzünden** kann.

Wie kann der Kompressionsdruck auf vernünftige Weise erhöht werden? Indem man das Volumen des Gasgemischs verringert, wenn der Kolben den oberen Totpunkt erreicht hat. Sei es durch Einsetzen von Kolben mit gewölbtem Boden, sei es durch Verringern der Zylinderblockhöhe und der Laufbüchsen (eine schwierige und kostspielige Angelegenheit) oder durch **Abschleifen des Zylinderkopfs;** alle drei Verfahren vermindern das Volumen der Brennräume, wobei das Abschleifen des Zylinderkopfs die einfachste und effizienteste Möglichkeit ist.

Beim **Messen des Volumens** der Brennräume im Zylinderkopf treten selbst minimale Differenzen zwischen den Brennräumen zutage, die auf die Herstellung im Gußverfahren zurückzuführen sind und die es abzustellen gilt. Wie wird gemessen? Zuerst nehmen wir eine dicke **Plexiglasscheibe,** die den Zylinderkopf vollständig abdeckt und luftdicht mit Zylinderkopfschrauben (von unten) und Muttern (oben) befestigt wird. Zuvor haben wir auf der Höhe jedes Brennraums je zwei 3 bis 4 mm große Löcher in die Platte gebohrt. Ventile, Federn, die überarbeiteten Ventilsitze und die Zündkerzen müssen eingebaut sein. Äußerst wichtig ist auch, daß der Zylinderblock auf einer perfekt horizontalen Fläche steht.

Der Rest ist ein Kinderspiel. Wir nehmen eine **Pipette,** die eine Volumenskala von 0 bis 50 cm³ besitzt und befüllen sie mit Diesel. Der Kraftstoff wird über das erste Loch in den Brennraum gegeben, das andere Loch dient dem Luftaustritt. Wir geben den **Kraftstoff in den Brennraum,** bis er randvoll ist. Nun braucht nur noch das Volumen auf der Skala abgelesen werden. Wenn unterschiedliche Werte angezeigt werden, richtet man sich nach dem höchsten und schleift gegenüber den Kerzengewinden der drei anderen Brennkammern etwas Leichtmetall ab, bis alle Räume das gleiche Volumen aufweisen.

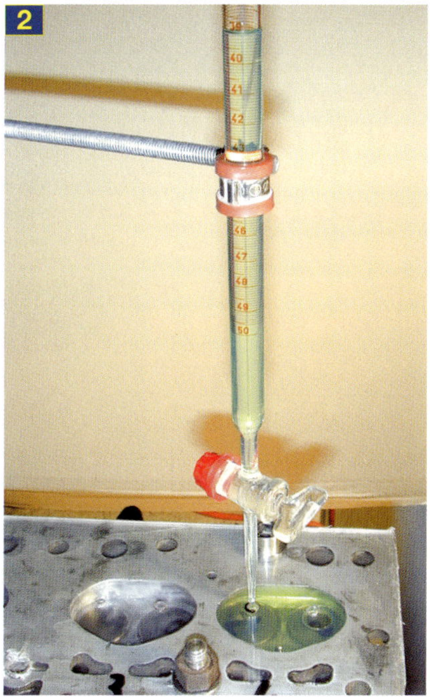

1 Der Zylinderkopf wird mit eingebauten Ventilen und Zündkerzen umgedreht und auf eine perfekt ebene Fläche gestellt. Die Dichtfläche wird mit einer Plexiglasscheibe abgedeckt. Pro Brennraum wurden zuvor zwei ca. 4 mm große Löcher gebohrt. Durch je eines davon wird Diesel injiziert.

2 Mit einer Pipette, die eine Meßskala aufweist, geben wir den Dieselkraftstoff in die Brennräume. Auf der Skala wird das injizierte Volumen abgelesen. Das erlaubt die Feststellung von Unterschieden auf einen Blick.

15

Ventilführungen, -sitze, Ventile

Nachdem die Ventilführungen ausgetauscht wurden, werden die Ventilsitze eingeschliffen, und zwar wie hier mit einer Spezialmaschine, die automatisch gesteuert wird und auf Tausendstel Millimeter genau arbeitet. Die Anschaffung des teuren Geräts lohnt sich freilich nur für Motoren-Instandsetzungsbetriebe.

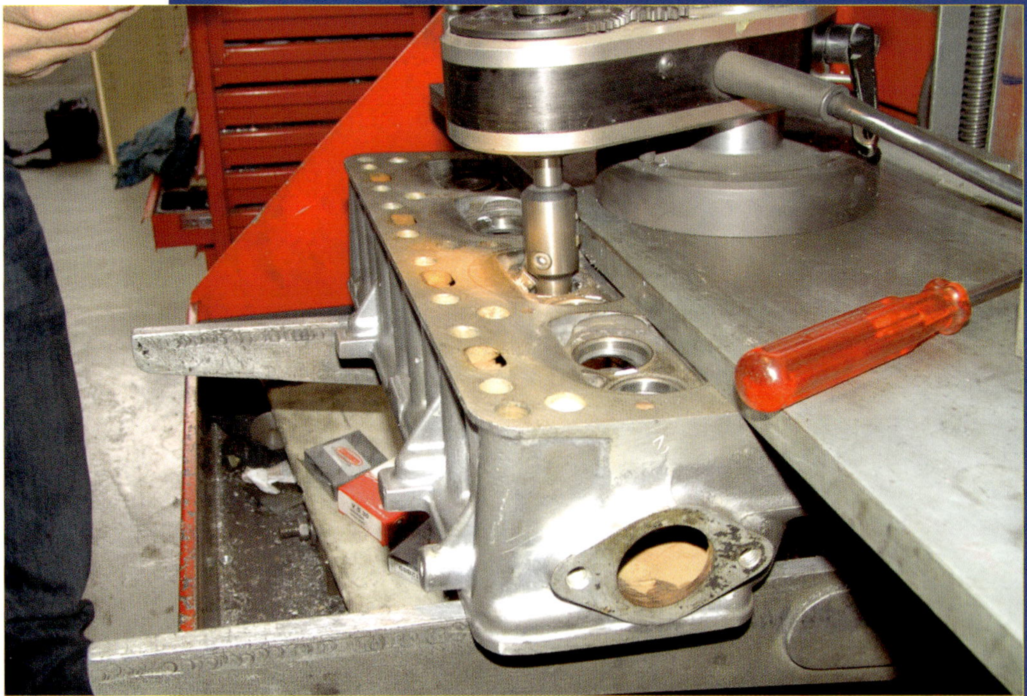

Ventilführungen erneuern: Vorbemerkungen

Vom Zustand der Ventilsitze hängt es ab, ob der Motor rund läuft und die volle Leistung bringt. Bei undichten und abgenutzten Ventilsitzen steigen zudem Verbrauch und Schadstoffemission. Jeder kennt das: Der Auspuff stößt dann übel riechende graublaue Qualmwolken aus. In diesem Fall steht zumindest eine Überholung des Zylinderkopfs ins Haus. Wir zeigen, wie Ventilsitze erneuert und Ventile eingeschliffen werden.

Ursprünglich war es so, daß die stählernen Ventile in einfachen Führungen, die in den **gegossenen Zylinderblock** gebohrt waren, auf und ab glitten. Weil die Motoren anno dazumal nicht hoch drehten, war das ausreichend. Als aber die Autoingenieure begannen, die Drehzahl der Motoren immer weiter zu erhöhen, wurde es nötig, ein reibungsarmes Material zwischen den Block aus Eisenguß und die Ventile zu schalten, um die Erhitzung der Ventilschäfte zu begrenzen und zu verhindern, daß sie sich festfressen (Stahl dehnt sich schneller als Guß).

Die ersten Ventilführungen waren aus **Bronze.** Verbesserte Materialqualität sowie präzisere Bearbeitungsmethoden führten dann dazu, daß die Ventile nicht mehr seitlich im Block saßen, sondern in den Zylinderkopf wanderten. Damit konnten auch Ventilschäfte und -führungen verkürzt werden. Mit der Zeit wurden die Zylinderköpfe dann immer flacher, und die Wartung wurde einfacher.

Spiel muß sein, aber nicht zu viel

Die Seele der Mechanik ist das **Spiel.** Zwischen dem Ventilschaft und der Führung müssen einige Hundertstel Millimeter Luft sein (normalerweise 10 bis 15/100), damit das Auf- und Abgleiten **reibungslos** vonstatten gehen kann. Dieses Spiel aber vergrößert sich im Laufe der Zeit durch Abnutzung.

Bei ca. 5000/min öffnen und schließen sich die Ventile etwa 42mal in der Sekunde, die ursprünglichen Hundertstel mm werden zu Zehntel mm. Die Abnutzung kann unterschiedlich sein, die Ventilführung kann sogar eine ovale Form bekommen. Im Extremfall kann das Ventil anfangen zu schlackern, es arbeitet nicht mehr parallel zum Ventilsitz, und der **Ventilteller** setzt sich nicht mehr korrekt in seinem Sitz. Die unregelmäßige **Abnutzung des Ventilsitzes** führt dazu, daß das Ventil nicht mehr richtig schließt, was eine Überhitzung dieser sensiblen Zone zur Folge hat, die zu weiteren Schäden führt: verformte Ventilsitze, verbrannte Ventile, beschädigte Ventilführungen. Die ovale Verformung der Führung hat zur Folge, daß das Öl, das die **Kipphebel** schmieren soll, zwischen Ventilschaft und -sitz gerät, dort verbrennt und bedeutende Ablagerungen hervorruft. Der **Ventilschaft** wird gebremst und geht nicht mehr richtig rauf und runter; im Extremfall schließt das Ventil nicht mehr.

Anpassung der Ventile

Wenn das Ventil in seiner Führung schlakkert, muß diese ausgewechselt oder wenigstens ausgeschliffen werden. Aber nicht nur sie, denn der **Ventilschaft** dürfte dann ebenfalls abgenutzt sein. Daher ist es in solchen Fällen besser, die Ventile gegen neue auszuwechseln. Werden die **Führungen** ausgeschliffen, müssen Ventile mit geringem **Schaft-Übermaß** eingesetzt werden. Wird die Führung nachgearbeitet, muß auch der Ventilsitz angepaßt werden. Zum einen, weil er gelitten hat, weil das Ventil sich nicht richtig schloß, zum anderen, weil sich das Ventil mit der Zeit mehrfach um seine Achse drehte und sich dabei in den Sitz einarbeitete sowie die Auflagefläche vergrößerte. Daher muß der Sitz neu zentriert werden.

Werkzeug: Presse, Schleifapparat für Ventilsitze, Schweißbrenner, Schieblehre
Kosten: Variabel den Leistungen entsprechend. Der Austausch eines Ventilsitzes kann mit 13 bis 30 € zu Buche schlagen, das Ausschleifen kostet etwa das gleiche. Eine einzige Ventilführung kann 14 bis 28 € kosten. Kostenvoranschlag machen lassen!
Wann? Wenn der Auspuff „bläut" und der Ventilschaft in der Führung zu viel Spiel hat. Dies muß man bei einer Komplett-Überholung von Motor oder Zylinderkopf prüfen und immer auch dann, wenn Ventile eingeschliffen werden sollen.

1 Mit dem Stempel einer hydraulischen Presse und einigen Tricks, die wir auf diesen Seiten zeigen, werden die neuen Ventilführungen in den Zyinderkopf gepreßt.

1

Heute sind die Ventilführungen **in den Zylinderkopf eingepreßt,** daher ist der Winkel zum Ventilsitz nie hundertprozentig perfekt. Bei der Überholung benutzt man daher die neue Ventilführung, um den Ventilsitz einzuschleifen und eine optimale Auflage für den Ventilteller zu schaffen. In Extremfällen (Schmelzspuren, Verformungen) müssen die Sitze auf jeden Fall gewechselt und eingeschliffen werden. **Achtung:** Wenn die Sitze maschinell ausgeschliffen wurden und neue Ventile eingesetzt werden sollen, dürfen niemals auch noch die Ventile eingeschliffen werden!

Die **Ventilführungen** bestehen heute überwiegend aus **Grauguß** mit Kupferanteil, aus Grauguß mit perlenartiger Struktur und hohem Phosphoranteil oder auch aus Kupfer-, Zink- und Aluminiumlegierungen. Ihr Austausch erfordert aber ein gewisses Know-how. Die Arbeit muß daher von einem Profi gemacht werden, der über das entsprechende Spezialwerkzeug verfügt. Wir zeigen, wie das geht.

Ventilführungen auspressen

1 Hier sehen wir den Ohv-Zylinderkopf, an dem die Arbeiten durchgeführt werden. Es ist der Leichtmetall-Zylinderkopf eines Simca 1300 der ersten Generation. Er wurde selbstverständlich sorgfältig gereinigt und von allen Einbauelementen befreit.

2 Mit einem Meßstab werden die Überstände der Ventilführungen im Zylinderkopf gemessen. Das wird uns später nützlich sein.

3 Um sowohl das Herausziehen als auch das Einsetzen der Führungen zu erleichtern, erhitzt man die Aluminiumlegierung des Zylinderkopfs, damit sie sich etwas ausdehnt.

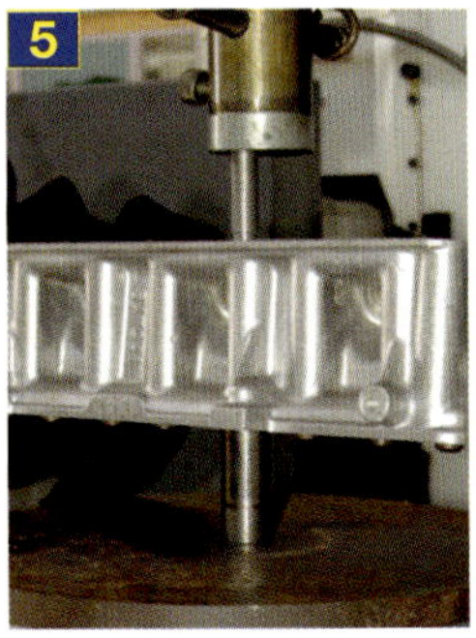

4 Der Zylinderkopf wird mit den Brennräumen nach oben unter die Presse gestellt. Dann setzt man ein hohles Druckstück zwischen Preßstempel und Ventilführung, z.B. einen alten Kolbenbolzen.

5 Unter den Zylinderkopf wird ein Distanzrohr gestellt, damit die Führung frei nach unten austreten kann.

6 Eine alte Ventilführung in ausgepreßtem Zustand. Manchmal genügen zum Austreiben einige leichte Hammerschläge. Auf diesem Foto unterscheidet man gut die glänzende Partie, die sich auf der Kipphebelseite befand und die matte Partie, die fest im Zylinderkopf saß.

Ventilführungen einpressen

1 Die neue Ventilführung hat einen scharfen Rand. Um das Metall des Zylinderkopfes beim Einsetzen nicht zu beschädigen, sollte er etwas angeschliffen werden. Außerdem erleichtert es das Einpressen.

2 Eine weitere Vorsichtsmaßnahme: Die Ventilführung noch einmal mit dem Mikrometer vermessen, um sicher zu gehen, daß sie wirklich den richtigen Durchmesser hat.

3 Der Zylinderkopf wird nicht direkt auf den Tisch der Presse gesetzt, sondern auf Hülsen als Gegenlager, die genau in Verlängerung des jeweiligen Brennraums und in der Achse der Führung liegen (s.a. Foto 8). Der Außendurchmesser der Hülse muß so sein, daß sie auf das Leichtmetall des Brennraums drückt und nicht auf den Ventilsitz. Im Bild wird der Abstand bestimmt, den die Hülse innen minimal haben muß.

4 Hier sieht man die Hülse, die uns als Gegenlager beim Einpressen der Ventilführungen nützlich sein wird.

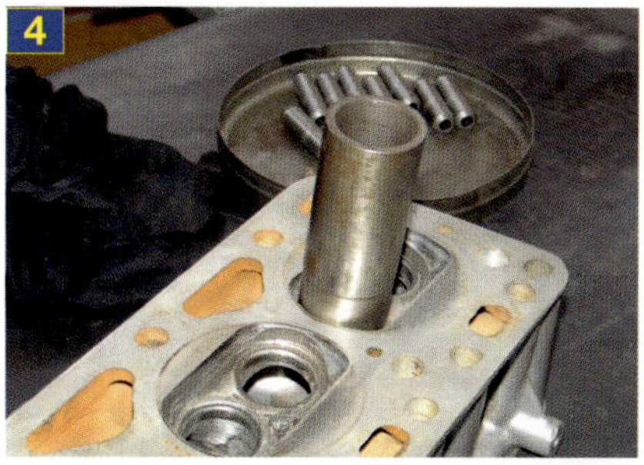

5 Die Ventilführung leicht einölen, damit sie besser gleitet.

6 Zunächst einen vor dem Ausbau der alten Führungen genau vermessenen Abstandshalter einsetzen, der garantiert, daß die Ventilführung nicht zu tief eingeschlagen wird (s.a. Foto 9). Nicht direkt auf die Ventilführung schlagen, um zu vermeiden, daß ein Grat entsteht, der das Einsetzen des Ventils verhindern würde. Man setzt etwas dazwischen, hier eine Schraube mit Unterlegscheibe.

7 Zunächst genügt es, die neue Ventilführung provisorisch in die Bohrung des Leichtmetall-Zylinderkopfs zu schlagen. Der Abstandshalter stellt sicher, daß die Führung nicht zu weit eingeschlagen wird und ihr Überstand im Zylinderkopf korrekt ist.

8

9

10

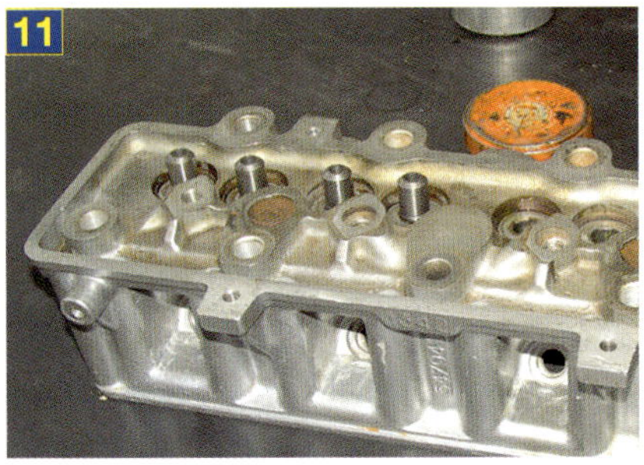

11

12

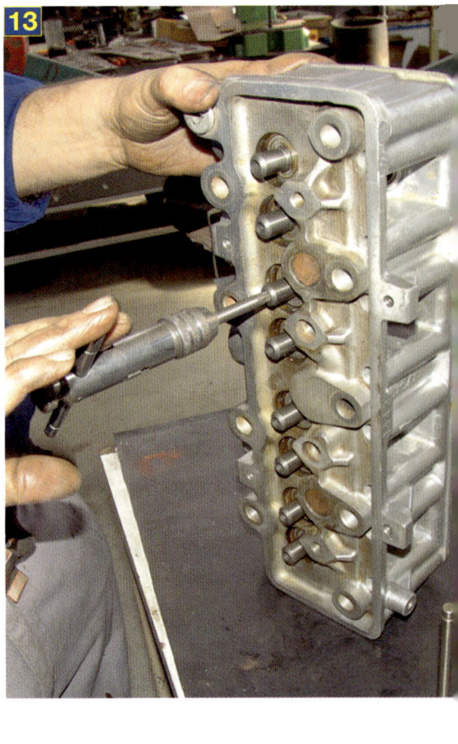

13

10 Das Einpressen der Führung ist beendet, wenn die Unterlegscheibe auf den Abstandshalter stößt.

11 Hier sieht man vier frisch eingesetzte Ventilführungen.

12 Wenn alle Führungen eingesetzt sind, gilt es zu überprüfen, ob die neuen Ventile leicht gleiten. Das ist aber nur selten der Fall, denn die fabrikmäßige Bohrung der Führungen fällt meist einige Hundertstel Millimeter enger aus als das Norm-Maß. Folglich sind die Ventilstifte schwierig einzuführen, und dann gleiten sie meist nicht gut.

13 Um das nötige Spiel herzustellen, werden die Führungen mit einer Reibahle leicht nachgearbeitet.

8 Einsetzen einer Ventilführung mit der Presse; wie man hier sieht, ist der Zylinderkopf leicht versetzt ausgerichtet, was sich daraus ergibt, daß der Kopf sich nicht auf der Dichtfläche abstützt, sondern über eine Hülse auf den Rand der Brennkammer. Die Ventilführungen liegen etwas seitlich dazu. Unten ist die Gegenlagerhülse zu sehen.

9 Auf diesem Foto ist der Abstandshalter zu sehen, der die Ventilführung umgibt und verhindert, daß die Führung zu weit eingeschlagen wird. Die Höhe des Abstandshalters entspricht genau dem erforderlichen Überstand der Führung im Zylinderkopf. Wieder wird nicht direkt auf die Führung gepresst, sondern auf die Hilfskonstruktion aus Schraube und Unterlegscheibe, die breiter sein muß als der Außenrand des Abstandshalters.

14 Bei allen Führungen auf die gleiche Weise arbeiten und dabei nach jedem Zug mit der Ahle das Spiel zwischen Führung und Ventil messen. Die Ventile müssen anschließend leicht gleiten ohne zu wackeln.

14

Ventilsitze und bleifreies Benzin

Diese Frage wird häufig gestellt, weil die **Urangst vor Ventilschäden** tief sitzt. Aber wir haben die Erfahrung gemacht, daß bleifreier Sprit mehr Schaden an den Membranen der Benzinpumpe hervorruft als an den Ventilsitzen. Das ist immer dann der Fall, wenn die alten schwarzen Membranen nicht gegen benzolresistente rote ausgewechselt wurden. Der **Verschleiß der Ventilsitze** hat nur am Rande etwas zu tun mit bleifreiem Sprit, sondern vor allem mit mechanischer Abnutzung. Unstrittig stellt das dem Benzin zugesetzte Bleitetraethyl eine Art Puffer zwischen dem Ventil und dem Ventilsitz dar. Aber es bestand kein Grund zur Panik, als in den USA schon in den 1970er Jahren bleihaltiges Benzin vom Markt genommen wurde und als Japaner und Europäer dies aus Umweltgründen ebenfalls taten: Es hat deswegen keine weltweite Epidemie an erkrankten Ventilsitzen gegeben. Es gab sogar Untersuchungen, die besagten, daß es keinen höheren Verschleiß nach der Einführung von bleifreiem Sprit gab als vorher.

Seit den Kindertagen des Automobils hat es eine Abnutzung der Ventilsitze gegeben. Zylinderblöcke aus Guß ohne eingepreßte Ventilsitze zu Beginn der Motorisierung waren am anfälligsten, **Zylinderköpfe aus Leichtmetall** mit eingesetzten Ventilsitzen verschleißen deutlich weniger. Man sollte aber nicht systematisch alle Bronze-Ventilsitze durch solche aus gehärtetem Stahl ersetzen, es sei denn, Autohersteller empfehlen dies für ältere Modelle. Autos ab Baujahr 1980 haben meist gehärtete Ventilsitze. Das **Material** ist heute von besserer **Qualität** als vor 1980. Wer sichergehen will, gibt dem Benzin beim Tanken eine Dosis Bleiersatz bei, zu haben an allen Markentankstellen. Und es sollte bei einem Auto vor 1990 nur Super mit einem Ethanol-Anteil von höchstens 5 Prozent getankt werden, also **kein E 10.**

Die sicherste Lösung im Zweifelsfall: Regelmäßig das **Ventilspiel kontrollieren,** am besten alle 5000 km. Wenn das Spiel ständig geringer wird, müssen eben die Ventilsitze ausgetauscht werden, weil sie eingeschlagen sind. Vorher bringt der Austausch gar nichts.

Wenn Sie ein Fahrzeug mit einem Graugußblock und stehenden Ventilen ohne eingesetzte Ventilsitze oder einem Graugußzylinderkopf ohne Ventilsitze haben und damit mehr als 10.000 km im Jahr abspulen, sollten Sie überlegen, **Ventilsitze aus gehärtetem Stahl** einsetzen zu lassen. Dann hält der Motor länger. In diesem Fall müssen Sie einen Motoren-Spezialisten zu Rate ziehen.

Ventilsitze nacharbeiten, fräsen

1 Ob nun die originalen Ventilsitze erhalten bleiben oder ausgewechselt werden sollen, sie müssen auf jeden Fall nachgearbeitet werden, um ein optimales Zusammenspiel von Ventil und Sitz sowie eine perfekte Abdichtung zu erreichen. Das kann mit einer kleinen Spezialfräse oder auch manuell gemacht werden, aber es ist eine heikle Angelegenheit, die man besser einem Profi überläßt. Wir benutzen eine elektronisch gesteuerte Schleifmaschine mit Zentriermechanismus und anderen Raffinessen. Erster Schritt: den Zylinderkopf perfekt auf der präzise ausgerichteten Arbeitsunterlage ausrichten, siehe Foto rechts.

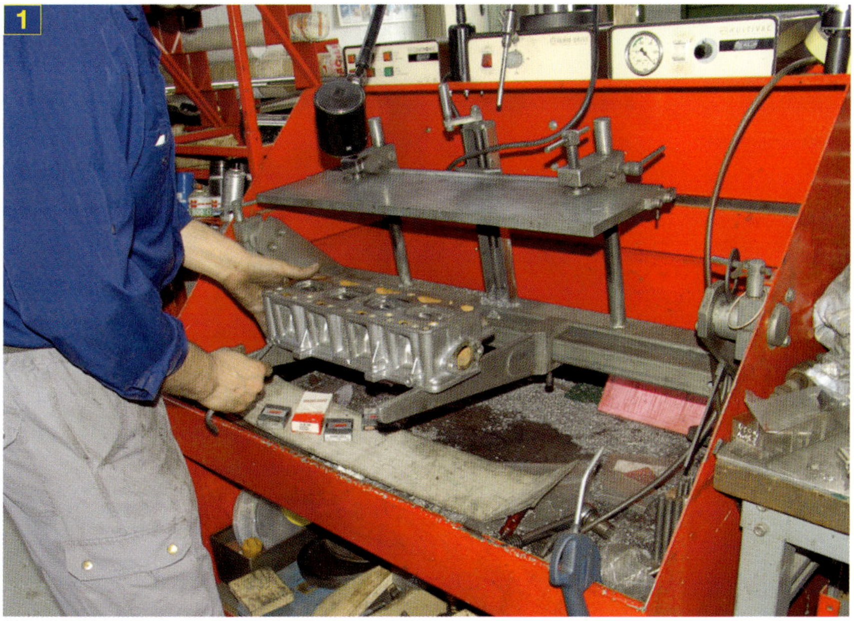
1

2 Der Zylinderkopf wird auf einem Tisch mit Schraubzwingen rutschfest gesichert.

3 Jetzt wird der passende Durchmesser für den Führungsbolzen der Fräse bestimmt.

4 Der Führungsbolzen wird an der Maschine befestigt. Diese hat einen Elektromotor und eine Vorrichtung für die Befestigung am Schraubtisch.

5 Mit einem Spezialwerkzeug (Reiter) wird der exakte Außendurchmesser des Ventiltellers bestimmt.

6 Die Reiter wird auf dem Führungsbolzen befestigt. So kann der Schleifbereich der Fräse reguliert bei gleichzeitig perfekter Zentrierung.

7 Es gibt verschiedene Fräswerkzeuge in Abhängigkeit von Winkel und Breite des Ventilsitzes. Auf dem Foto sind zwei Werkzeuge mit 45°-Winkel zu sehen, eines mit 1 mm und das andere mit 1,5 mm Breite.

8 Bevor man mit der eigentlichen Arbeit anfängt, markiert man den Ventilteller ringsum mit Kreide und setzt das Ventil dann für einen einfachen Test in seine Führung. Dann dreht man das Ventil, um Ungleichmäßigkeiten am Sitz aufzuspüren.

9 Die aufgebrachte Kreide ist nur teilweise verschwunden. Das bedeutet, daß der Ventilsitz nachgearbeitet werden muß, und zwar so lange, bis bei einem neuen Versuch keine Kreidespur mehr zu sehen ist.

10 Der Führungsbolzen wir mit dem Fräskopf auf die Ventilführung gesetzt.

11 Dann lassen wir die mit den nötigen Werten vorprogrammierte Maschine alleine arbeiten.

12 Ein Sitz ist fertig, der vierte von unten; es sind noch sieben weitere zu bearbeiten.

13 Links im Bild neuer, unbearbeiteter Ventilsitz. Rechts Ventilsitz in bearbeitetem und einbaufertigem Zustand.

14 Jetzt wird die Arbeit nochmal überprüft. Man gibt wieder Kreidestriche auf den Ventilteller, setzt das Ventil in die Führung und dreht es mit der Hand. Dann das Ventil herausziehen und nach der Kreide schauen. Sie muß völlig vom Ventilrand verschwunden sein. Wenn sie immer noch zu sehen ist, gibt es ein Problem oder es wurde nicht tief genug ausgeschliffen.

15 Jetzt ist alles in Ordnung, die acht Sitze sind perfekt ausgeschliffen.

11

12

13

14

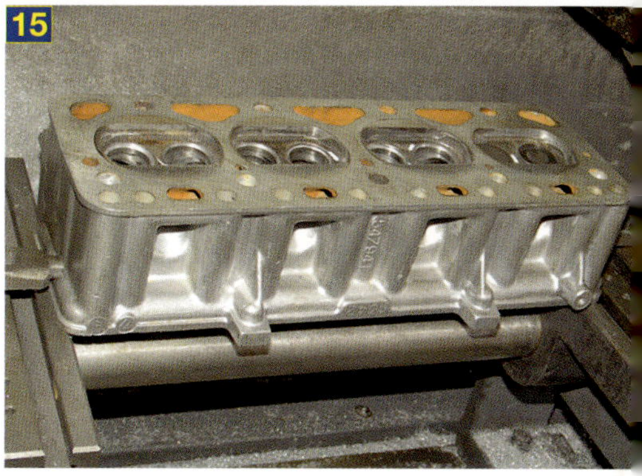
15

Ventile einschleifen: Vorbemerkungen

Ventile einschleifen ist eine Methode der Vergangenheit, an modernen Fahrzeugen wird das nicht mehr gemacht. Die Qualität der verarbeiteten Materialien, die Abnutzungstoleranzen und die verbesserten Schmiermittel und Kraftstoffe machen eine regelmäßige Zylinderkopfüberholung heute überflüssig. Bei Motoren vor 1950 aber und besonders bei Vorkriegsmodellen mit Eisenguß-Zylinderblöcken und -köpfen, bei denen die Ventilsitze in den Guß gefräst waren, mußten die Ventile etwa alle 30.000 km eingeschliffen werden.

Mit Einführung von bleihaltigem Sprit Anfang der 1950er Jahre und dem Großserienbau von **Leichtmetall-Zylinderköpfen** mit eingesetzten und ab den 1980er auch gehärteten Ventilsitzen konnte auf diese aufwendige Reparatur verzichtet werden. Bereits 1939 kamen bleihaltige Kraftstoffe in Europa auf den Markt.

„Einschleifen“ ist der gängige Ausdruck dafür, zwischen dem konischen Rand des **Ventiltellers** und dem **Ventilsitz** wieder absolute **Dichtigkeit** herzustellen, sei der Sitz nun fest eingearbeitet oder eingesetzt. Diese Dichtigkeit ist absolut wichtig, um die volle Kompression des zu zündenden Gas-Luft-Gemischs zu erreichen, und zwar beim Viertakt-Motor während des zweiten Takts. Zur Erinnerung: Takt eins = ansaugen, Takt zwei = verdichten, Takt drei = nach der Zündung auf die Kurbelwelle wirken, Takt vier = das Abgas herausdrücken. Durch die thermische und mechanische Beanspruchung der Teile ist **Verschleiß unvermeidbar:** Ein Ventil öffnet und schließt bei einer Motordrehzahl von 5000 Touren 2500mal pro Minute, also wird der Druck auf die Ventilsitze ebenfalls 1200-mal pro Minute ausgeübt. Mit der Zeit lagern sich **Verbrennungsrückstände** am Ventilkegel ab, was die Dichtigkeit der Brennkammer beeinträchtigt und den Gasfluß stört.

Dichte Ventile = gute Kompression

Das Einschleifen wird nötig, wenn ein oder mehrere Ventile ausgetauscht werden müssen, die Sitze aber nicht gewechselt werden sollen. Werden allerdings **gleichzeitig** neue **Ventile und Sitze** eingesetzt, ist ein Einschleifen nicht angesagt, weil bereits ab Hersteller für optimale Passung und Abdichtung gesorgt worden ist. Das **Einschleifen** kann aber auch bei Leistungs- und Kompressionsverlust, der nicht einem Kolbenringschaden zuzuschreiben ist, notwendig werden (s.a. Kapitel „Kompression messen“). Das bedeutet allerdings, daß der Zylinderkopf ausgebaut werden muß, um Undichtigkeiten zwischen Ventilen und Ventilsitzen festzustellen und zu beheben.

Wie zuvor gezeigt, wird der voll montierte **Zylinderkopf mit den Brennräumen nach oben** auf eine glatte Fläche gesetzt (Stahl-, Marmor oder Hartholzplatte. Dann werden die Brennräume mit Diesel gefüllt. Unter den Zylinderkopf ein saugfähiges Tuch schieben und abwarten. Wenn nach einigen Stunden keine Spur von Diesel zu sehen ist, weder an den Einlaß-, noch an den Auslaßventilen, dichten diese hundertprozentig ab. Dann kann der Zylinderkopf wieder aufgesetzt werden, allerdings in Verbindung mit einer neuen Kopfdichtung. Tritt aber Diesel bei einem Ein- oder Auslaßventil aus, liegt eine Undichtigkeit vor, und das Ventil muß eingeschliffen werden.

Werkzeug: Ventilschleifer, Schleifpaste, Fettlöser, Metallreiniger, Motoröl
Kosten: etwa 20 € für Handschleifgerät und Schleifpaste
Wann nötig? Wenn die Ventile gewechselt werden sollen sowie bei Kompressionsverlust durch Undichtigkeiten im Bereich der Ventilsitze an einem oder mehreren Zylindern.

Ventile: Zustand prüfen

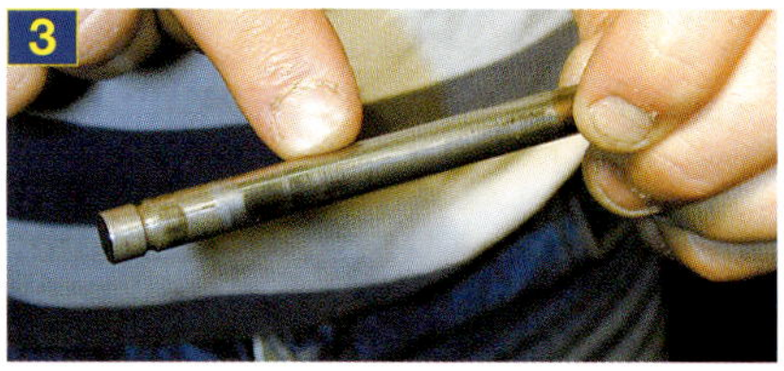

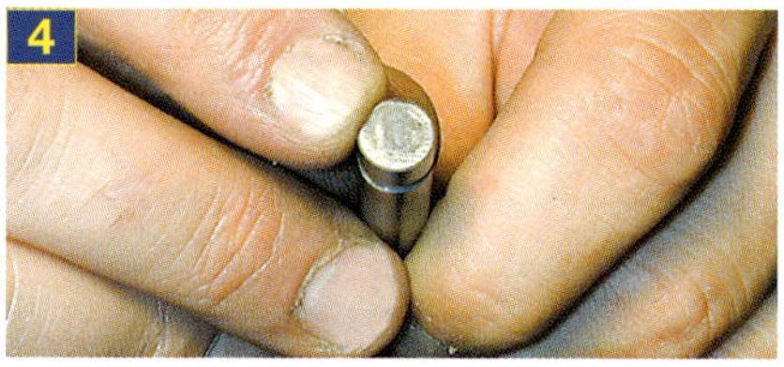

1 Zuerst muß der Zylinderkopf komplett zerlegt werden; dazu Sicherungskeile, Ventilfederteller, Federn und Ventile ausbauen sowie die Ventilsteuerung. Alles gründlich säubern, die Ventile von Verbrennungsrückständen befreien, entfetten, abbürsten, dies aber, ohne den Ventilauflagebereich überzustrapazieren.

2 Achtung: Es ist sehr wichtig, die Ventile, Federn und Kleinteile genauso abzulegen, wie sie ausgebaut wurden, am besten auf einem markierten Brett mit Ziffern von 1 bis 8 usw., denn die Ventile müssen mit ihrem alten Sitz eingeschliffen werden, falls sie nicht gewechselt werden und später wieder an ihrem ursprünglichen Platz eingesetzt werden sollen. Man muß immer bedenken, daß es gilt, zwei zusammengehörende Teile zu bearbeiten.

3 Prüfen, ob der Ventilschaft Abnutzungsspuren wie z.B. tiefe Striemen aufweist; außerdem kontrollieren, ob der Schaft etwa verdreht ist.

4 Nachsehen, ob das Ventilschaftende nicht durch das Auf und Ab am Kipphebel beschädigt worden ist.

5 Auch den Ventilteller nach Rissen und brüchigen Stellen absuchen. Die schwarze Spur in der Mitte ist der Bereich, wo das Ventil mit seinem Sitz Kontakt hat. Man sieht, daß die Auflage unregelmäßig und vor allem ungenügend ist.

6 Zuletzt muß das Spiel des Ventilschaft-Endes in der Führung geprüft werden. Dazu das Ventil von oben einführen und den Teller im Brennraum um einige Millimeter anheben. Dabei sollte kein Seitenspiel feststellbar sein. Wenn der Schaft in der Führung schlägt, muß das Ventil ausgewechselt werden.

Ventile einschleifen

1 Den Ventilschaft mit etwas Motoröl benetzen.

2 Das Ventil in die Führung einsetzen.

3 Den Einschleifer nehmen und den Saugnapf so ansetzen, daß er das Ventil sauber zentriert festhält. Dann Schleifwerkzeug und Ventil herausziehen.

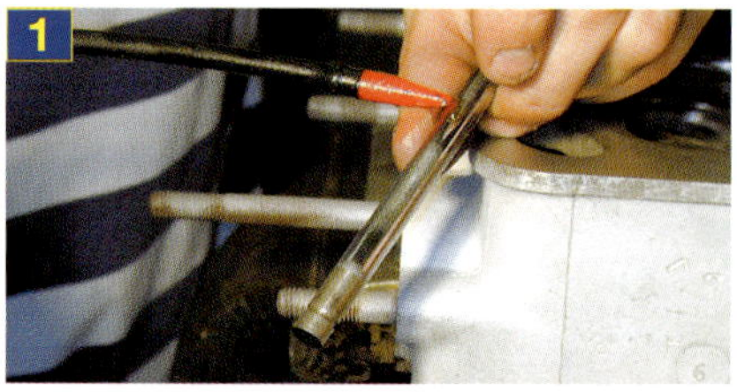

4 Den konischen Rand des Ventiltellers an vier entgegengesetzten Stellen mit etwas Schleifpaste bestreichen.

5 Ventil in die Führung einsetzen, bis es den Ventilsitz berührt und dabei gut aufpassen, daß keine Schleifpaste in die Führung eindringt. Es ist ja nicht der Ventilschaft, der eingeschliffen werden soll.

6 Den Schaft des Schleifgeräts so zwischen den Händen rollen, wie es der Cromagnon-Mensch versuchte, mit einem Stück Holz Feuer zu machen, nämlich durch Reibung. Die Bewegung sollte von oben nach unten laufen, damit das Ventil stets auf den Sitz gedrückt wird.

7 Zwei oder drei solcher Bewegungen von oben nach unten ausführen. Dann das Ventil leicht anheben und um ein Viertel drehen. Das Einschleifen fortsetzen, indem das Ventil regelmäßig etwas weitergedreht wird. Bei Bedarf Ventil mit dem Schleifer herausnehmen und etwas Schleifpaste zugeben. Dann weitermachen.

8 Nach einiger Zeit ist es so weit: Das Ventil wird herausgenommen, und man sieht, daß der Schaft grau ist von der Schleifpaste, die sich gleichmäßig verteilt hat – ein gutes Zeichen!

9 Ventilteller reinigen und entfetten.

10 Auch den Ventilsitz entfetten.

11 Der Ventilsitz ist gleichmäßig grau.

12 Das Tragbild des Ventils kontrollieren. Man sieht, daß der konische Ring eine andere Farbe angenommen hat. Das Wichtigste aber ist, daß die tragende Zone rundum gleich stark ist. Damit ist die perfekte Abdichtung gewährleistet.

13 Wenn alle Ventile eingeschliffen sind, wird der Zylinderkopf sorgfältig gesäubert, um jegliche Spur von Schleifpaste zu entfernen. Nun sind nur noch die Ventile mit ihren Federn, Druckscheiben und Sperrkeilen einzusetzen. Wenn sie sich nicht sicher sind, ob alles gelungen ist, dann machen Sie einfach noch einmal den Diesel-Test.

4

5

6

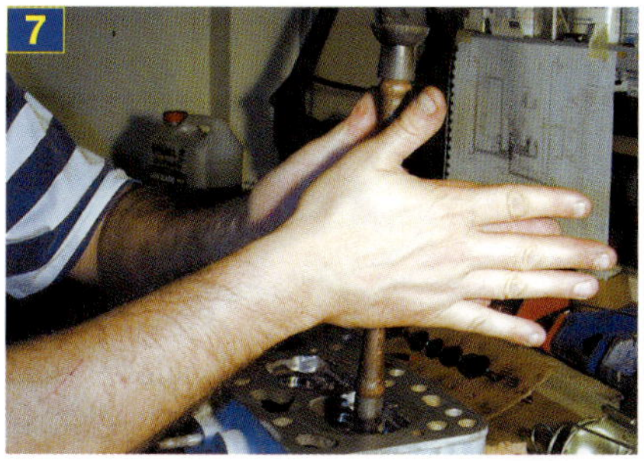
7

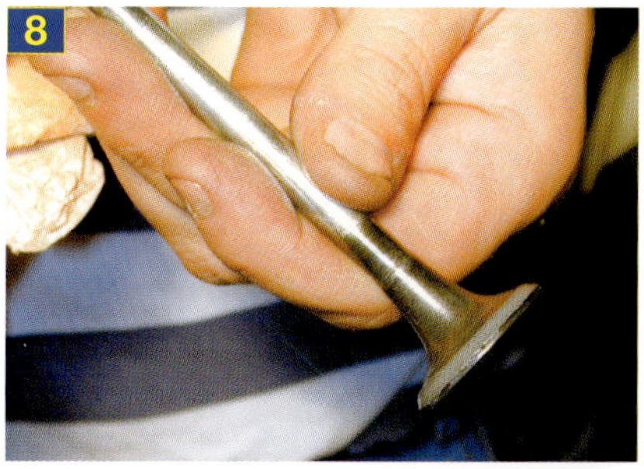
8

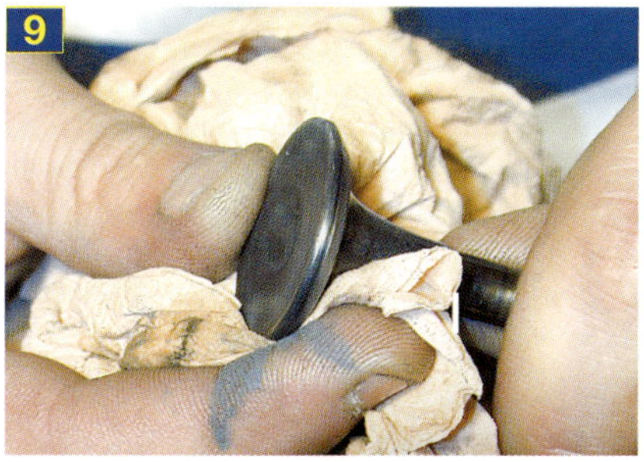
9

10

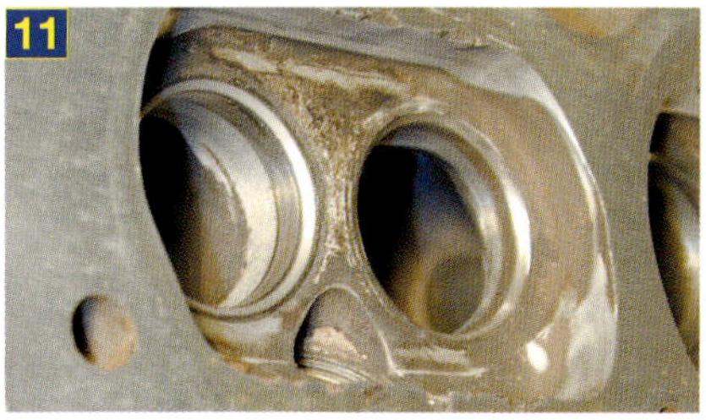
11

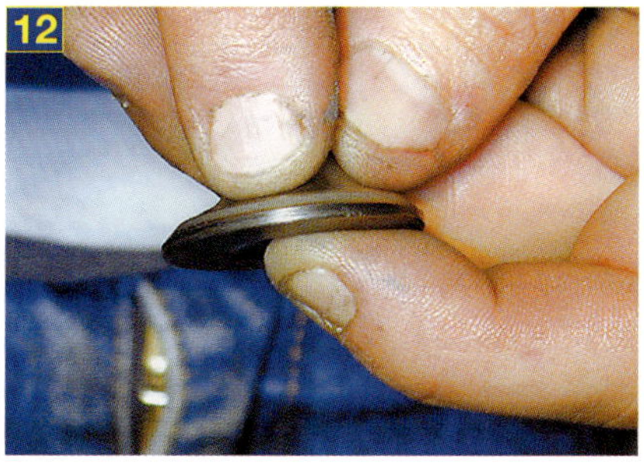
12

13

16

Motorblock: Check der Teile

Ist für Sammler schon länger interessant: Peugeot 504 von 1974. Die Motoren französischer Großserien-Klassiker aus den 1950er bis 1970er Jahren stellen den Restaurator im allgemeinen nicht vor große Probleme. Zahlreiche Triebwerkskonstruktionen haben auswechselbare Zylinderlaufbüchsen, was das Ausschleifen überflüssig macht.

Motorblock: die einzelnen Komponenten

Die Überholung von Kurbelgehäuse, gemeinhin auch als Motorblock bezeichnet, sowie von Kolben, Pleueln und Kurbelwelle stellt hohe Anforderungen an den Restaurator. Wenn das Ergebnis hundertprozentig sein soll, geht es nicht ohne professionelle Hilfe. Aber wir zeigen auch, was man durchaus selbst machen kann.

Das Kurbelgehäuse

Nach gründlicher Säuberung von Fettspuren, Farbe und Rost muß das Zylinder- oder Kurbelgehäuse von außen untersucht werden, vor allem auf geringste **Rißbildungen;** sie treten gerne am Gewinde eines Bohrlochs auf oder auch an der Zylinderbasis.

Es ist oft der Frost, der solche Schäden verursacht, ganz einfach, weil nicht genügend **Frostschutzmittel** im Kühlmittelkreislauf vorhanden war. In diesem Fall gehört der Motorblock auf den Schrott! Vor allem, wenn es sich um einen Motorblock handelt, den man als Ersatz noch an jeder Ecke findet. Auch der Zustand der **Kurbelwellenlager** und die Oberflächen der Zylinderlaufbüchsen oder **Zylinderbahnen** müssen nachgesehen werden sowie die Montagestopfen, auch „Froststopfen" genannt. Alle Bohrungen und Löcher müssen vor der Block-Kontrolle mit Nadeln oder dünnen Flaschenbürsten gereinigt werden.

Zylinderlaufbüchsen, -laufbahnen

Bei Zylinderlaufbüchsen muß nach gründlicher Reinigung zunächst der Bereich untersucht werden, der die Büchse am Block abstützt. Er muß in tadellosem Zustand sein, darf keine Schrammen und Abnutzungsspuren zeigen.

Dann die Innenseite der **Zylinderbüchse** oder des **Zylinders** nachsehen: Sie muß sauber und glänzend sein. Wenn tiefe Riefen sichtbar werden, dann ist das ein Zeichen dafür, daß es hier einen Kolbenklemmer gegeben hat. Blaufärbung deutet auf Überhitzung hin. In diesem Fall reicht meist ein einfaches **Honen** aus. Auch wenn der Motor mit seinen ursprünglichen Teilen wieder aufgebaut wird, ist das Honen das Mindeste, was man vorher machen muß. Ebenfalls ist das Honen der Zylinder erforderlich, wenn die Kolben mit neuen Ringen ausgestattet worden sind. Sind stärkere **Riefen** zu sehen, kann man davon ausgehen, dass ein Clip oder Sprengring, der den Kolbenbolzen hält, gebrochen oder aus seinem Sitz gesprungen ist und dann die Innenwand beschädigt hat. Dann müssen der oder die betroffenen Zylinder und Kolben ausgetauscht werden. Ob der Zylinder eine **ovale Form** angenommen hat, kann man selbst schlecht feststellen. Normalerweise ist aber ein Oval bis zu 2/10 mm tolerabel. Bei höherem Wert muß professionell ausgeschliffen werden.

Die Kolben

Der Zustand der Kolben wird zunächst optisch überprüft. Auf Höhe des **Bolzenauges,** im Bereich des **Kolbenbodens** und am Kolbenhemd darf es keine Haarrisse oder Laufspuren geben.

Zum Entfernen der **Verbrennungsrückstände,** die eine visuelle Beurteilung behindern, legt man die Kolben mehrere Tage

1 Die Kurbelwelle muß dynamisch ausgewuchtet werden, wenn sie später perfekt rundlaufen soll.

2 Kleine Ursache, große Wirkung: Ein durchgerosteter Froststopfen ließ beim Motor eines Golf I von 1981 Kühlmittel in Strömen austreten.

3 Einen Ersatzstopfen gibt es für wenige Cents beim Motoreninstandsetzer. Er sollte beim Einsetzen zusätzlich mit Spezialkleber fixiert werden.

lang in klares Wasser. Seltsam, aber das funktioniert sehr gut. Die **Nuten** für die **Kolbenringe** müssen rundum intakt sein. Um die Nuten zu reinigen, nimmt man den Rest eines alten, durchgebrochenen Kolbenrings, schleift das Ende rechteckig an und fährt dann damit durch die Nut.

Der **Kolbenbolzen** ist mit bloßem Auge schwer kontrollierbar. Mit dem Fingernagel lassen sich etwaige Rillen feststellen. Wenn Spiel zwischen Bolzen und **Pleueauge** festgestellt wird, muß die Buchse aus dem Pleuel gepreßt und ersetzt werden. Die Kolbenringe müssen in jedem Fall ausgetauscht werden, auch wenn die alten Kolben wiederverwendet werden.

Die Pleuelstangen

Auch hier ist nicht viel zu sehen, aber es muß nach Rissen gesucht werden. Die Trennfläche zwischen **Pleuelfuß** und **Lagerdeckel** muß inspiziert werden, sie muß in tadellosem Zustand sein. Wenn man neue Befestigungsschrauben auftreiben kann, sollte man sie gegen die alten austauschen.

Man kann die Pleuel auch wiegen, um festzustellen, ob alle das gleiche Gewicht haben. Ob die Pleuel verdreht oder verbogen sind, läßt sich nur in der Fachwerkstatt messen. Wir raten, die **Pleuellagerschalen** aus Prinzip auszuwechseln.

Die Kurbelwelle

Wenn die Welle aus den Lagerschalen herausgenommen worden ist, wird zuerst das **Kurbelwellenritzel** geprüft; die Zähne dürfen weder abgenutzt noch gebrochen sein.

Das Ritzel läßt sich abziehen und auswechseln. Für die **Lagerschalen** gilt das Gleiche wie bei den Pleuellagern: Sie sollten prinzipiell gegen neue ausgetauscht werden. Bei starker Abnutzung der **Lagerzapfen** (für Kurbelwellen- und Pleuellager) muß die Kurbelwelle abgedreht werden.

Anschließend braucht man **Lagerschalen mit Übermaß** (Werte beim Hersteller nachfragen). Ideal zum Ausmessen der Kurbelwellenzapfen ist ein Mikrometer. Aber man kann schon mit einer Schieblehre die Lager zumindest grob ausmessen und miteinander vergleichen. Die Oberflächen der Lagerzapfen werden mit dem Fingernagel auf **Riefen** geprüft.

Zuletzt die **Schwungscheibe** abnehmen und die Gewinde sowie die Befestigungsschrauben der Scheibe unter die Lupe nehmen. Weitere Prüfungen kann man nicht in Eigenregie durchführen, dazu wären Meßuhren erforderlich. Und wenn Nacharbeiten erforderlich sind, muß man passende **Pleuel- und Kurbelwellen-Lagerschalen** besorgen, und zwar in der **Übergröße,** die der Instandsetzer angibt: 0,25, 0,50, 0,75 mm etc. Der Kurbelwellenspezialist kann auch die Ausrichtung der Kurbelwangen prüfen und die Welle auswuchten.

Die Ölpumpe

Die letzte Prüfung im Motorbereich gilt der Ölpumpe. Nach Reinigung wird die Verzahnung an der **Ölpumpenwelle** nachgesehen, sie darf keinerlei Schäden aufweisen. Das Spiel zwischen An- und Abtrieb im **Pumpengehäuse** darf nicht mehr als 0,20 mm betragen, sonst muß die Pumpe ausgetauscht werden.

4 Bei den Zylinderlaufbüchsen muß der Anschlag kontrolliert werden, er ist ein Schwachpunkt dieser Bauart, der keine Abnutzungsspuren aufweisen darf. Auf dem Foto sieht der Bereich nicht besonders gut aus.

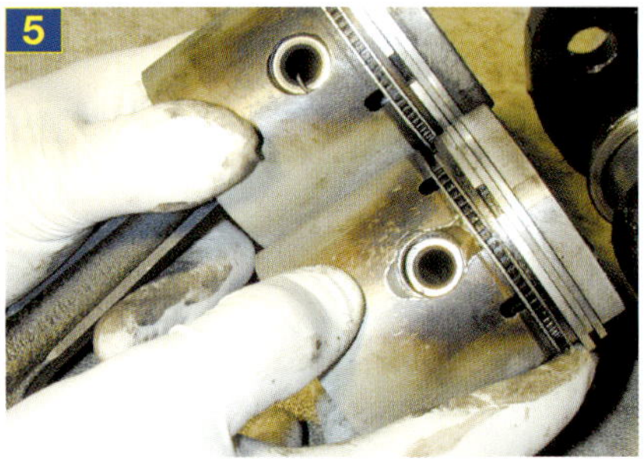

5 Der rechte Kolben weist sehr starke Fraßspuren in Höhe des Bolzens auf und ist daher schrottreif.

6 Die Mehrschicht-Pleuellagerschalen sind sehr abgenutzt. Die Tragschicht ist praktisch verschwunden, die Kupferschicht tritt bereits zutage.

7 Diese Lagerschale zeigt an der Oberseite Druckmarken, was darauf hindeutet, daß sie sich im Lager bewegt hat.

8 Eine Lagerschale ist durch starke Hitzeeinwirkung beschädigt worden.

9 Neue Gleitlager für die fünffach gelagerte Kurbelwelle des Vierzylinder-BMW-Motors liegen bereit. Die Firma Glyco hält auch für historische Fahrzeuge noch passende Lagersätze bereit, zu beziehen übers Internet oder über Motoren-Instandsetzungsbetriebe.

Zylinderblock bzw. Kurbelgehäuse reinigen

1 Für die Reinigung des Zylinderblocks braucht man einen harten Borstenpinsel.

2 Unbedingt alle Ölkanäle auf Pfropfen untersuchen und Verstopfungen entfernen.

3 Alles mit Druckluft durchblasen.

4 Den Zylinderblock niemals strahlen, sondern Rostspuren nur mit einer rotierenden Bürste bekämpfen. Abschließend wieder mit Druckluft ausblasen.

5 Wir wollen den Zylinderblock außen lackieren. Vorher muß die Zylinderkopfdichtungsfläche gut abgeklebt werden.

6 Wir haben uns für grüne, hitzefeste Spezial-Motorblockfarbe entschieden, was in unserem Fall der Originalton war. Natürlich gibt es auch andere Farbtöne.

7 Jetzt sieht der Simca-Zylinderblock doch wirklich appetitlich aus!

8 Zu den Vorarbeiten gehört natürlich der Ausbau der Kurbelwelle. Um die Verschraubung der KW-Riemenscheibe zu lösen, blockieren wir die KW-Wangen mit Holzkeilen und setzen auf den Knebel der Stecknuß SW 36 ein Verlängerungsrohr.

Kontrolle der Zylinder und Kolben

1 Viele Motoren haben keine auswechselbaren Zylinderlaufbüchsen, wie z.B. bei unserem Simca. Sie sind ab Fabrik fest in den Block gesetzt (oder es handelt sich um beschichtete Zylinderbohrungen). Wie bei den Laufbüchsen müssen ihre Laufflächen nachgesehen werden; dabei prüft man ob Riefen und Schrammen vorhanden sind und ob die Bohrung gleichmäßig rund ist. Ist eine deutliche Verformung in Richtung oval erkennbar, müssen die Laufbuchsen ausgeschliffen werden.

2 Die Zylinder gründlich mit Metallreiniger oder Diesel säubern.

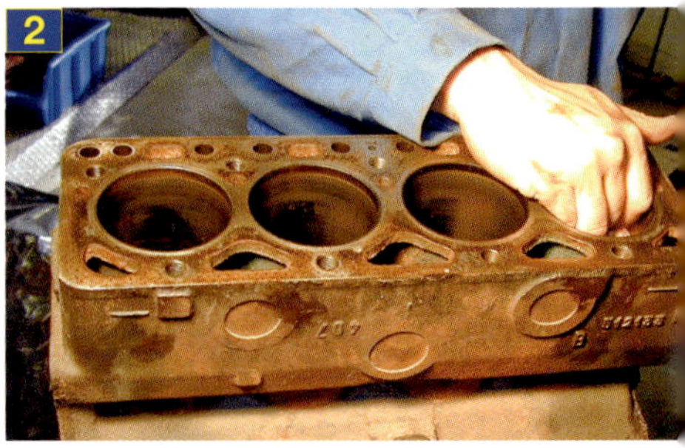

3 Die Innenfläche des Zylinders muß zwar glänzen, sollte aber einen feinen Kreuzschliff aufweisen, der für die Adhäsion des Motoröls wichtig ist. Der Kreuzschliff entsteht beim Honen oder Ausschleifen.

4 Eine eventuelle Verformung läßt sich mit einer Meßuhr feststellen. Es wird in dem Bereich gemessen, in dem der Kolben läuft, d.h. nicht direkt am oberen Rand! Zum Messen die Skala auf „0" stellen.

5 Dann progressiv mit dem Meßfühler nach unten fahren. Die Anzeigenadel verrät eventuelle Formveränderungen des Zylinders, der aber bei einem eingelaufenen Motor nie perfekt zylindrisch ist. Er kann eine leicht konische Form haben, oben mehr ausgeweitet sein als unten, oder auch eine Pyramidenform, d.h. er ist oben enger als unten; es kann auch sein, daß er in der Mitte eine Art Taille aufweist. Die Abweichung von der idealen Rundung darf in allen Fällen nur 1/100 mm betragen. Wenn eine größere Differenz festgestellt wird, muß der Zylinder ausgeschliffen werden.

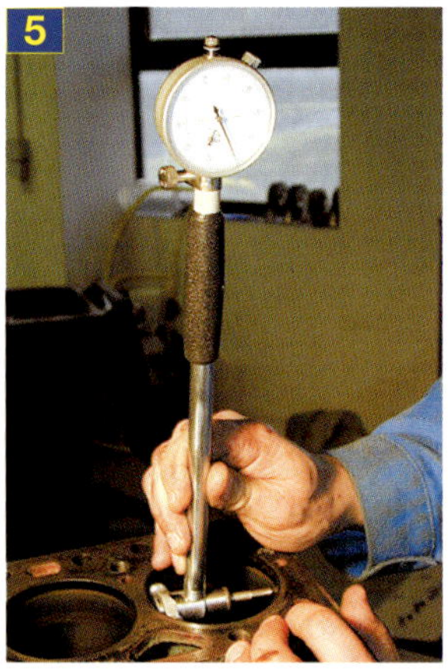

6 Mit Meßuhr und Fühler kann auch diagonal gemessen werden. Damit kann man neben allgemeiner Deformation auch eine Verformung zum Ovalen hin feststellen. Das Oval darf bis zu 5/100 mm vom Ideal abweichen; bei darüberliegenden Werten muß der Zylinder ausgeschliffen werden.

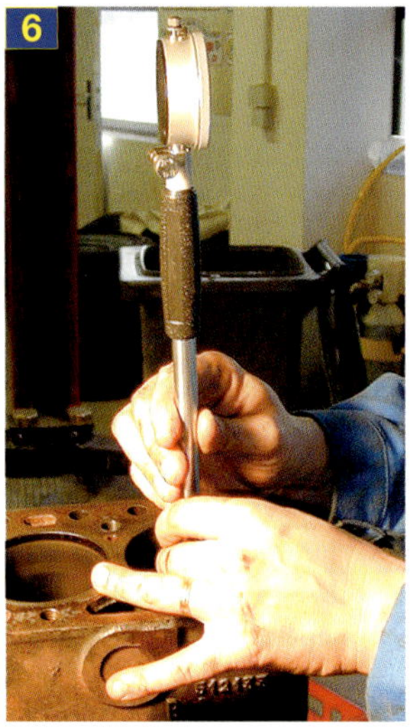

7 Aber das ist nicht alles: Jetzt muß das Spiel zwischen Zylinder und Kolben gemessen werden. Dazu überträgt man die Werte der Meßuhr auf ein Mikrometer wie auf dem Foto gezeigt. Die Zylindermaße werden 50 mm oberhalb vom Zylinderboden ermittelt.

8

9

8 Der Kolben wird senkrecht zur Achse vermessen, und zwar oben und unten jeweils am Kolbenhemd (s. Foto). Die ermittelten Maße von den Maßen des Zylinders abziehen; man erhält zwei Werte, aus denen sich das Spiel zwischen Zylinder und Kolben ergibt. Jetzt wird im Reparatur-Handbuch nachgeschaut, ob diese Werte im Toleranzbereich der Herstellerangaben liegen. Bei einem Motor mit normaler Kompression und ohne Ölverbrauch ist das in der Regel der Fall. Meist müssen Kolben mit Übermaß nur montiert werden, wenn die Zylinder ausgeschliffen wurden.

9 Wenn man sie schon einmal in der Hand hat, untersucht man auch den Zustand der Kolben. Normalerweise weist die Oberfläche leichte Striemen und andere Gebrauchsspuren auf, aber sie sollten nur unbedeutend sein, wie angeraut. Starke Riefen, Risse oder sonstige Spuren überdurchschnittlicher Abnutzung im Bereich Kolbenboden/Kolbenbolzen/Kolbenhemd hingegen erfordern den Austausch des Kolbens.

Kontrolle der Kurbelwelle

1 Zur Kontrolle der Kurbelwelle benötigt man zunächst millimetergenau gearbeitete Metallböcke, die oben als „V" ausgebildet sind. Auf diese Böcke setzt man den vorderen und hinteren Kurbelwellenzapfen. Die Welle muß zuvor gründlich gesäubert worden sein. Die Böcke müssen unbedingt auf einer perfekt ebenen Unterlage stehen: dicke Glasscheibe, Metall- oder Marmorplatte. Zum Vermessen braucht man drei Geräte: Schieblehre (hier mit elektronischer Anzeige auf Hundertstel Millimeter genau), Mikrometerschraube und Meßuhr.

2 Die Kurbelwellenlager und die Hubzapfen mit einem mit Metallreiniger oder Diesel getränktem Baumwolltuch säubern.

3 Wenn man mit dem Fingernagel, wie hier zu sehen, über die Oberflächen fährt, darf keine Unebenheit zu spüren sein.

4 Riefen an Zapfen und Lagern sind mit bloßem Auge zu erkennen. In diesem Fall gibt es keine andere Lösung als die Welle nachzuschleifen. Dazu benötigt man präzise Schleifmaße des Motorherstellers.

1

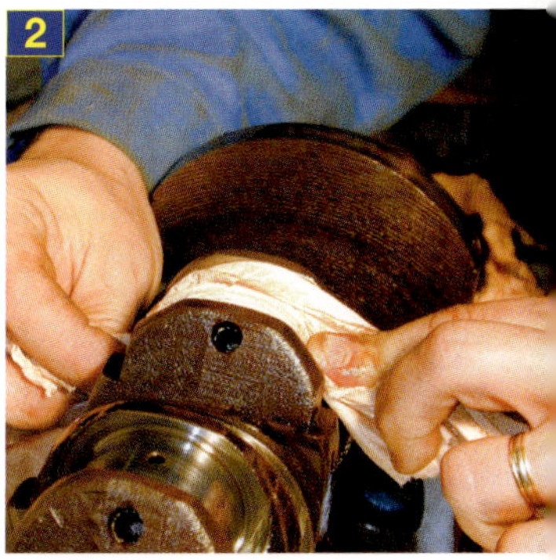

2

3

4

5

6

6 Bei dieser Gelegenheit prüfen wir mit der Meßuhr die Gleichmäßigkeit der Lagerzapfen. Dazu stellt man die Uhr an einem Zapfen auf „0". Dann dreht man die Welle auf den „V"-Böcken. Die Abweichung darf nicht größer sein als 3/100 mm. Anschließend verfahren wir genauso mit den anderen Zapfen.

5 Zunächst müssen die Kurbelwellenzapfen mit einer Schieblehre vermessen werden. Man nimmt das Maß an verschiedenen Stellen. Der Zapfen im Bild hat einen Durchmesser von 43,72 mm. Im Original-Handbuch ist für das Sollmaß ein Wert zwischen 43,990 und 44,010 mm angegeben. Hier liegt das Maß 0,27 mm unter der Toleranzgrenze, d.h., die Kurbelwelle wurde also schon einmal nachgearbeitet. Zum selben Ergebnis kommt man bei der Überprüfung der anderen Zapfen. Aus dem Handbuch ersehen wir auch, daß es Standard-Lagerschalen gibt (für unseren Fall ungeeignet), aber auch Schalen mit engeren Maßen innen, d.h., sie sind dicker, und zwar 0,10 mm, 0,25 mm, 0,50 mm, 0,75 mm oder 1 mm dicker. Weil unser Fehlmaß mehr als 0,25 mm beträgt, müssen wir das nächst größere Maß von 0,50 mm wählen. Bevor wir die Kurbelwelle zum Nachschleifen bringen, besorgen wir die passenden Lagerschalen.

Kurbelwellenkanäle reinigen

1 Bei vielen Kurbelwellen sind die Ölkanäle an den Enden der Kurbelwangen mit Schraub-Stopfen verschlossen. Rückstände in den dahinterliegenden Ölkanälen müssen auf jeden Fall entfernt werden, damit das Öl frei zirkulieren kann.

2 Es muß in mehreren Schritten vorgegangen werden. Die Stopfen werden mit einem (eingeölten) 8-mm-Bohrer, der eine Steigung von 1,25 hat, angebohrt, dann wird ein Gewinde hineingeschnitten, in das man eine Schraube dreht.

3 Jetzt mit Druckluft gut ausblasen, um kleinste Metallteile wegzupusten.

4 Hier sehen wir ein schönes Gewinde im alten Stopfen.

5 Jetzt wird eine Maschinenschraube 8 x 60 eingesetzt.

6 Mit einem Schlag-Abzieher, der über kleine Krallen verfügt, wird die Kombination Schraube-Stopfen aus der Kurbelwange gezogen.

1

2

3

4

5

6
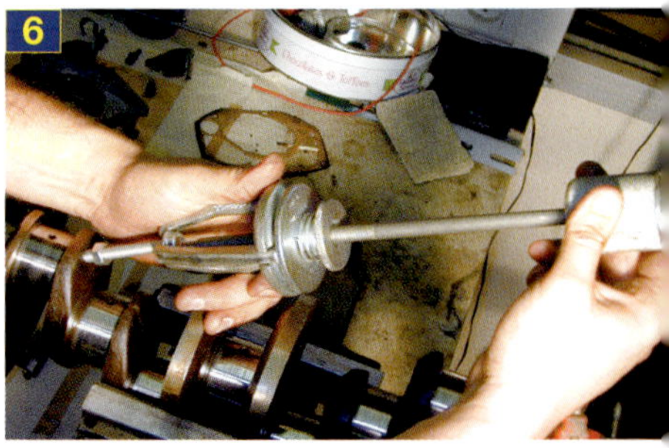

7 Das Ganze noch mal von der Seite.

8 Hier ist der alte Stopfen zu sehen, insgesamt müssen acht davon aus der Welle gedreht werden.

9 Jetzt sind die Schmierkanäle voll zugänglich.

10 Mit einem Pfeifenreiniger oder einer feinen Flaschenbürste können die Kanäle gereinigt werden, und man staunt, wieviel Ölschlamm da zutage tritt!

11 Hier ist die Reinigungsarbeit noch einmal aus anderer Perspektive zu sehen.

12 Zum Schluss wird alles mit Metallreiniger gesäubert, bis keine Fett- oder Dreckspur mehr übrig ist.

17

Kurbelwelle richten, einbauer

Ein Arbeitsgang, an denen Sie bei der fachgerechten Restaurierung eines Motors nicht vorbeikommen werden: Das Schleifen einer Kurbelwelle, damit zuvor besorgte Lagerschalen mit Übermaß genau passen. Im Bild eine antike, manuell gesteuerte Schleifmaschine.

Auswuchten und Schleifen der Kurbelwelle

Wenn ein bewegliches Teil im unteren Motorbereich gewechselt wird (Kurbelwelle, Schwungscheibe, Kupplungsmechanismus), muß es vor dem Wiedereinbau ausgewuchtet werden. Nur damit erreicht man einen perfekten Lauf von Kurbelwelle, Kolben und Pleueln sowie einen insgesamt gesunden und ruhigen Motorlauf. Das Auswuchten geht natürlich nur in einem Fachbetrieb.

1 Unsere Kurbelwelle wird auf die Auswuchtmaschine gesetzt, zusammen mit dem Kettenantriebsritzel, dem Schwungrad und dem Anlasser-Zahnkranz.

4 Weiter geht es mit der Schwungscheibe, die hinten auf die Kurbelwelle montiert ist. Auch hier muß eine etwaige Unwucht aufgespürt werden.

5 Das Auswuchtgerät zeigt an, daß 10 g Materie abgenommen werden müssen. Dazu wird an genau definierter Stelle ein Loch gebohrt und damit so viel Material abgetragen, bis der Bereich um 10 g leichter ist.

6 Abschließend wird der Kupplungsmechanismus aufgesetzt, um das ganze Ensemble auszuwuchten.

7 Wieder wird eine Unwucht von 10 g festgestellt. Zur Kontrolle wird ein Gewicht von 10 g auf die gegenüberliegende Seite geklebt und die Maschine erneut in Betrieb gesetzt. Aber sie zeigt an, daß das Gewicht auf der falschen Seite angebracht wurde - auf der, die ohnehin schon zu schwer war!

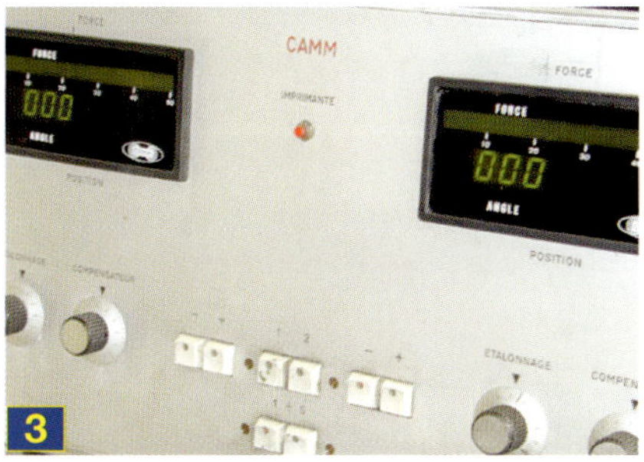

2 Das Auswuchtgerät zeigt eine leichte Unwucht an. Mit der Schleifscheibe wird an zwei Wangen vorn und hinten so viel Material abgetragen, bis die Kurbelwelle perfekt rundläuft.

3 Die Digitalanzeigen der Wuchtmaschine zeigen Abweichungen bis Tausendstel-Millimeter an.

8 Jetzt muß nochmal gebohrt werden, um die überschüssigen 10 g erneut abzutragen. Anschließend ist unsere Kombination Kurbelwelle/Schwungscheibe/Kupplung perfekt ausgewuchtet.

9 Höchste Genauigkeit bis auf Tausendstel-Millimeter garantiert diese elektronisch gesteuerte Schleifmaschine.

10 Nun werden die Lagerzapfen der Kurbelwelle vermessen.

11 Die Durchmesser der Zapfen werden mit einem Mikrometer vermessen. Wir stellen 40 mm für die Kurbelwellenzapfen, 38 mm für die Pleuellagerzapfen fest und merken, daß diese noch nie nachgearbeitet wurden. Das Schleifen ist aber nun erforderlich. Zum Einsetzen von Lagerschalen in Übergröße müssen nun 0,25 mm abgenommen werden, bei einer Toleranz von 0,025 bzw. 0,041mm gegenüber 0,25.

12 Beeindruckend ist die große Schleifscheibe, die mit höchster Präzsion die Lagerzapfen bearbeitet. Nach dem Schleifen gibt die Maschine die bearbeitete Stelle frei. Zuletzt wird noch einmal nachgemessen, ob alles in Ordnung ist. Ist dies der Fall, können die anderen sieben Lagerzapfen in Angriff genommen werden.

13 Die soeben ausgebaute BMW-Kurbelwelle zeigt nur leichte Laufspuren. Schleifen oder nicht schleifen? Schwere Frage.

Kurbelwellenlager und Kurbelwelle montieren

1

1 Hier ist alles zu sehen, was wir brauchen: eine gereinigte und gerichtete Kurbelwelle, die Kurbelwellenlagerdeckel, gesäubert und lackiert, die Kurbelwellen-Hauptlagerschalen und die Abstandshalter für das Seitenspiel. Die Pleuellagerschalen rechts im Bild sind für den nächsten Arbeitsgang bestimmt. Das Demonstrationsobjekt für den Kurbelwelleneinbau ist hier ein Zylinderblock „Rush super" des Simca Aronde P60 von 1961.

2 Neue Lagerschalen sind mit einem parafinähnlichen Schutzfilm umhüllt, der entfernt werden muss.

3 Das geht gut mit Metallreiniger.

4 Mit etwas Motoröl die Kurbelwellen-Hauptlager benetzen.

2

3

4
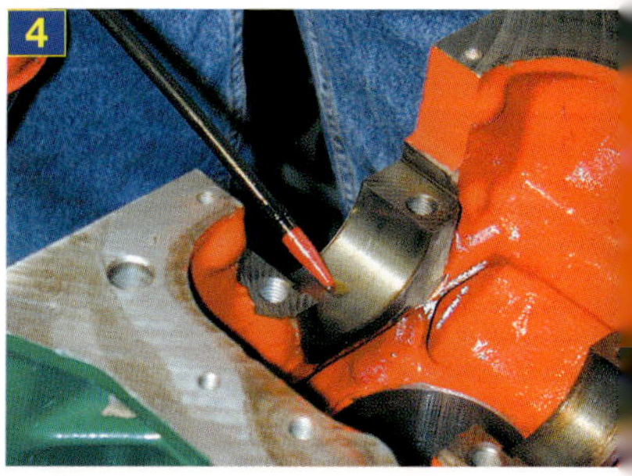

5
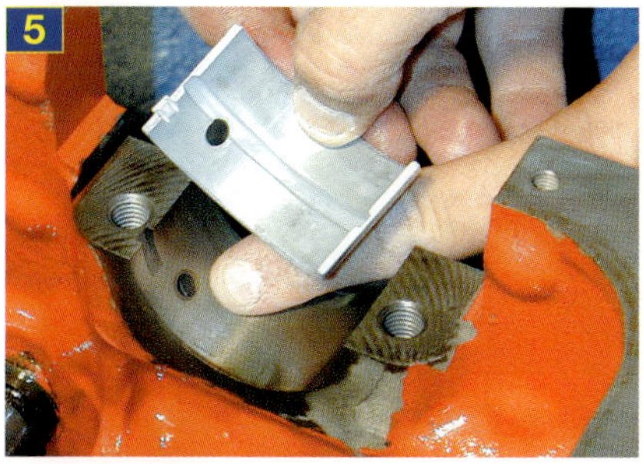

6

7

5 Die Einbaurichtung ergibt sich von selbst. Vor allem darauf achten, daß das Schmierloch nicht verdeckt wird.

6 Die Lagerschale einsetzen. Sie ist mit einem Sporn versehen, der für die richtige Positionierung sorgt. Aufpassen, daß er nicht an der einen oder anderen Seite übersteht.

7 Bei allen fünf Lagern des „Rush"-Motors auf die gleiche Weise vorgehen.

8

8 Die Sitze der Abstandshalter für das seitliche Spiel leicht ölen.

12 Die Kurbelwelle einsetzen.

13 Jetzt muß das Seitenspiel der Kurbelwelle berechnet werden. Das wird mit Hilfe einer Meßuhr gemacht, die am Block so befestigt wird, daß der Stift Kontakt mit dem Flansch für die Schwungscheibe hat. Die Meßuhr auf „0“ stellen, in dem man mit einem Plastikhammer die Kurbelwelle zurückstößt.

14 Jetzt steht die Uhr auf „0“.

15 Nun die Kurbelwelle gegen den Stift der Meßuhr drücken.

9 Die (gebrauchten) Abstandshalter mit den Markierungen zur Kurbelwelle hin einsetzen. Nicht alle Motoren haben diese Abstandshalter.

16 Den angezeigten Wert ablesen. Dem Reparaturhandbuch zufolge muß der Wert zwischen 9 und 27 Hundertstel Millimeter liegen. Ist der Wert geringer, nimmt man die Kurbelwelle wieder ab, entnimmt die Abstandshalter für das Seitenspiel und schleift sie mit Schmirgelleinen ab. **Achtung:** Die reduzierte Stärke der Abstandshalter muß bei allen gleich sein. Ist der Wert höher als 27 Hundertstel Millimeter, muß die Kurbelwelle ebenfalls abgenommen werden, damit die alten Abstandshalter durch neue ersetzt und eingebaut werden können.
Die Kurbelwelle wieder so einbauen und zurücksetzen, bis die Meßuhr „0“ anzeigt. Das Seitenspiel erneut messen und notfalls durch Abschleifen der Halter neu einstellen. Dazu das Schleifpapier auf eine Stahlplette legen und mit den Haltern so lange darüber schleifen, bis nach erneuter Messung die erforderlichen Werte erreicht sind. So lange nacharbeiten, bis ein insgesamt befriedigendes Resultat vorliegt.

10 Alle Lagerschalen einölen.

11 Die Kurbelwellenzapfen ölen und dafür sorgen, daß das Öl auch in die Schmierkanäle eindringt.

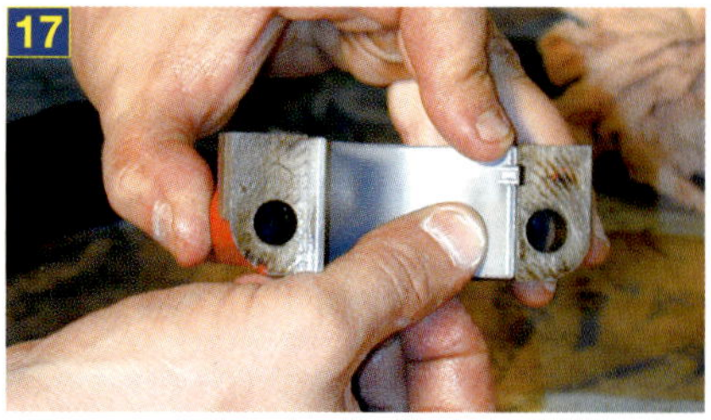

17 Die Lagerschalen in die Lagerdeckel einsetzen, auch hier kann man sich dank des Sporns nicht vertun.

18 Die Innenfläche der Lagerschalen sorgfältig einölen.

19 Die Kurbelwellen-Hauptlagerdeckel einsetzen. Alle Deckel sind von 1 bis 5 nummeriert. Der Deckel mit der Nummer 1 sitzt auf der Steuerseite des Motors. Die Reihenfolge des Einbaus ist klar. Die Sporne der Lagerschalen (Hauptlager und Deckel) müssen gegenüberliegen.

20 Die Gewinde der Befestigungsschrauben der Lagerschalendeckel ölen. Man kann sie stattdessen auch mit mit Loctite blockieren, z.B. wenn keine Sicherungsbleche vorhanden sind.

21 Hier sind die beiden Befestigungsschrauben mit ihrem Sicherungsblech.

22 Die Schrauben von Hand einsetzen.

23 Kontrollieren, ob die Lagerdeckel richtig sitzen. Sie dürfen an keiner Seite überstehen, was bedeuten würde, daß sie verkantet sind. Dann die Schrauben mit der Hand leicht vorziehen.

24 Schrauben in der ersten Stufe anziehen, z.B. mit 25 Nm Drehmoment.

25 Jetzt prüfen, ob sich die Kurbelwelle ohne jeglichen Widerstand, also leicht, aber satt dreht.

26 Nun die Schrauben mit 40 Nm festziehen (im Handbuch sind die Drehmoment-Stufen 30 und 45 Nm angegeben bzw. in alter Schreibweise 3,0 und 4,5 mkg).

27 Nochmal prüfen, ob sich die Kurbelwelle immer noch leichtgängig dreht.

28 Zum Schluß die Schrauben durch Umbiegen der Ecken an den Sicherungsblechen sichern.

18

Pleuelaugenlager Kolben einsetzen

Dieser im Oktober 2012 fotografierte BMW 524td von 1986 aus erster Hand ist ein Meilenstein der Entwicklung moderner Dieselmotoren. Fahrzeuge in diesem schönen Urzustand sind mehr denn je gesucht. Doch Vorsicht: Bei hoher Kilometerleistung kann eine Überholung des Turbotriebwerks ins Haus stehen.

Pleuelaugenlager ausbauen, herstellen

Zu einer Motorüberholung gehört in der Regel auch eine Erneuerung von Pleuelaugenlagern und Kolbenbolzen. Die Anpassungsarbeiten erfordern Spezialwerkzeug und einiges an Geschick.

Das Auge der Pleuelstange ist mit dem Kolben durch den hohlen Kolbenbolzen verbunden. Es gibt mehrere Typen der **Verbindung.** Erstens: Der Kolbenbolzen sitzt fest im Pleuelauge und dreht sich frei im Kolben. Zweitens: Er sitzt fest im Kolben und dreht sich frei im Pleuelauge. Drittens: Er dreht sich frei im Kolben und im Pleuelauge.

Pleuelaugenlager: geringes Spiel

Es ist logisch, daß es hier hohe Reibung gibt und daß man zwischen den Stahl des Bolzens und den Gußstahl (oder das Guß-Leichtmetall) des Pleuels ein **Lager** setzt, das aus **Messing** oder **Bronze** besteht. Lager und Auge sind durchbohrt, damit der Schmierstoff auf den Kolbenbolzen gelangen kann.

Zwischen **Bolzen** und **Bronzelager** existiert immer ein gewisses Spiel, auf das bei jeder beweglichen Mechanik nicht verzichtet werden kann. Das **Spiel** darf nicht mehr als 5/100 mm betragen, damit der Bolzen nicht klappert und eine Verzögerung zwischen Kolben und Kurbelwelle erzeugt.

Wenn das Spiel zu groß ist (einfach feststellbar durch Hin- und Herbewegen des Pleuels gegen den Kolben), muß das Lager un- bedingt erneuert werden. Ist ab Werk kein Lager vorhanden gewesen, sollte nun eines eingesetzt werden; dazu bohrt man das **Pleuelauge** auf, bis ein exakt auf den Kolbenbolzen abgestimmtes Bronzelager hineinpaßt.

Kolbenbolzen mit erneuern

Der Austausch eines Pleuelaugenlagers zieht immer auch den Wechsel des **Kolbenbolzens** nach sich, der dann normalerweise auch abgenutzt ist. Wenn man ein Lager allerdings passend herstellen kann, besteht die Möglichkeit, das zu große Spiel zu einem angegriffenen Kolbenbolzen durch die richtige Innendimensionierung des Lagers auszugleichen.

Auch wenn die Austauscharbeiten prinzipiell nicht besonders schwierig sind, erfordern sie doch den Einsatz einiger Spezialwerkzeuge. Selbst wenn Sie per Zufall auf einer Börse passende Bronzelager im Originalkarton finden (meist in nur einer Größe), muß man das Teil an den Kolbenbolzen anpassen. Praktischerweise bieten viele Hersteller **Kolbenbolzen in Übergröße** an, d.h. mit 0,20 mm größerer Dicke. In der Werkstatt genügt es dann, die Bolzen einzubauen und die Bronzelager so aufzubohren, daß sie exakt passen. Man kann auch **gebrauchte Lager** verwenden und diese **passend machen,** aber sie dürfen nicht zu sehr abgenutzt sein. Da man den Zustand von Bolzen und Pleuelaugen nicht von außen beurteilen kann, sind Prüfung, Vermessung und Erneuerung nur möglich, wenn der Motor sowieso auseinandergenommen wurde.

1 Zum Ausbau braucht man eine hydraulische Presse und ein rundes Druckstück (u.U. Stecknuß), dessen äußerer Durchmesser etwas größer ist als der Innendurchmesser des Bronzelagers.

2 Das Lager ist schnell ausgepreßt, es geht wirklich einfach.

3 Herstellung eines Lagers auf der Drehbank; zuerst werden die nötigen Maße aufs Hunderstel genau ermittelt. Dann dreht man den äußeren Durchmesser, der exakt dem inneren Durchmesser des Pleuelauges entsprechen muß.

4 Anschließend wird der kleine Bronzezylinder innen ausgefräst, und zwar auf Basis des Kolbenbolzen-Durchmessers; man fräst aber zunächst einige Zehntel-Millimeter weniger aus.

5 Zuletzt muß man das Lager auf die gewünschte Länge abschneiden.

Werkzeug: Drehbank, Presse, Dorne, Schleifgerät, Reibahlen, Flüssigsicherung, Kunststoffhammer
Kosten: abhängig vom Angebot der Fachwerkstatt, die Sie ausgesucht haben und davon, ob Sie die Lager selbst beschaffen oder den Fachmann bitten, dies zu tun. Ein Bronzelager kostet zwischen 4 und 15 Euro.
Wann nötig? Im Rahmen der Generalüberholung eines Motors, vor allem, wenn es auch darum geht, das optimale Spiel zwischen Kolbenbolzen und Pleuelauge zu erzielen.

Pleuelaugenlager präparieren, einpressen

1 Zunächst wird das Lager locker auf das Pleuelauge gesetzt.

2 Mit einem Kunststoffhammer wird das Lager ein wenig in das Pleuelauge eingeschlagen, dabei das Stück auf keinen Fall verkanten!

3 Um zu verhindern, daß sich das Lager wieder selbständig machen kann, wird der Überstand mit etwas Flüssigsicherung benetzt; man nimmt das gleiche Produkt, mit dem auch Kugellager fixiert werden.

4 Anschließend wird das Lager vollständig eingetrieben.

5 Die Arbeit ist noch lange nicht zu Ende. Wie festzustellen ist, steht das Lager an beiden Seiten etwas über.

6 Am Schleifstein werden die Überstände paßgenau abgeschliffen.

7 Andere wichtige Operation: Sicherstellen, daß der Kolbenbolzen gut geschmiert wird. Wie man auf dem Foto sieht, wird ein feiner Schlitz von oben in das Pleuelauge gesägt, wobei das eingesetzte Bronzelager ebenfalls geschlitzt werden muß. Verfügt das Pleuelauge über eine Bohrung, wird durch diese hindurch das Bronzelager einfach aufgebohrt. Durch den Schlitz bzw. die Bohrung wird die Schmierung des Kolbenbolzens sichergestellt.

8 Das Sägeblatt war zu schmal, daher wird der Schlitz mit einer Trennscheibe erweitert, die aber höchstens einen Millimeter breit sein darf.

9 Nun wird die innere Bohrung feinbearbeitet, was exakt im rechten Winkel erfolgen muß. Mit diesem Schritt wird vor allem sichergestellt, daß Pleuelauge und Pleuelfuß hundertprozentig aufeinander ausgerichtet sind, d.h., daß die Achsen absolut parallel laufen. Wenn das nicht der Fall ist, riskiert man, daß der Kolben nicht völlig parallel zum Zylinder auf- und abgeht.
Im Extremfall läuft er schief und verschleißt die Zylinderwände. Außerdem wird der Brennraum dann nicht perfekt abgedichtet, was die Ursache ist für erhöhten Ölverbrauch sowie Blaurauch aus dem Auspuff und mit der Zeit zu einem Kolbenklemmer führen kann. Natürlich braucht man eine besondere Maschine für die Herstellung einer perfekt ausgerichteten Innenbohrung.

10 Die Operation erfolgt in mehreren Durchgängen.

11 Zwischen jedem Durchgang wird mit der Schieblehre nachgemessen.

12 Gleichzeitig werden mit dem Ausdrehen Spuren getilgt, die vom Einschneiden des Ölschlitzes herrühren.

13 Das Maß wird noch einmal mit dem Mikrometer kontrolliert.

14 Zum Abschluß gibt man der Bohrung mit einer Reibahle den letzten Schliff und mißt nach jedem Durchziehen das Spiel zum Kolbenbolzen.

9

10

11

12

13

14

Kolben und Pleuel komplettieren und einbauen

Wenn der Motor auseinander ist, die Kolben aber noch gut sind, sollte man die Kolbenringe zumindest prüfen, ggf. aber auswechseln. Das Spiel der alten Ringe sollte bei Wiederverwendung noch innerhalb der Toleranzen liegen. Nachdem die Zylinder gehont und vermessen wurden, hat man das Maß für neue Kolbenringe, die man nach Erhalt aber sicherheitshalber noch einmal ausmessen sollte. Die vormontierten Kolben und die Pleuel werden zusammen eingebaut.

1 Zuerst werden die alten Ringe abgenommen. Dafür gibt es zwei Methoden: Für die erste braucht man Hornhaut an den Fingerspitzen, denn man muß die beiden Enden kräftig auseinanderdrücken. Wenn der Ring dabei bricht, ist das nicht weiter tragisch. Man kann ein Stück an der Bruchstelle kantig schleifen und damit die Nuten säubern. Sollen die Ringe wiederverwendet werden, geht man besser behutsamer vor.

2 Man drückt die Enden nach oben, um den Ring aus seinem Sitz zu befördern.

3 Der Ring ist draußen und unbeschädigt geblieben.

2

1

3

4 Die zweite Methode ist weniger anstrengend, aber teurer: Man benutzt eine Kolbenringzange, die auf die beiden Enden wirkt und sie auseinanderdrückt. Dann braucht der Ring nur noch herausgenommen zu werden.

5 Um den Ölabstreifring zu entfernen nimmt man einen feinen Schraubendreher.

6 Jetzt kommt der Ölabstreifring ganz leicht heraus.

7 Um die Kolbenböden von Verbrennungsrückständen zu befreien, nimmt man einen Schaber; dabei keine Kratzer erzeugen, wenn dieser aus Metall besteht.

8 Mit einem Stück Kolbenring (wie mehrfach im Buch erwähnt) oder einem Sägeblatt säubert man die Kolbennut.

9 So sieht es schon besser aus.

10 Zum Schluß werden die Kolbenböden abgebürstet.

11 Auch die Kolbenringnuten machen mit der rotierenden Drahtbürste Bekanntschaft.

4

5

6

7

8

9

10

11

12

12 Unsere Kolben haben vier Ringe. Der erste Satz liegt auf dem Tisch, fertig zur Kontrolle. Denn man setzt weder einen alten, noch einen neuen Ring ein, ohne das Spiel geprüft zu haben. In unserem Fall stehen neue Ringe zur Verfügung.

13 Zur Kontrolle einen Kolbenring nach dem anderen in den Zylinder setzen.

14 Der Ring muß bündig mit dem Zylinderkopfdeckel abschliessen.

13

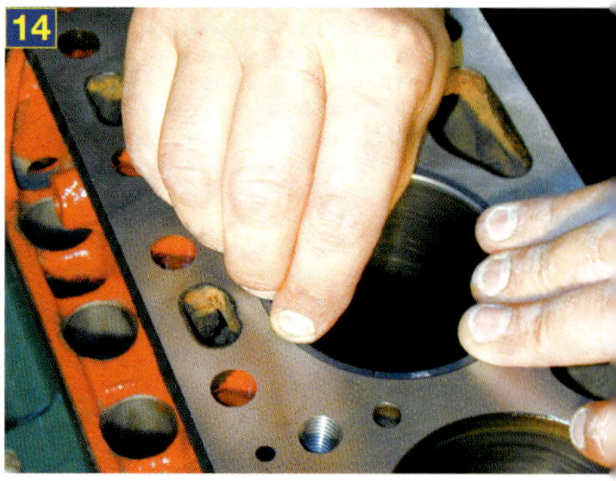
14

15 Mit feinen Meßblättern den Abstand zwischen Ring und Zylinderwand messen. Das Spiel der Kompressions- und Dichtringe muß zwischen 15 und 25 Hundertstel Millimeter liegen, das des Ölabscheiderings bei 20 bis 35 Hunderstel.

16 Ist das Spiel zu gering, reicht es, den Kolbenring in den Schraubstock zu spannen und eines der Enden abzufeilen. Solange messen und nachfeilen bis das erforderliche Spiel erreicht ist. Ist das Spiel zu groß, sind die Ringe verschlissen oder es wurden falsche neue bestellt; dann müssen größere her.

17 Wenn alle Kolbenringe geprüft wurden, können sie auf den Kolben montiert werden. Man beginnt mit dem Ölabstreifer und montiert zunächst den Federring.

18 Dann wird der Stahlkranz des Ölabstreifers eingesetzt, hier von Hand.

19 Unbedingt beachten: Auf den Kolbenringen sind Einbauhinweise für „top" – „oben" eingraviert.

20 Man sollte die Ringe besser mit Hilfe der Spezialzange einsetzen, wie hier beim obersten Kompressionsring.

21 Bevor die Kolbenringe ausgerichtet werden, bestücken wir die Pleuellager, die vorher gründlich gereinigt wurden, mit den (neuen, auf Maß bestellten) Lagerschalen.

22 Die erste Lagerschale wird auf den Pleuelfuß gesetzt.

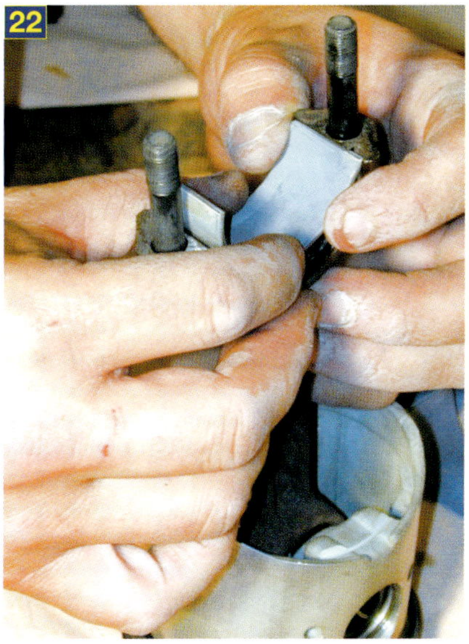

23 Jetzt werden die Kolbenringe sorgfältig ausgerichtet, sonst kann es später zu Kompressionsverlust kommen. Das wird verhindert, indem die Öffnungen der Ringe versetzt zueinander angeordnet werden. Man beginnt mit dem Ölabscheidering, dessen offener Abschnitt parallel zum Kolbenbolzen verlaufen muß, wie auf dem Foto zu sehen ist. Das ist extrem wichtig, um eine perfekte Schmierung im Zylinder zu gewährleisten.

23

24

25

26

27

24 Der nächste Kolbenring wird so plaziert, daß die Schnittstelle um etwa 120° zu der des Abstreifrings versetzt ist. Unbedingt darauf achten, daß die Schnittstellen nicht im Bereich der Kolbenbolzenaufnahmen liegen (rote Zone).

25 Mit dem nächsten Kolbenring entsprechend verfahren.

26 Zuletzt den oberen Kompressionsring positionieren.

27 Großzügig Nuten, Ringe und Kolbenhemd einölen. Pleuel und Kolbenbolzen sind inzwischen eingesetzt und gesichert.

28 Um Kolben und Pleuel in die Zylinder einsetzen zu können, müssen die Ringe zusammengedrückt werden. Man kann das mit den Fingern machen, aber die brechen dabei fast ab! Besser ist eine Klemmschelle.

29 Die Spannhülse fest anziehen.

30 Die Zylinderwände gut einölen.

31 Die Einbaurichtung beachten! Dazu muß man beim Ausbau die Stellung von Kolben und Pleuel sorgfältig notiert haben. Wenn nicht, gilt: Die Marken der Kolben müssen auf das hintere Teil des Motors gerichtet sein, die nummerierten Pleuel beim Ohv-Motor auf die seitlich liegende Nockenwelle.

28

29

30

31

32 Die Kombination Pleuel/Kolben in den Zylinder einführen.

33 Mit dem Holzstiel eines Hammers leichte Schläge auf den Kolben geben; er gleitet in den Zylinder, die zusammengepreßten Ringe rutschen aus der Schale nach unten in die Zylinderbohrung.

34 Die Klemmschelle abnehmen.

35 Jetzt die Pleuellagerzapfen und die Lagerschalen am Pleuelfuß ölen.

36 Das Pleuel auf den Pleuellagerzapfen setzen.

37 Den Pleuellagerdeckel aufsetzen und einen Tropfen Schraubenkleber auf die Bolzengewinde des Pleuels geben.

38 Vor dem Festziehen das Seitenspiel des Pleuellagerdeckels prüfen. Diesen zur Seite drücken und mit einem Meßblatt das Spiel ermitteln.

39 Auf der anderen Seite in derselben Weise vorgehen. Schließlich den Deckel so aufsetzen, daß das Spiel an jeder Seite gleich groß ist. Dann die Muttern aufsetzen und mit dem vom Hersteller vorgeschriebenen Drehmoment anziehen.

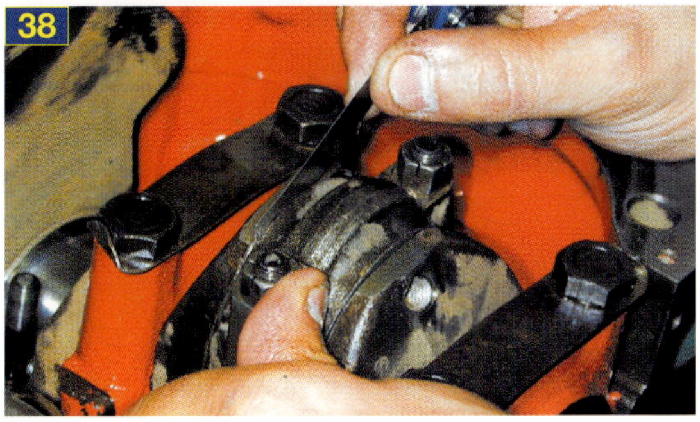

19

Kompression Ventilspiel

Blick auf den Motor des AC Ace von 1958 mit dem vom BMW 328 abgeleiteten 2,0-Liter-Bristol-Sechzylinder-Zwölfventil-Motor, der zwar optisch wie ein Doppelnockenwellenmotor aussieht, jedoch nur über eine untenliegende Nockenwelle mit Stößeln verfügt. Die Stößel wirken auf die Kipphebel der Einlaßventile, von dort führen querliegende Stößel zu den Auslaßventilen. Eingestellt wird ganz normal mit Stellschrauben.

Kompressionsdruck prüfen

Gäbe es nur einen einzigen Ratschlag zu befolgen, wenn man einen Oldtimer kaufen will, so wäre es der: Prüfe die Kompression! Wie beim menschlichen Körper sind zu niedrige, zu hohe oder unregelmäßige Werte auch beim Motor Zeichen für eine angeschlagene Gesundheit.

Praktischerweise ist es bei den meisten Motoren nicht schwierig, diese Kontrolle durchzuführen, und sie erfordert keine besondere Qualifikation. Eine Viertel- oder halbe Stunde genügen für den Test. Unser **Kompressionsmeßgerät** hat 39 € gekostet – eine winzige Investition im Vergleich zur bösen Überraschung, die man später erleben kann, wenn man daran spart.

Aber **Achtung:** Nicht das Verdichtungsverhältnis mit dem Kompressionsdruck verwechseln! Das **Verdichtungsverhältnis** ist das Verhältnis zwischen dem Volumen des Zylinders samt Brennraum, wenn der Kolben am unteren Totpunkt (UT) ist und dem Volumen des Brennraums, wenn der Kolben am oberen Totpunkt (OT) ist. Zum Beispiel bedeutet das Verhältnis 9 : 1, daß das Volumen des Gasgemischs infolge der Verdichtung neunmal kleiner beim oberen Totpunkt ist als beim unteren. Der **Kompressionsdruck** aber ist der mittlere Druck, der im Zylinder herrscht, wenn der Motor läuft.

Normale Werte sind nicht unbedingt eine Garantie für die Gesundheit eines Motors, denn es gibt **Additive,** die Undichtheiten am Zylinder kaschieren und die somit die Messungen fälschen. Solche Zusätze schaffen keine wirkliche Abhilfe, sondern bewirken höchstens, einen vorhandenen Defekt auf ein anderes Aggregat zu verschleppen, zum Beispiel auf die Ölpumpe. Man kann es nicht oft genug sagen: Diese Wundermittel verschleiern nur einen Defekt und können ihn niemals beheben. Sie werden natürlich gern von unseriösen Verkäufern eingesetzt.

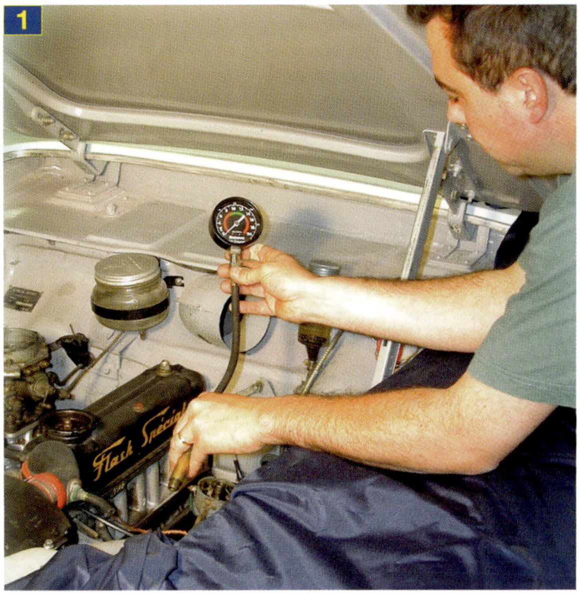

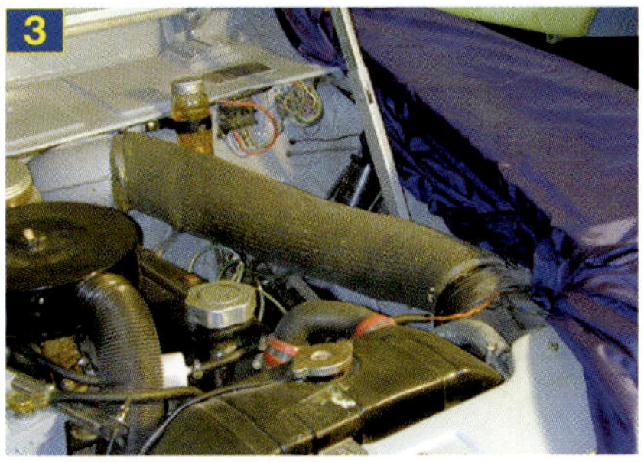

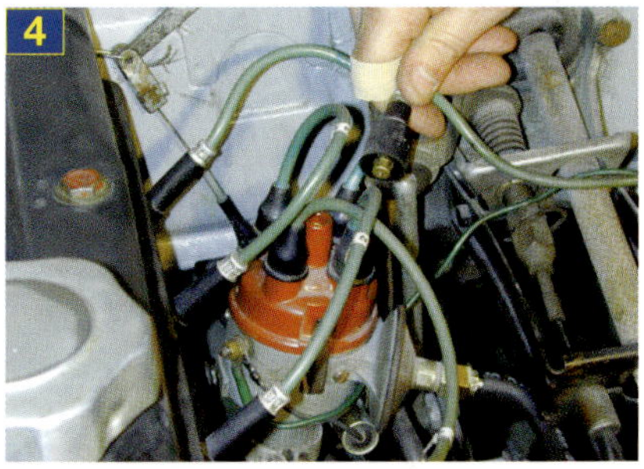

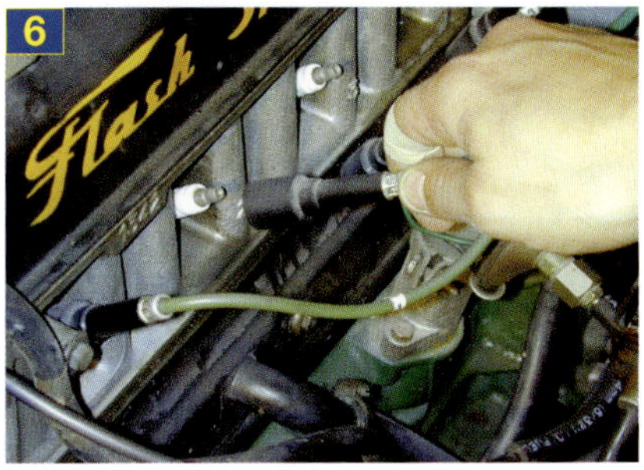

1 Wer vor dem Kauf eines klassischen Automobils die Kompression prüft oder prüfen läßt, erlebt später mit dem Motor keine bösen Überraschungen.

2 Handelsüblicher Kompressionsmesser, wie er z.B. im Internethandel zu finden ist.

3 Die Karosserie mit einer Decke oder einem Laken schützen. Eventuell störende Teile abbauen und zur Seite legen.

4 Das Kabel vom Zündverteiler zur Zündspule abnehmen.

5 Die Kerzenstecker nummerieren (1 für den ersten Zylinder, 2 für den zweiten usw., gezählt von der Steuerseite des Motors).

6 Alle Kerzenstecker abziehen.

7 Die Verteilerkappe abnehmen.

8 Die vier (oder fünf, sechs, acht...) Zündkerzen herausdrehen.

9 Unser Kompressionsmesser ist mit einem Gewindeanschluß mit 14 mm Durchmesser ausgerüstet, der den allermeisten Kerzengehäusen entspricht, die nach 1950 eingesetzt wurden. Zum Austausch beigelegt ist ein Anschluß für Kerzengehäuse mit 18 mm Durchmesser.

10 Das passende Gewinde wird in die Kerzenbohrung des ersten Zylinders gesetzt.

11 Dann wird das Gaspedal durchgetreten und der Anlasser solange betätigt, bis der Zeiger der Meßuhr stehenbleibt; das dauert etwa zehn Sekunden. Einfacher ist das Ganze natürlich, wenn jemand dabei hilft!

12 Den auf dem Manometer angegebenen Wert notieren.

13 Den Kompressionsmesser auf Null stellen (Pin unten eindrücken) und die anderen Zylinder auf dieselbe Weise prüfen. Wir haben bei unserem Vierzylinder folgende Werte festgestellt (Werte in bar bzw. kg/cm^2): 10,8 für den ersten Zylinder, 11,0 für Nr. 2, 10,9 für Nr. 3 und 11,0 für Nr. 4. Das nennt man einen gesunden Motor: Die Kompression ist einheitlich und in der Norm. Von einem normalen Kompressionsdruck spricht man zwischen Werten von 8,5 bis 13 bar.

14 Wenn einer der Zylinder einen niedrigeren Wert aufweist (z.B. 6,5), dann muß ein alter Mechaniker-Trick angewandt werden, um festzustellen, ob es sich um Kolbenringverschleiß handelt oder ein Problem mit den Ventilen. Etwas dickflüssiges Motoröl in den Kerzenschacht füllen, den Anlasser ein erstes Mal zehn Sekunden lang betätigen, damit sich das Öl im Schacht gut an den Wänden absetzt. Dann den Kompressionsmesser wieder anschließen und erneut den Druck prüfen.

15 Ist der Druck weitgehend normal, dann liegt das Problem wahrscheinlich beim Kolbenring oder der Buchse (das Öl hat vorübergehend die Undichtigkeit aufgehoben). Bleibt der Druck allerdings schlecht, dann ist sicher ein Ventilverschleiß die Ursache (Ventile verbrannt, gebrochen, ausgeschlagen etc.). Ist der Druck überhöht (16 z.B.), dann sind Kolbenboden und Brennraum stark verrußt. Dann muß der Zylinderkopf runter, damit eine gründliche Entrußung vorgenommen werden kann. Wenn die Werte stark von der Norm abweichen, muß der Motor geöffnet werden, um alle Elemente zu kontrollieren und notfalls auszutauschen. Wenn Sie ein solches Auto kaufen, wissen Sie jedenfalls schon mal, was auf Sie zukommt.

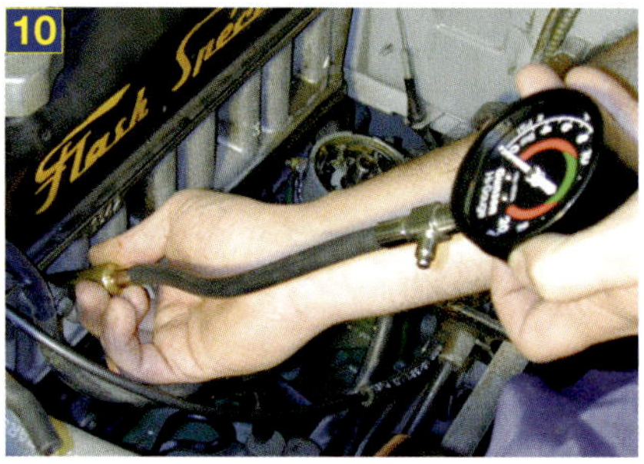

Ventilspiel einstellen bei Stößelstangen-Motoren (ohv)

Bei einem Viertakt-Motor sind die Ventile für das Funktionieren entscheidend: Sie regeln den Gasdurchsatz. Standardmässig hat jeder Zylinder ein Einlaßventil, das dem Treibstoff-Luft-Gemisch den Weg zum Brennraum freimacht und ein Auslaßventil, über das die Abgase zum Auspuffkrümmer geleitet werden. Vierzylindermotoren mit 16 Ventilen haben pro Zylinder jeweils zwei Ein- und zwei Auslaßventile.

Werkzeug: Sortiment Maul- und Steckschlüssel, Flachzange, Prüflehre mit markierten Meßblättern
Kosten: Keine oder der Preis, den eine neue Ventildeckeldichtung kostet.
Wann notwendig? Wenn die Ventile im Leerlauf klappern oder aber gar nicht zu hören sind; auch dann, wenn eine Motorgrundeinstellung nach der Instandsetzung vorgenommen werden soll oder wenn eine vom Autohersteller empfohlene Inspektion ansteht (alle 10.000 km z.B. oder entsprechend Wartungsheft, falls vorhanden). Das Ventil- bzw. Kipphebelspiel muß auf alle Fälle nach dem Wechsel der Zylinderkopfdichtung neu eingestellt werden und dann noch einmal nach den ersten 1000 Kilometern, nachdem der Zylinderkopf nachgezogen wurde.

Ventilsteuerung allgemein

Die Ventilsteuerung bestimmt den Moment und die Dauer des Einlaß- oder Auslaßvorgangs sowie den Zeitpunkt der Schließung der Ventile, das Ganze in genau berechneter Relation zur Position des Kolbens. Bei **Ohv-Motoren** (Overhead Valves) wird eine **seitlich im Motorblock gelagerte Nockenwelle** durch Stirnzahnräder oder eine Kette angetrieben. Um die Ohv-Steuerung kümmern wir uns vorrangig in diesem Kapitel.

Die Nocken wirken über **Stößelbecher** und **Stößelstangen** auf **Kipphebel,** die dafür sorgen, daß die **Ventile** geöffnet werden. Das geschieht, indem die Kipphebel auf das **Ventilschaftende** drücken, die **Ventilfeder** zusammenpressen und damit das Ventil für den Bruchteil einer Sekunde öffnen. Wenn sich der **Nocken** weiterdreht, nimmt die Feder wieder ihre ursprüngliche Stellung ein, das Ventil wird geschlossen und beharrt in dieser Position bis zum nächsten Durchlauf des Nockens. All diese beweglichen Teile können nur gut funktionieren, wenn sie ein gewisses **Spiel** haben. Zu geringes Spiel zwischen Ventil und Kipphebel kann Kompressionsverlust und eine rasche Abnutzung bzw. ein Verbrennen des Ventilsitzes bewirken. Zu großes Spiel hat Ventilklappern im Leerlauf zur Folge und beschädigt mit der Zeit den Ventilteller.

Welches sind die richtigen Werte?

Jeder Hersteller schreibt die Werte des Spiels von **Einlaß- und Auslaßventil** genau vor. Eine Faustregel besagt, daß das Spiel beim Auslaßventil größer ist als das beim Einlaßventil. Grund: Die austretenden heißen Gase, die das Ventil passieren, haben infolge ihrer Ausdehnung ein größeres Volumen als das „kalte" angesaugte Gemisch.

Je nach Fahrzeug werden diese Werte bei **kaltem oder warmem** Motor reguliert oder auch bei laufendem Motor (das ist vor allem bei einigen Opel-Modellen der Fall). Das Einstellen erfolgt bei Ohv- (**unten oder seitlich liegende Nockenwelle** wie beim Renault 4 CV oder beim BMW 501) und vielen **Ohc-Motoren** (Overhead camshaft, Querstrom-Zylinderkopf, obenliegende Nockenwelle mit Schlepphebeln, BMW, VW, Audi, ältere Mercedes etc.) durch Schrauben, die mit Muttern gekontert sind. Bei Hochleistungsmotoren mit zwei obenliegenden Nockenwellen (**Dohc,** klassische Alfa Romeo, Fiat 125, Lancia Beta) befinden sich zwischen Nockenwellen und Ventilschaftenden becherförmige Einstellplättchen (Shims), die zum Einstellen ausgemessen und gegen andere ausgewechselt werden müssen, was vor allem dann mühsam und kompliziert ist, wenn dazu die Nockenwellen ausgebaut werden müssen (Alfa Romeo).

1 Elemente der Ventilsteuerung und -einstellung bei Ohv-Motoren mit untenliegender Nockenwelle; 1 = Ventilfeder, 2 = Meßblättchen, 3 = Kipphebel, 4 = Kontermutter, 5 = Einstellschraube, 6 = Kipphebelachse, 7 = Stößelstange.

2 Einstellung des Ventil- bzw. Kipphebelspiels beim Ohv-Vierzylinder-Achtventil-Motor des Simca Aronde; der Flachschlüssel öffnet die Kontermutter, der Schraubendreher verändert die Stellung der Einstellschraube, das Meßblättchen rechts unten schiebt sich zur Kontrolle zwischen Kipphebelnase und Ventilschaftende.

1
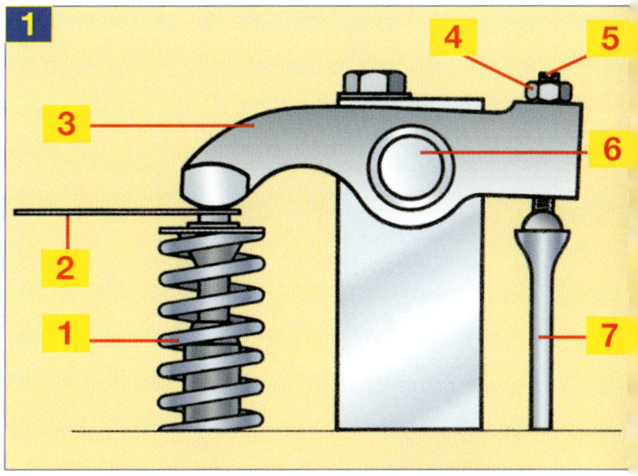

2

Kipphebel einstellen Ohv-Motor

Die Einstellung der **Kipphebel** ist nicht besonders schwierig. Man muß allerdings die **Einlaß- von den Auslaßventilen** genau unterscheiden.

Dazu muß man wissen, daß bei den meisten französischen Ohv-Vierzylinder-Modellen alle Ventile **in einer Reihe nebeneinander liegen** und zwar nach folgendem Schema (E = Einlaß, A = Auslaß): **AE/EA/AE/EA** vom ersten bis zum vierten Zylinder. Bei Motoren mit V-förmig hängenden Ventilen wie beim BMW 02 (Ohc, Duplexkette, Schlepphebel) liegen die Ein- und Auslaßventile gegenüber. Im Zweifelsfall hilft ein Blick auf die Ein- und Ausgänge von Ein- und Auslaßkrümmer; die Auslaßventile befinden sich logischerweise auf Höhe des Auspuffkrümmers, die Einlaßventile auf Höhe des Ansaugkrümmers.

Es gibt **zwei Möglichkeiten,** das Spiel der Kipphebel zu regulieren. Einmal die Methode Zylinder für Zylinder, die wir hier zeigen, und das Einstellen über Kreuz, wie es z.B. Peugeot beim 203 eingeführt hat (siehe Tabelle).

Ventileinstellung nach Peugeot

Nach Peugeot wird die Spieleinstellung jeweils vorgenommen, wenn ein Auslaßventil voll geöffnet ist. Man mißt dann das Spiel am Einlaßventil eines anderen und am Auslaßventil eines dritten Zylinders wie auf der Tabelle angegeben.

Auslaßventil voll geöffnet an Zylinder	**Ventil einstellen an**	
	Einlaßventil für Zylinder	**Auslaßventil für Zylinder**
1	3	4
3	4	2
4	2	1
2	1	3

3 Die Karosserie mit einer Decke oder einem Laken schützen. Alle Teile entfernen, die für das Abnehmen des Ventildeckels hinderlich sein könnten, die Batterie abklemmen, dann den Öleinfülldeckel abnehmen.

4 Die beiden Muttern abschrauben, die den Ventildeckel halten, Unterlegscheiben und Dichtringe ablegen.

5 Den Ventildeckel abnehmen.

6 Die Ventildeckeldichtung abnehmen.

7 Den vierten Gang einlegen und die Handbremse lösen.

8 Um die Ventile auszubalancieren, wird das Auto vor- oder zurückgeschoben, bis die entsprechende Position erreicht ist. Man kann auch die Kurbelwelle über die Keilriemenscheibe drehen – dann aber Schalthebel in Leerlaufposition.

9 Die Ventile des vierten Zylinders durch Drehen der Kurbelwelle oder Schieben des Autos ausbalancieren (Ende Auslaßposition, Anfang Einlaßposition). Der Kipphebel des Einlaßventils muß in dem Moment anfangen zu drücken, wenn der Kipphebel am Auslaßventil den Schließvorgang soeben beendet hat. Es ist hilfreich, mit einem Finger die Bewegung der Kipphebel zu ertasten.

10 Wenn die Ventile des vierten Zylinders ausbalanciert sind, kann man die Ventile bzw. Kipphebel am ersten, also am entgegengesetzten Zylinder einstellen; dort ist jetzt das maximale Spiel vorhanden. Die Werte fürs Spiel muß man den technischen Daten entnehmen; sie wurden vom Hersteller für jedes Modell festgelegt. In unserem Fall sind es 0,20 mm am Einlaß und 0,25 mm am Auslaß. Mit dem entsprechenden Meßblatt nun das Spiel zwischen Kipphebel und Ventilschaftende prüfen. Bei korrekten Werten muß sich das Blatt bei leichtem Widerstand gleitend durch den Spalt ziehen lassen. Wenn Sie sich nicht sicher sind, prüfen Sie zusätzlich mit dem nächststärkeren Meßblatt. Wenn die Einstellung stimmt, paßt das dickere Blatt nicht zwischen Kipphebel und Ventilschaft.

11 Wenn die Meßlehre zu leichtgängig ist oder überhaupt nicht hineinpaßt, muß das Spiel neu eingestellt werden. Achtung: Zu kleines Spiel kann auch ein Hinweis auf einen eingeschlagenen Ventilsitz sein. Den Vierkant der Einstellschraube mit der Zange festhalten und die Kontermutter lösen.

12 Nun das Spiel mit Hilfe der Schraube regulieren. Man verringert es durch Anziehen der Schraube und vergrößert es durch Lösen derselben.

13 Wenn die Einstellung korrekt ist, die Regulierschraube festhalten und mit der Kontermutter blockieren; dann das Spiel erneut kontrollieren. Nun bei den anderen Zylindern auf dieselbe Weise vorgehen. Das Ventil des zweiten Zylinders ausbalancieren, um das Spiel des dritten einzustellen. Um das Spiel des vierten zu regeln, das Ventil des ersten ausbalancieren, und dasselbe analog beim dritten Zylinder, um das Ventil des zweiten einzustellen. Danach müssen sicherheitshalber bei mindestens zwei Zylindern die Ventilspiele erneut geprüft werden.

14 Die Dichtungsflächen gut säubern.

15 Den Ventildeckel entfetten.

16 Eine neue Deckeldichtung einsetzen.

17 Den Ventildeckel aufsetzen und darauf achten, daß dabei die Dichtung nicht verrutscht. Jetzt die Dichtringe, die Unterlegscheiben und die Hutmuttern des Ventildeckels anbringen.

18 Die beiden Muttern mit Gefühl anziehen, sonst verzieht sich der Deckel.

19 Den Öleinfülldeckel aufschrauben und abgenommene Teile wieder anbauen.

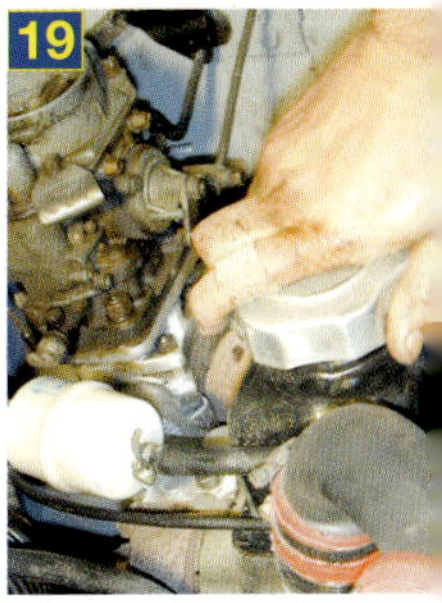

20

Zündung, Verteiler, Zündkabel

Die Technik des von 1961 bis 1970 in zwei Serien und zahlreichen Motorvarianten gebauten Volvo Amazon ist robust und überschaubar. So stellen auch die Einstellung von Zündzeitpunkt und Verteiler des gut zugänglichen Vierzylinder-Triebwerks kein Problem dar.

Zündungzeitpunkt einstellen mit Gradscheibe

Klassische Automobile und Motorräder mit Vergasermotoren, die vor den 1980er Jahren von den Bändern liefen, verfügen meist über kontaktgesteuerte Zündanlagen, deren Wartung und Einstellung keine Wissenschaft ist.

Der **Zündverteiler** muß so eingebaut sein, daß er im richtigen Moment und in der richtigen Reihenfolge die Zündimpulse an die Kerzen weiterleitet. Der Einbau ist problematisch, wenn der Zündverteiler neu ist oder beim Ausbau des alten keine Notizen über die exakte Position gemacht wurden. Schwierig wird es auch, wenn die **Verteilerkappe** oder die **Zündkabel** neu sind und auch hier keine Notizen über den Verlauf der Kabel gemacht wurden.

Wir lösen die Probleme mit der sogenannten **statischen Zündeinstellung.** Bekanntlich muß das Benzin-Gas-Gemisch entzündet werden, kurz bevor der Kolben den oberen Totpunkt, also die höchste Stellung im Zylinder erreicht hat. So haben die Flammen, die durch die Zündfunken an den Kerzen erzeugt wurden, Zeit genug, sich im ganzen Gemisch auszubreiten. Dieser Moment ist der **Zündzeitpunkt.** Exakt ausgedrückt handelt es sich um eine Frühzündung, und der Zeitpunkt ist vom Motorkonstrukteur festgelegt.

Der genaue Wert wird in Grad oder auch in Millimeter Kolbenhub angegeben. Das **Schwungrad,** meist aber die **Kurbelwellenriemenscheibe** besitzen ein, zwei oder gar drei **Markierungen,** die bei der Zündeinstellung mit einer fest am Motorblock oder an der Steuerriemenabdeckung vorhandenen Markierung oder mit einer Gußmarke in Übereinstimmung gebracht werden müssen. Aber weisen die Markierungen nun auf den **oberen Totpunkt** oder den **Zündzeitpunkt** hin? Die Antwort finden Sie im Werkstatthandbuch ihres Fahrzeugs oder einer entsprechenden Reparaturanleitung. Dort finden Sie auch eine andere wesentliche Information, nämlich den Zeitpunkt der Frühzündung.

Stellen wir uns vor, daß Ihr Handbuch die auf die Kurbelwellenriemenscheibe gravierte Markierung als Wert für den oberen Totpunkt benennt und daß die Frühzündung bei 0° einsetzt. Das bedeutet, daß die Zündung erfolgt, wenn der Kolben sich exakt am oberen Totpunkt befindet. Wenn Sie nun die **Marke an der Riemenscheibe** mit der **Markierung auf dem Block** in Übereinstimmung bringen, steht der Kolben genau auf dem Zündzeitpunkt. Erfolgt die Zündung 4° vor dem oberen Totpunkt, muß eine 4°-Markierung auf der Riemenscheibe oder der Meßscheibe (s. Kasten) mit der Marke auf dem Block in **Übereinstimmung** gebracht werden. Der Zündverteiler wird immer so eingebaut, daß die Kurbelwelle auf Zündung steht – Details weiter unten.

Material: Zündkerzenschlüssel, Prüflampe oder Multimeter, Schraubenschlüsselsortiment, gradierte Scheibe.

1

1 Auf der Riemenscheibe unseres Beispiel-Motors„Rush Super" von Simca befinden sich zwei Markierungen. Die längere (links) bezieht sich auf den oberen Totpunkt, die kleinere (rechts) auf den Zündzeitpunkt. Die Kurbelwelle dreht im Uhrzeigersinn; folglich trifft die Marke für den Zündzeitpunkt die Markierung am Gehäuse eher als die Marke für den oberen Totpunkt. Das ist logisch, denn das angesaugte Gemisch muß gezündet werden, bevor der Kolben seinen höchsten Punkt im Zylinder erreicht.

2

2 Wenn die auf der Kurbelwellenriemen- oder Schwungscheibe vom Hersteller eingravierte Markierung den oberen Totpunkt anzeigt, und wenn kein Zündzeitpunkt festgelegt wurde (oder wenn Sie ihn kontrollieren wollen), dann ist es ohne weiteres möglich, ihn mit Präzision zu definieren. Dafür wird eine gradierte Scheibe benötigt, die auf die Riemen- oder die Schwungscheibe montiert wird. Außerdem wird ein Indexblatt am Motorgehäuse befestigt. Leider geht das nur bei ausgebautem Motor.
Die gradierte Scheibe mit Hilfe einer Zentriervorrichtung genau plazieren (hier auf der Kurbelwellen-Riemenscheibe); die „0" nach oben ausrichten.

3

3 Jetzt z.B. den 4. Zylinder ausbalancieren (Ende Auslaß/Anfang Einlaß; s.a. Kapitel „Ventile einstellen"). Zur Feinabstimmung die Kurbelwelle etwas gegen den Uhrzeigesinn drehen, um das Spiel aufzufangen. Dann so weit im Uhrzeigersinn drehen, bis sich die „0" auf der Scheibe und die linke Kante des Indexblatts gegenüberstehen.

4

4 Zunächst die Kurbelwelle ein wenig gegen den Uhrzeigersinn drehen, um vorhandenes Spiel auszugleichen.

5 Jetzt wieder die Kurbelwelle im Uhrzeigersinn drehen, bis der Strich auf der Scheibe den Frühzündzeitpunkt, den der Konstrukteur vorgesehen hat, anzeigt: Hier liegt der Zündzeitpunkt bei 4°.

6 Wie man hier bei unserem Motor mit seinen Markierungen für Zündzeitpunkt (oberer Strich) und oberen Totpunkt (Gußnase am Block) sieht, liegt der Zündzeitpunkt vor dem oberen Totpunkt, hier dargestellt durch den unteren Strich; der laufende Motor dreht im Uhrzeigersinn.
Eine andere Methode, mit der man sich früher behalf: Man nimmt einen Faden und ein Metermaß, legt den Faden außen um die Riemenscheibe oder Schwungscheibe und mißt dann dessen Länge. Angenommen, sie beträgt 420 mm. Diesen Wert müssen wir nun umrechnen in Grad. Ein Kreis hat 360°. In diesem Fall sind 360°= 420 mm. 1° ist also 420 : 360 = 1,16mm. Bei unserem Motor beträgt der Wert nun 4°, also 4 x 1,16 = 4,64 mm vor dem oberen Totpunkt, ermittelt mit einem einfachen Zollstock! Das macht hier also knapp 5 mm vor der festen Zündmarkierung aus. Man kann den Wert auch mit einem Winkelmesser ermitteln.

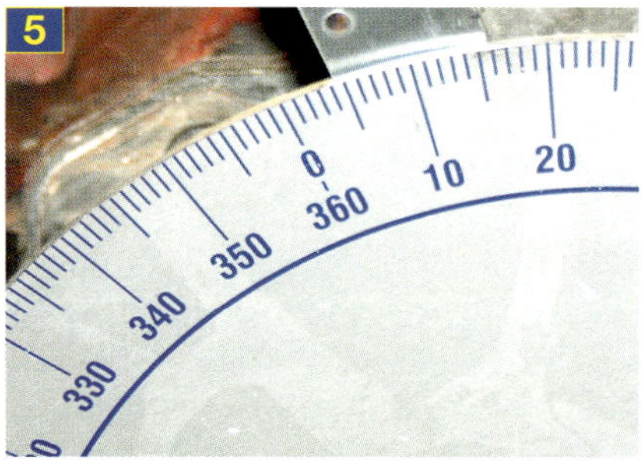

Zündverteiler ausrichten

1 Wir demonstrieren diesen Arbeitsgang an einem ausgebauten Motor, auch wenn die Einstellung normalerweise am eingebauten Motor erfolgt. Zuerst wird die Kipphebelabdeckung entfernt.

2 Die Zündkerzen herausdrehen, damit sich die Kurbelwelle über die Riemenscheibe leichter von Hand drehen läßt. Bei eingebautem Motor den vierten Gang einlegen und den Wagen schieben.

3 Ist der Motor ausgebaut, die korrekte Drehrichtung herausfinden. Generell ist die Zündfolge bei einem Vierzylinder 1-3-4-2. Man zählt von der Stirn- bzw. Steuer- oder Wasserpumpenseite aus; meist ist die Reihenfolge auch auf dem Zylinderkopf eingeprägt. Die Kurbelwelle dreht normalerweise im Uhrzeigersinn, von der Steuerseite aus betrachtet. Die Kurbelwelle in diese Richtung drehen und auf die Ventile des ersten Zylinders achten: Wenn beide vollkommen geschlossen sind und die Kipphebel Spiel haben, stehen sie auf Zündung, also am Anfang des dritten Takts.
Dann drehen Sie weiter, bis die Ventile des nächsten Zylinders geschlossen sind; bei der oben erwähnten Zündfolge muß es der dritte Zylinder sein. Die Kurbelwelle weiterdrehen, bis die Ventile des vierten, zuletzt des zweiten Zylinders geschlossen sind. Wenn die Ventile nicht in dieser Reihenfolge schließen, wird die Kurbelwelle gegen den Uhrzeigersinn gedreht. Die Zündfolge muß dann umgekehrt sein: 2-4-3-1. Dies bedeutet, daß die Ventile zuerst am zweiten Zylinder schließen müssen usw.

4 Wir gehen weiter vor an unserem Motor, der im Uhrzeigersinn dreht und stellen den Kolben des ersten Zylinders auf OT, d.h., beide Ventile des ersten Zylinders sind geschlossen, es kann gezündet werden.

5 Es ist allerdings nicht ganz einfach, diese Stellung hundertprozentig exakt zu definieren. Daher versuchen wir es mit einer anderen Methode und balancieren die Ventile des gegenüberliegenden (hier 4-Zylinders) aus: Ende Auslaß/Anfang Einlaß. Die Stellung, wenn das Auslaßventil den Aufstieg beendet hat und das Einlaßventil anfängt, nach unten zu gleiten, läßt sich exakt erkennen (Überschneidung). Zur Erinnerung: Die Einlaßventile liegen da, wo die Ansaugrohre ansetzen, die Auslaßventile dort, wo der Zylinderkopf in den Abgaskrümmer mündet.

6 Die Ventile bleiben etwa um eine Achtel-Umdrehung der Kurbelwelle in Balance. Nun müssen die Feineinstellung vorgenommen und die beiden Markierungen (die feststehende auf dem Gehäuse und der Strich oder der Punkt auf der Kurbelwellenscheibe) in Einklang gebracht werden. Jetzt muß man sich absolut sicher sein, ob der Wert auf der Riemen- oder der Schwungscheibe den oberen Totpunkt anzeigt oder den Zündzeitpunkt (s. Abschnitt zuvor). Für die Feineinstellung muß die Markierung des Zündzeitpunkts mit der feststehenden Marke fluchten.

7 Nun sind die Voraussetzungen für die genaue Einstellung der Zündung gegeben. Der Zündverteiler wird von der Nockenwelle über die senkrecht angeordnete Verteilerwelle angetrieben, die unten einen Mitnehmerzapfen besitzt. Auf dem oberen Ende sitzt der Verteilerfinger. Seine Stellung ist wichtig: Der Finger muß auf den Markierungsstrich am Rand des Gehäuses zeigen; das ist die Marke für den OT des ersten Zylinders. Sollten Sie den Verteiler ausgebaut haben, ohne auf die Position zu achten, ist die Markierung die richtige Orientierung. Fehlt sie, müssen Sie das Wartungshandbuch zu Hilfe nehmen, um den Verteiler korrekt einbauen zu können. Bei unserem Beispiel gibt es kein Problem, weil wir nichts verstellt haben und der Verteilerfinger unverändert in der richtigen Position blieb.

8 Beim Einbau des Zündverteilers muß man auch noch an etwas anderes denken, vornehmlich, wenn seitlich eine Unterdruckdose befestigt ist: sie darf später das Verdrehen des Verteilers nicht behindern. Der Verteiler muß sich um eine Viertel Drehung sowohl in die eine als auch in die andere Richtung drehen lassen, ohne daß die Dose gegen den Motorblock stößt. Auf Foto 8 ist die Stellung falsch, auf Foto 9 richtig.

9 Man muß auch darauf achten, daß die Halteklammern der Zündverteilerkappe sich frei bewegen lassen. Auf dem Foto stehen sie hoch, doch sie müssen heruntergeklappt werden.

10 So, wie der Verteiler hier steht, ist die Ausgangsbasis für die Einstellung gut.

11 Die Achse so drehen, daß der Verteilerfinger in der richtigen Position in den Mitnehmer einrastet.

12 Eine Prüflampe ist bei der Einstellung des Verteilers unentbehrlich.

13 Nun drehen wir den Verteiler so, bis die Position mit der Zündzeitpunktstellung übereinstimmt. Ausgangsbasis: Batterie angeklemmt, Verteilerfinger zeigt auf die Markierung am Rand des Verteilergehäuses, die Markierungen an Riemenscheibe und Motorblock stimmen überein, d.h., der erste Zylinder wartet auf den Zündfunken, der das unter Druck stehende Gemisch entzünden soll (beide Ventile geschlossen).
Dieser Funke wird erzeugt, wenn sich Zündunterbrecherkontakte öffnen; dabei geben sie circa 15.000 Volt an die Zündkerze ab. Mit dem Auge ist der Anfang dieser Unterbrechung (und auf die kommt es an) kaum auszumachen, sie liegt zwischen 0,4 und 0,5 mm. Daher nimmt man eine Prüflampe (6 oder 12 Volt je nach Ausstattung des Fahrzeugs), schließt die Krokodilklemme an Klemme 1 der Zündspule oder Kabelklemme des Unterbrechers an und hält die Spitze der Lampe an Masse.
Nun schaltet man die Zündung ein und dreht die Kurbelwelle durch Hin- und Herschieben des Wagens zuerst etwas gegen, dann mit dem Uhrzeigersinn, bis die Lampe aufleuchtet; das tut sie, wenn die Kontakte beginnen, sich zu öffnen. Stimmen jetzt immer noch alle Markierungen überein, ist die Verteilerposition richtig.
Leuchtet die Lampe zu früh oder zu spät auf, muß die Einstellung korrigiert werden. Dazu erst wieder die Markierungen an Riemenscheibe und Gehäuse exakt in Übereinstimmung bringen; Kerben und Randmarken müssen genau fluchten. Dann Verteilergehäuse so weit verdrehen, bis die Lampe verlöscht. Anschließend Verteilergehäuse so weit zurückdrehen, bis die Lampe wieder aufleuchtet. Nun stimmt der Zündzeitpunkt. Vorgang einige Male wiederholen, um möglichst genau den Punkt zu fixieren, an dem sich die Unterbrecherkontakte öffnen. Anschließend Halteschrauben des Verteilergehäuses anziehen.

14 Man kann die Einstellung mit einem Multimeter oder Ohmmeter vornehmen. Wenn der Strom durchfließt (Unterbrecherkontakte geschlossen), zeigt das Gerät „0" an. Wenn die Unterbrecherkontakte sich öffnen, wird „1" angezeigt. Die Minusklemme (schwarz) ist an die Masse angeschlossen (z.B. Zylinderkopf), die Plusklemme (rot) an die stromführenden Teile des Unterbrechers.

15 Den Zündverteiler drehen, bis der Nokken auf der Welle beginnt, den Unterbrecherhammer anzuheben. Einfacher gesagt: Den Zündverteiler solange drehen, bis der Unterbrecher sich zu öffnen beginnt, das Ohmmeter zeigt „1" an. Jetzt den Verteiler wieder leicht zurückdrehen, um die Kontakte zu schließen; das Ohmmeter zeigt „0" an. Wenn es so ist, ist die Einstellung gelungen. Wenn nicht, muß die Prozedur wiederholt werden.

16 Zuletzt den Sockel des Zündverteilers festziehen (im Bild mit einem Gabelschlüssel) und noch einmal kontrollieren, ob das „on-off"-Prinzip funktioniert.

Zündkabel richtig anschließen

1 Wenn man beim Ausbau die Zündkabel oder ihre Positionen in der Verteilerkappe nicht markiert hat, ist der Wiedereinbau ein Problem. Aber keine Sorge: Wir zeigen, wie die Kabel wieder in der richtigen Anordnung verlegt werden müssen. Wir beginnen damit, den Verteilerfinger wieder korrekt einzusetzen. Dabei kann man sich gar nicht irren: Für ihn gibt es nur eine mögliche Position.

2 So wird der Verteilerfinger aufgesetzt.

3 Grundvorausetzungen auch hier: Die Markierungen an Keilriemenscheibe und Gehäuse fluchten und sind damit auf den richtigen Zündzeitpunkt eingestellt, der Kolben des ersten Zylinders steht auf Zündung, d.h. kurz vor OT, und der Zündverteiler steht so, daß sich jetzt die Kontakte des Unterbrechers zu öffnen beginnen. Welche Rolle spielt dabei der Verteilerfinger? Er ist dazu da, den vom Unterbrecher kommenden Strom in das Zündkabel der Kerze zu leiten, die mit dem ersten Zylinder korrespondiert.

4 Die Stellung der Verteilerkappe ist ab Werk festgelegt: Auch sie hat nur eine mögliche Einbauposition.

5 Jeder Kontakt in der Verteilerkappe gehört zu einem Kerzenzündkabel. Die Richtung des Verteilerfingers zeigt uns hier die Position des ersten Kontakts, der über das Zündkabel mit der ersten Zündkerze in Verbindung steht. Am besten markiert man die Verteilerkappe an dieser Stelle mit einer „1".

6 Falls ausgebaut, werden die Zündkerzen jetzt wieder eingesetzt.

7 Die Verteilerkappe aufsetzen und mit den zwei Federklammern fixieren.

8 Jetzt verbinden wir den ersten Kontakt mit der Zündkerze des ersten Zylinders.

9 Eine wesentliche Frage ist: In welche Richtung dreht die Welle meines Zündverteilers? Bei unserem Modell ist die Drehrichtung gegen den Uhrzeigersinn. Beim geringsten Zweifel, wie die Verteilerwelle dreht, ist Folgendes zu tun: Weil der erste Kontakt nun an seine Kerze angeschlossen ist, kann nichts mehr schiefgehen. Man zieht die Verteilerkappe ab und dreht die Kurbelwelle, in unserem Fall mit dem Uhrzeigersinn. Jetzt beobachten, in welche Richtung sich der Verteilerfinger bewegt. Er folgt der Zündfolge 1-3-4-2. Damit hat man auch die Abfolge der Kontakte in der Verteilerkappe und kann die Zündkabel an die zugehörigen Zündkerzen anschließen: Kontakt 3 folgt auf 1, also Kabel von Kontakt 3 an Kerze 3 usw.

10 Der nächste Kontakt führt zum vierten Zylinder von vorn gesehen (Steuerseite). Der letzte Kontakt ist über das Zündkabel mit dem zweiten Zylinder verbunden (ohne Bild).

21

Trommelbremse, Brems-Entlüftung

Wenn die Trommelbremsen heiß werden, bringt es wenig, die Feuerwehr zu rufen. Vielmehr steht eine Grundüberholung der Trommelbremsanlage an, die gerade bei der „Ente“ Geduld und handwerkliches Geschick erfordert. Dieser im Original-Zustand befindliche 2 CV aus den 1950er Jahren tat lange im französischen Département Moselle Dienst.

Trommelbremsen demontieren

Bei unseren Oldtimern gehört die Restaurierung der Trommelbremsen zu den klassischen Arbeiten, die im allgemeinen keine größeren Schwierigkeiten machen. Nur einige elementare Vorsichtsmaßnahmen müssen berücksichtigt werden, da es sich um die Arbeit an einem Teil handelt, das die Sicherheit betrifft.

Bremsteile sollten selbstverständlich nur bei einem **Spezialisten** gekauft werden. Aber man findet auf den Oldtimermärkten ganze Stände mit Dutzenden von Schachteln mit Bremsteilen wie Radbremszylindern oder Reparaturkits, die als absolut original angeboten werden und hundertprozentig konform sein sollen. Mag ja sein, aber unter welchen Bedingungen waren die Teile all die Jahre gelagert? Hat der **Gummi** die Zeit unbeschadet überstanden? Hat nicht vielleicht der **Rost an den Zylindern** gefressen? Vergessen Sie nicht, daß es bei den Bremsen um Ihr Leben gehen kann und um das Ihrer Angehörigen und natürlich der anderen Verkehrsteilnehmer.

Wenn Sie sich für antike Bremsteile entscheiden, dann bauen Sie sie niemals ein, ohne sie geprüft und aufgearbeitet zu haben. Die Innenseiten der **Zylinder** müssen gehont bzw. angerauht, die **Kolben** vermessen und gereinigt und alle **Gummiteile** gegen neue ausgetauscht werden, damit die Bremsanlage dicht ist, und der Bremsdruck im Kreislauf auch unter starker Belastung aufrecht erhalten bleibt.

Mißtrauen ist vor allem bei lose angebotenen Teilen ohne Schachteln mit Herkunftsangabe angesagt. Auch tauchen immer öfter minderwertige **Fälschungen** auf. Es gibt auch sogenannte „Profis", die Radbremszylinder aus viel zu weichem Guß herstellen mit Gummieinlagen, die der aggressiven Bremsflüssigkeit gar nicht standhalten. Man kann diese Bedenken gar nicht oft genug wiederholen. Wenn Sie schlecht sehen können und eine stärkere Brille brauchen, gehen Sie zum Augenarzt. Wenn es um die Bremsen Ihres Autos geht, gehen sie zum Bremsenspezialisten. Oder auch zu einem Gebrauchtteilehändler mit gutem Ruf. Hier können Sie die Qualität prüfen und in der Regel die Herkunft der Teile nachvollziehen. Außerdem sollten Sie auf einer Rechnung bestehen – wegen der **Gewährleistung.**

1 Rad abnehmen und die Sicherungsschrauben der Trommelbremse ausdrehen.

2 Um das Abziehen der Trommeln zu erleichtern, zuerst die Nachstellexzenter auf der Rückseite lösen (Rostlöser einwirken lassen) und dann zurückdrehen, bis die Backen frei sind und die Trommel sich drehen läßt. Die Exzenter werden rechts wie links nach oben gedrückt.

3 Einige Trommelbremstypen haben zwei zusätzliche Löcher. Hier schraubt man zwei passende Bolzen ein und zieht sie abwechselnd an. Sie drücken so auf die Radnabe und ziehen so die Trommel ab. Wenn das Schwierigkeiten bereitet, schlägt man rundum mit einem Kunststoffhammer auf die Trommel, bis sie „kommt".

4 Die Bremstrommel abnehmen und die zwei Abdrückbolzen herausdrehen.

5 Zuerst hebeln wir mit einer Bremsfederzange die Rückholfeder auf einer Seite aus; es geht auch mit einem Schraubendreher, aber besser ist die Zange. Die Feder ist auf der anderen Seite ebenfalls eingehakt und kommt jetzt von selbst aus ihrem Sitz frei.

Werkzeug: Bremsfederzange, Exzenterschlüssel, Bremsleitungsschlüssel, Gabel- und Ringschlüsselsatz SW 8 bis SW 17, Schlosserhammer, Kunststoffhammer, zwei Zangen, Schraubendreher, Bremsenreiniger, Bremspaste.
Kosten: Kommt darauf an, was gemacht werden soll – Bremsbacken belegen oder komplett austauschen, neue Bremszylinder kaufen oder die alten aufarbeiten. Pro Achse sollte man mindestens 160 Euro einplanen.
Wann erforderlich? Wenn Bremsflüssigkeitsverlust an den Trommeln festgestellt wird, die Bremsen hängen, die Beläge verschlissen sind (Geräusch Metall auf Metall) oder wenn die Bremsbeläge nicht gleichmäßig an den Trommeln anliegen, obwohl diese u.U. neuwertig oder ausgeschliffen sind.

1

2

3

4

5

6 Die Rückholfeder wird ablegt.

7 Die Bremszangen vom Bremszylinder wegdrücken.

8 Auf Trommeln, die mit der Handbremse verbunden sind, muß die Druckstrebe abgenommen werden. Man prägt sich die Einbauposition ein oder macht ein Foto. Die breitere Aussparung ist zwangsläufig die auf der Seite des Handbremshebels.

9 Die rechte Bremsbacke aus ihrer Halterung nehmen.

10 Die untere Feder der Bremsbacken abnehmen und zur Seite legen.

11 Die linke Bremszange zusammen mit dem Handbremshebel abnehmen.

12 Mit einer Zange den Nippel des Handbremsseils herausziehen.

13 Mit einem Bremsleitungsschlüssel die Verbindung von Bremsschlauch oder -leitung zum Radbremszylinder lösen, öfter mit Rostlöser einsprühen und Gewinde abbürsten.

14 Bremsschlauch oder Bremsleitung abnehmen.

15 Die beiden Befestigungsschrauben des Radzylinders ausdrehen.

16 Dann den Radzylinder abnehmen.

Trommelbremsen reinigen und gängig machen

1 Während Sie auf den neuen oder von einem Profi grundüberholten Radbremszylinder warten, reinigen Sie die Bremsträgerplatte mit Bremsenreiniger und einem harten Pinsel; stellen Sie dabei eine Schale unter, damit der Garagenboden nicht verunreinigt wird.

2 Anschließend mit einem Lappen alles abwischen, aber nicht mit Druckluft ausblasen, weil der Staub bei älteren Belägen Asbest enthält und krebserregend ist. Auch moderne Beläge ohne Asbest sondern giftigen Staub ab.

3 Man macht nun auch die Exzenter-Einstellschrauben gängig, indem man sie mit Rostlöser einsprüht und mit einem Ringschlüssel von oben nach unten bewegt.

4 Die Trommeln innen mit Bremsenreiniger säubern.

5 Der Lappen nimmt den Schmutz auf.

6 Den Bremsbereich mit Schmirgel abschleifen, dann mit Bremsenreiniger abwischen. Wir empfehlen, die angerosteten Teile anschließend mit Rostumwandler zu benetzen und nach Trocknung am nächsten Tag schwarz zu lackieren.

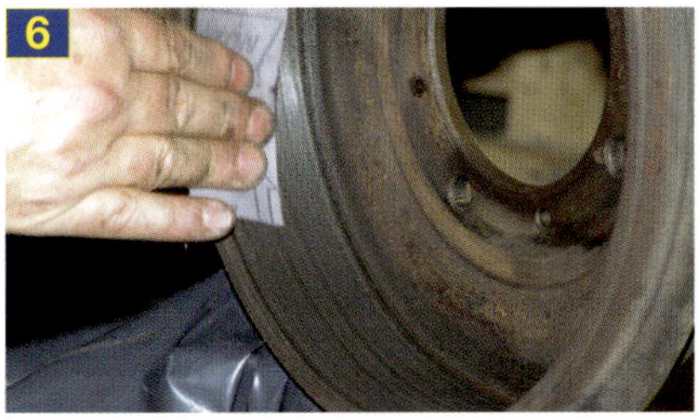

Bremszylinder, -backen, -trommeln montieren

1 Wenn Sie Ihre Radbremszylinder einem Profi-Betrieb zur Überholung anvertraut haben, dann wurden wahrscheinlich auch die Kolben und die Gummimanschetten mit Bremszylinderpaste bestrichen, um sie so vor Korrosion und eindringender Feuchtigkeit zu schützen. Wenn das aber nicht geschehen ist, dann muß man es selbst machen. Dazu nimmt man auf beiden Seiten die Manschetten und Kolben ab. Aufpassen, dass die Druckmanschetten nicht mit herauskommen. Bei einem Neuteil ist das ziemlich unwahrscheinlich, aber man kann es ja nie wissen.

2 Man drückt etwas Paste heraus.

3 Zunächst die Innenseite der Manschette bestreichen.

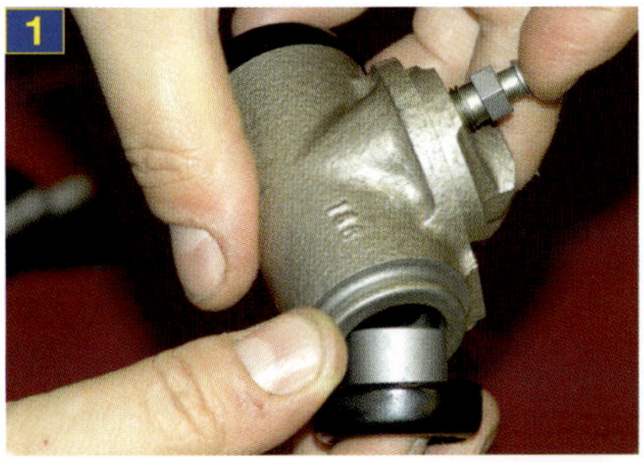

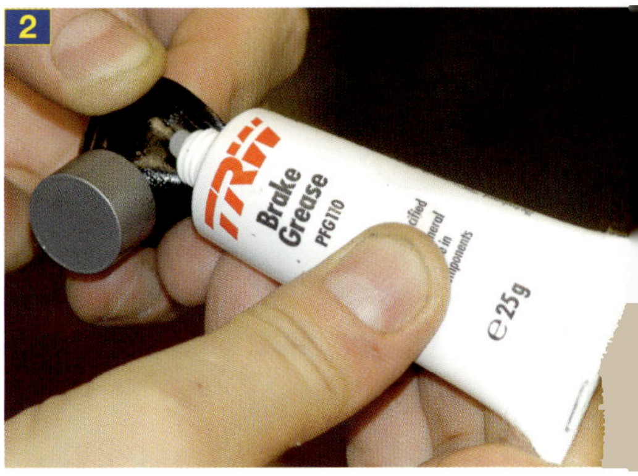

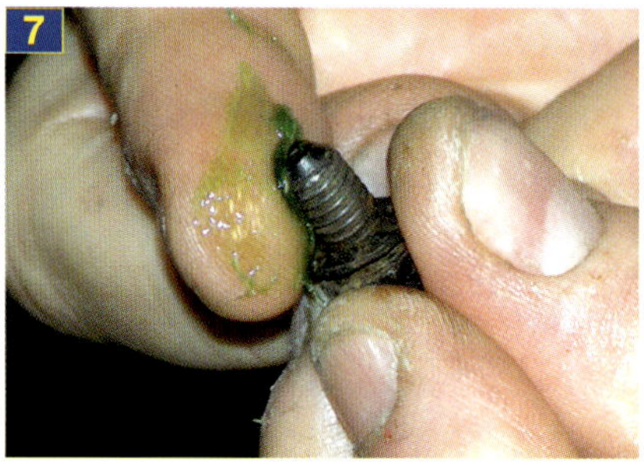

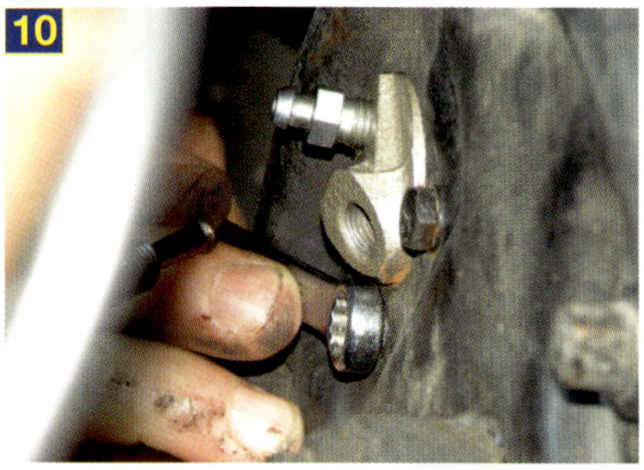

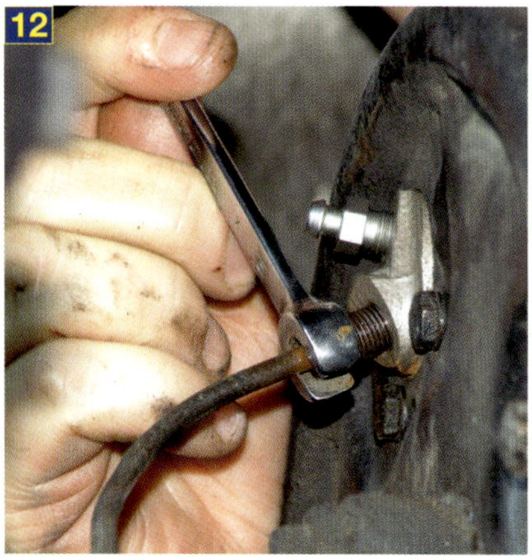

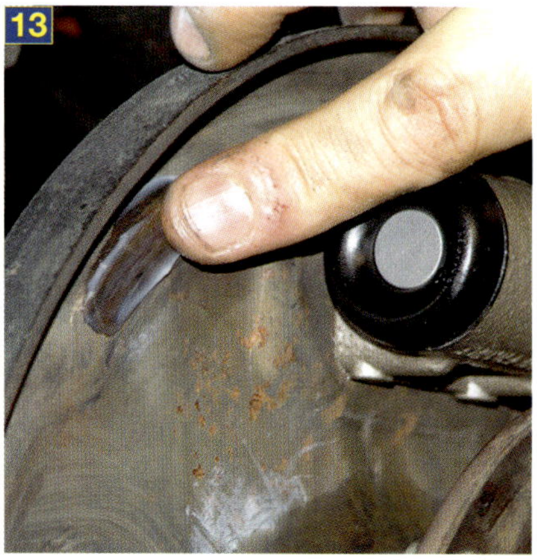

4 Den Kolben von allen Seiten mit Paste behandeln.

5 Dann alles zusammen wieder in den Zylinder setzen.

6 Die Staubschutzmanschette richtig positionieren, bevor mit der anderen Seite fortgefahren wird.

7 Die Befestigungschrauben werden gefettet; das schützt vor Rostfraß, und sie lassen sich später leichter wieder lösen.

8 Den Radbremszylinder einsetzen.

9 Mit der Hand die Befestigungsschrauben zusammen mit geriffelten Federscheiben einsetzen.

10 Schrauben mit Gefühl festziehen, sonst reißen sie ab.

11 Die Bremsschlauch- oder Leitungsanschlüsse zunächst mit der Hand behutsam einschrauben ohne sie dabei zu verkanten. Der geringste Widerstand zeigt an, daß etwas nicht in Ordnung ist; dann noch einmal versuchen. Die Anschlüsse müssen perfekt dicht sein, denn die Bremsanlage soll ja schließlich den Druck halten.

12 Den Schraubverbinder mit einem speziellen Bremsleitungs- oder breiten Gabelschlüssel festziehen.

13 Etwas Bremspaste auf die Bremszangenauflagen an der Bremsträgerplatte streichen (bei unserem Modell sind es drei auf jeder Seite); das erleichtert später das Gleiten der Bremszangen.

14 Die Bremsbackenführung auf der Innenseite der Trägerplatte anbringen.

15 Mit einer Zange die Haltelasche so anheben und gleichzeitig die Bremsbacke mit dem Handbremshebel einsetzen. Beim ersten Mal ist das etwas knifflig!

16 Die Bremsbackenführung auf die andere Seite der Trägerplatte setzen.

17 Die Bremsbacken mit der unteren Haltefeder verbinden.

18 Die zweite Bremsbacke wird eingebaut. Auf der rechten Seite geht es meist besser.

19 Etwas Bremspaste auf das Ende der Bremsbacken geben, die mit den Kolben des Radzylinders in Kontakt kommen.

20 Die vordere Bremsbacke auf die Trägerplatte setzen und aufpassen, daß sie gut zentriert ist.

21 Die Druckstange anbringen.

22 Auch bei der hinteren Bremsbacke einsetzen und wieder darauf achten, daß sie gut zentriert ist.

23 Perfekte Zentrierung ist wichtig, damit die Bremsbacken vom Zentrum der Kolben in Gang gesetzt werden können.

24 Die obere Rückholfeder positionieren.

25 Mit der Rückholzange die obere Feder in ihren Sitz heben.

26 Mit einem leichten Hammerschlag und der Klinge eines Schraubendrehers auf die Feder schlagen, bis das Einklinken deutlich zu hören ist.

27 Mit einer Flachzange den Nippel des Handbremsseils aus dem Seilzug ziehen, die Feder mit einer Spitzzange zurückhalten.

28 Den Nippel des Handbremsseils einhängen.

29 Die neuen Beläge leicht mit Schmirgel anrauhen.

30 Beläge mit Bremsreiniger säubern.

31 Die Bremstrommel aufsetzen; bei Problemen die Bremsbacken neu zentrieren, ggf. die Exzenter weiter zurückstellen.

32 Bremstrommel mit dem Kunststoffhammer bis zum Anschlag anpassen.

33 Die Sicherungsbolzen einsetzen und festziehen.

34 Die Bremsbacken einstellen und dabei die Trommel mit der Hand drehen. Zuerst den vorderen Exzenter blockieren (die Trommel dreht nicht mehr), dann nach oben lösen, damit die Trommel wieder frei dreht. Dann den Exzenter wieder anziehen, bis die Backe so eben Kontakt mit der Trommel hat, diese aber noch frei dreht. Das Gleiche mit der zweiten Bremsbacke wiederholen. Die Einstellung muß auf beiden Seiten gleich sein.
Nun muß noch die Handbremse eingestellt werden, in der Regel über Stellschrauben am Handbremshebel. Stellschrauben gleichmäßig so weit anziehen, bis die Trommeln in der dritten Raste blockiert sind. Dann die Einstellschrauben um ca. eine Umdrehung lösen, damit die Trommeln wieder frei drehen. Zum Schluß wird die Bremsanlage entlüftet – siehe nächster Abschnitt.

35 Trommelbremsanlage mit neuem Bremszylinder und neuen Bremsbacken.

Bremsflüssigkeit: Eigenschaften und Aufgaben

Die Bremsanlage zu entlüften ist eine Aktion, die einmal im Jahr vorgenommen werden sollte, mindestens aber alle zwei Jahre, durch Unwissenheit allerdings oft nicht ausgeführt wird. Dabei trägt sie aktiv zu Ihrer Sicherheit bei.

Die Bremsflüssigkeit überträgt den mechanischen Druck des Bremspedals über den Hauptbremszylinder (eventuell mit Bremskraftverstärker) und die Bremsleitungen auf die Radbremszylinder bzw. Bremszangen. Warum eine Flüssigkeit und kein Gas? Ganz einfach, weil Flüssigkeit sich nicht komprimieren läßt. Das ist ein physikalisches Gesetz: Wenn das Bremspedal getreten wird, drückt die gesamte mit dem Fuß ausgeübte Kraft auf den Bremszylinder.

Bremsflüssigkeit: Eigenschaften

Die Bremsflüssigkeit muß besondere Eigenschaften haben: Sie muß **hitzebeständig** sein. Bei einem Bremsvorgang kann durch die Reibung der Bremsbacken an der Trommel oder der Scheibenbremsbeläge an den Scheiben eine Hitze von bis zu 500 °C erreicht werden, bei der Vollbremsung auch noch mehr. Wenn sich auch ein Teil der Hitze auf natürliche Weise verflüchtigt, so bekommt die Bremsflüssigkeit doch einen gehörigen Anteil davon ab.

Sie muß also in der Lage sein, hohe Temperaturen zu verkraften, und daher ist in den vergangenen Jahrzehnten daran gearbeitet worden, den Siedepunkt der Bremsflüssigkeit zu erhöhen. Vor 1950 lag er etwa bei 185° (Lockheed N°5), hatte eine hellgelbe Farbe und bestand aus Rizin und Diazeton-Alkohol. Die **heutigen Produkte** sind **hitzebeständig bis über 260°** (gilt für synthetische und bernsteinfarbene Flüssigkeit nach Dot 5.1 auf Basis von Polyglykol). Bremsflüssigkeit darf auf keinen Fall anfangen zu kochen, denn dabei entstehen im Bremskreislauf **Gasblasen.** Und Gas läßt sich, wie erwähnt, nicht komprimieren, und dann läßt die Bremsleistung dramatisch nach bis zum völligen Bremsversagen. Man nennt dieses Phänomen auch **„Fading“.** Es kann bei Fahrten vor allem im Gebirge auftreten, wenn die Bremse immer wieder betätigt werden muß. Man fühlt dann, daß sich das Pedal „weicher“ anfühlt, wenn man darauf tritt. Hauptkriterium für die Klassifizierung der Flüssigkeit nach Dot ist der Trocken-Siedepunkt, also die Temperatur, bis zu der fabrikfrische Flüssigkeit nicht kocht.

Zweites charakteristisches Merkmal ist der **Feuchtsiedepunkt.** Bremsflüssigkeit ist **hygrophil,** d.h. sie nimmt Feuchtigkeit aus der Umgebung auf. Im Laufe der Zeit reichert sich also Wasser in ihr an, und dann kann der Siedepunkt bis hinunter zur 100°-Grenze sinken. Daher gilt: **Je mehr Wasser** in der Bremsanlage kursiert, **desto niedriger ist der Siedepunkt.** Der Feuchtsiedepunkt ist die niedrigste Temperatur, bei der das Bremsflüssigkeitsgemisch noch effizient ist. Es gibt Testgeräte, mit denen man die Wasseransammlung und den Siedepunkt bestimmen kann und die anzeigen, wann die Flüssigkeit ausgetauscht werden muß.

Drittes Merkmal: die **Viskosität bei -40 °C.** Es ist überlebenswichtig, daß die Bremsflüssigkeit unter allen Bedingungen all ihre Qualitäten behält, auch bei strengem Frost. Im Labor wird dieser Wert gemessen. Je niedriger die Viskosität ist, desto besser fließt die Flüssigkeit im Bremskreislauf.

Bremsflüssigkeitesnormen

Diese drei charakteristischen Merkmale haben dazu geführt eine **Norm,** genannt **„Dot“** zu entwickeln, die für alle handelsüblichen Flüssigkeiten gilt (Dot = Abkürzung für das hier gesetzgebende Department of Transportation, das US-amerikanische Verkehrsministerium).

Dot 3: Trockensiedepunkt 205 °C, Feuchtsiedepunkt 140 °C, Viskosität 1.500.

Dot 4: Trockensiedepunkt 230 °C, Feuchtsiedepunkt 155 °C, Viskosität 1.800.

Dot 5.1: Trockensiedepunkt 260 °C, Feuchtsiedepunkt 180 °C, Viskosität 900. Alle angegebenen Werte sind Mindestwerte, manche Flüssigkeiten, speziell für Renneinsätze, erreichen einen Trockensiedepunkt von über 300 °C. Sie sind nicht unbedingt als Dot 5.1 gekennzeichnet, weil vielleicht eines der anderen beiden Merkmale nicht zutrifft. Von Motul und Castrol gibt es spezielle Bremsflüssigkeiten mit der Bezeichnung **„Dot 4 Competition“,** bei der der Siedepunkt bei 300° liegt.

Die Wahl der Bremsflüssigkeit ist extrem wichtig. Man kann nun das beste Mittel **Dot 5.1** einfüllen, aber es **verträgt sich nicht mit Dot 3 und Dot 4.** Mischt man es hinein, wird die ganze Bremsanlage beschädigt, vor allem die **Gummiteile zerbröseln.** Deshalb wählen wir das **klassische Dot 4** für unsere Fahrzeuge; die allermeisten Autos waren zu-

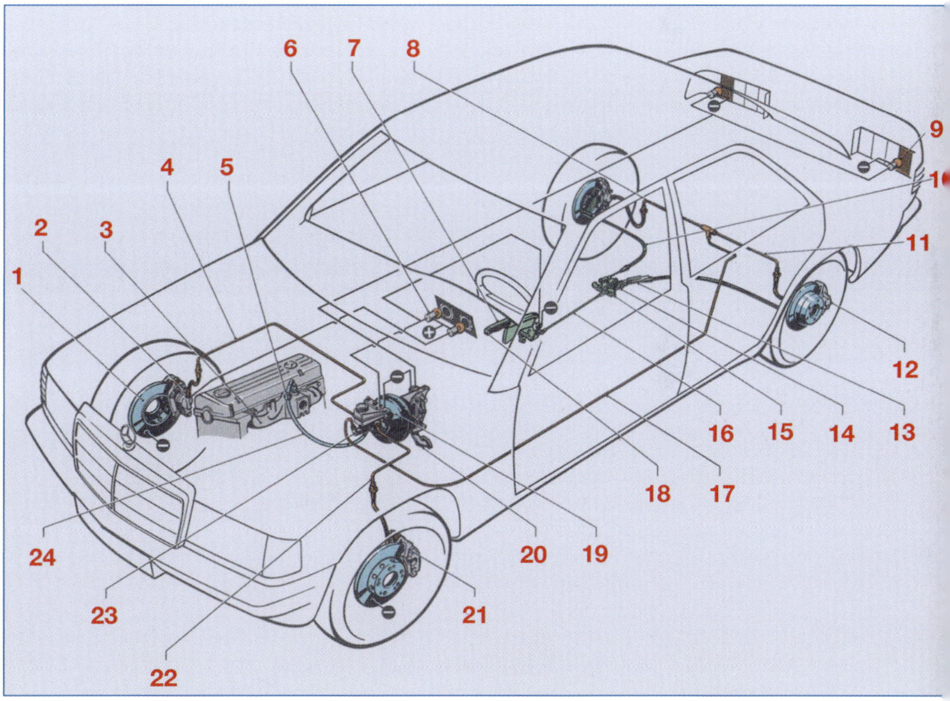

Zeichnung: Mercedes-Benz Classic

Bremsanlage Mercedes 190/190 E:
1 = Bremsscheibe, 2 = Entlüftungsschraube, 3 = Saugrohr, 4 = Bremsleitung, 5 = Rückschlagventil, 6 = Kontrolleuchten, 7 = Handhebel, 8 = Bremsleitung, 9 = Bremsleuchte, 10, 11, 13 = Bremsseilzug, 12 = Festsattel-Scheibenbremse, 14 = Ausgleichhebel, 15 = Zwischenhebel, 16 = Bremsseilzug, 17 = Bremsleitung, 18 = Löseknopf Handbremse, 19 = Bremskraftverstärker, 20 = Bremspedal, 21 = Faustsattel-Scheibenbremse, 22 = Bremsleitung, 23 = Hauptbremszylinder, 24 = Unterdruckleitung.

mindest bis vor wenigen Jahren mit Dot 4 befüllt. Dot 4 und Dot 3 vertragen sich zudem, und die Gummiteile müssen nicht ausgetauscht werden.

Dot 5.1 ist hingegen sehr **aggressiv gegenüber Naturkautschuk** (Manschetten, Dicht- und Druckringe. Wir entlüften die Bremsanlagen unserer Fahrzeuge alle zwei Jahre, auch wenn es keinen Grund zur Beanstandung gibt.

Zum Schluß der Theorie noch **vier Ratschläge:**

- **Niemals Dot 3 und Dot 4** auf der einen Seite und **Dot 5.1** auf der anderen Seite miteinander **mischen,** es drohen Bremsversagen und Unfall.
- **Keinen einmal geöffneten Kanister mit Bremsflüssigkeit aufbewahren,** sondern den Inhalt umweltgerecht entsorgen. Das Fluid nimmt im Laufe der Zeit so viel Luftfeuchtigkeit auf, daß all seine Qualitäten verloren gehen. Gebrauchtes oder überschüssiges Fluid **niemals zum Altöl kippen;** das Motoröl kann dann nicht mehr recycelt werden.
- Bei einem **Fluid-Verlust** nicht immer wieder Bremsflüssigkeit nachkippen, sondern die **undichte Stelle** suchen.
- **Vorsicht beim Nachfüllen:** Auch normale Bremsflüssigkeit ist aggressiv und greift den Lack an.

Silikon-Bremsflüssigkeit

Die Tendenz führt heute zu violettfarbener **Silikon-Flüssigkeit nach Dot 5.** Diese Bremsflüssigkeit wurde ursprünglich für die amerikanische Armee entwickelt und mußte die Qualität über einen langen Zeitraum hinweg konstant zu halten, weil Militärfahrzeuge oft lange unbenutzt herumstehen. Diese Bremsflüssigkeit ist daher bestens **geeignet für Fahrzeuge, die nicht regelmäßig bewegt werden.**

Vor dem Befüllen muß der Bremskreislauf allerdings gründlich mit Alkohol gereinigt werden, was eine Totaldemontage und Zerlegung aller Bestandteile erfordert; **Silikon darf nicht mit anderen Produkten vermischt werden.** Silikon ist also kein Allheilmittel, daher ziehen wir die Entlüftung alle zwei Jahre vor und nehmen **Dot 4.**

Bremsanlage mit Luftdruck entlüften

Das Bremssystem sollte einmal im Jahr entlüftet werden, wenn Dot 5.1 verwendet wurde, alle zwei Jahre bei Dot 4 und Dot 3. Garantiert ist Luft in den Leitung, wenn das Pedal nachgibt oder wenn man gar pumpen muß, um den Druck zu erhöhen. Selbstverständlich muß die Anlage auch nach allen Arbeiten am Bremssystem entlüftet werden.

Beim Entlüften werden **gealterte Flüssigkeit** und **Luftblasen** aus dem System gedrückt. Wagen vor Wegrollen sichern, nur bei gezogener Handbremse entlüften. Angefangen wird mit der Radbremse, die am weitesten vom Hauptbremszylinder entfernt ist (bei Linkslenker-Fahrzeugen hinten rechts), und der Vorgang wird mit der Radbremse beendet, die dem Hauptbremszylinder am nächsten ist (vorne links). Es gibt verschiedene **Methoden.**

- **Natürliches Entleeren der Bremsanlage:** Vier Schalen unterstellen, die vier Entlüftungsschrauben öffnen und warten, bis die Flüssigkeit ausgelaufen ist. Dabei das Niveau im Bremsflüssigkeitsbehälter immer wieder ausgleichen. Das dauert lange und der Effekt ist zweifelhaft.
- **Mit dem Fuß pumpen:** Das ist die klassische Methode, die wir auf der nächsten Seite im Detail erklären.

Werkzeug, Material: Zum klassischen Entlüften durch Pumpen braucht man Bremsleitungs- oder breite Gabelschlüssel SW 8, 10 oder 11, einen biegsamen und durchsichtigen, mindestens 50 cm langen Plastikschlauch, einen durchsichtigen Behälter (Marmeladenglas), das halb mit Bremsfluid gefüllt wird und zwei Flaschen mit je 250 ml Bremsflüssigkeit für das Entlüften aller vier Radbremsen.
Kosten: Etwa 20 € für die Bremsflüssigkeit, dabei nur beste Qualität nehmen!
Wann nötig? Alle zwei Jahre (bei harter Beanspruch während einer Rallye z.B. einmal im Jahr), nach Arbeiten an der Bremsanlage, wenn der Pedaldruck nachläßt und man mit dem Fuß pumpen muss, um ihn zu erhöhen.

- **Mit einem elektrisch betriebenen Entlüfter** (teuer, Werkstattbedarf).
- **Mit Luftdruck:** Das Prinzip ist einfach. Der Bremskreislauf wird **unter Druck** gesetzt, indem ein passender Deckel mit seiner Dichtung auf den Bremsflüssigkeitsbehälter geschraubt wird. Mittig im Deckel sitzt ein **Schlauch,** der in eine **Vorratsflasche** mündet. In den Deckel der Flasche mündet ein zweiter Schlauch, der an das

1

2

1 Für wenig Geld im Internet erhältlich: Set zur bequemen Entlüftung der Bremsanlage per Luftdruck.

2 Der mit Bremsfluid gefüllte Vorratsbehälter wird über einen Schlauch und einen passenden Schraubverschluß an den Bremsflüssigkeitsbehälter angeschlossen.

3 Der zweite Schlauch führt vom Deckel des Vorratsbehälters zum Ventil eines Reifens. Sobald die Entlüftungsschraube geöffnet wird, strömen Fluid und vorhandene Luftblasen über den angeschlossenen transparenten Schlauch ins Glas.

Unbedingt beachten
Beim klassischen Entlüften nicht mit voller Kraft aufs Bremspedal treten, sondern gemächlich pumpen, um Druck aufzubauen. **Das Pedal nicht bis auf den Boden durchtreten.** Bei einem Oldtimer kommt es häufig vor, daß sich am inneren Ende des Hauptbremszylinders etwas **Korrosion** gebildet hat und damit in einer Zone, die bei normalem Bremsen nie beansprucht wird. Wird das Pedal ganz durchgetreten, kann die Dichtheit des Kolbens durch Beschädigung der Gummiteile beeinträchtigt werden.

Ventil eines Reifens angeschlossen wird. Der Druck darf 2 bar nicht überschreiten. **Vorteil:** Man braucht keinen Helfer, der aufs Pedal tritt.

Man schließt alles an, füllt die Flasche mit frischem Dot 4 und verbindet das Entlüftungsventil mit einem Schlauch, der in ein halb mit Fluid gefülltes Glas reicht. Dann öffnet man die jeweilige **Ablaßschraube** und wartet, **bis keine Luftblasen mehr** vom Entlüftungsventil ins Glas **entweichen.** Dann schließt man das Entlüftungsventil, klemmt den Schlauch ab und geht zur nächsten Radbremse. Selbstverständlich muß man das Ganze überwachen und **aufpassen, daß sich die Vorratsflasche nicht leert,** denn dann wird Luft ins System gepreßt.

Zum Schluß Deckel vom Fluidbehälter schrauben und mit einer Pipette überschüssige Flüssigkeit absaugen; sie soll nicht höher als bis zur Max-Marke stehen.

- **Absaugen:** Hierbei wird die Bremsanlage nicht unter Druck gesetzt, sondern an den Ablaßschrauben werden Flüssigkeit und eventuelle Luftblasen abgesaugt. Diese Methode ist nur von mittelmäßiger Wirksamkeit.

In allen Fällen muß darauf geachtet werden, daß das **Flüssigkeitsniveau im Behälter** nicht unter die Mindestgrenze sinkt oder ganz abfällt. In diesem Fall würden Sie beim Pumpen das Bremssystem mit Luft befüllen und müßten wieder von vorne anfangen. Es ist daher oberste Pflicht, beim und nach dem Entlüften jeder Bremse das **Niveau aufzufüllen.**

Bremse durch Pumpen entlüften

1 Den Bremsflüssigkeitsbehälter aufschrauben und entleeren, sei es durch Abpumpen oder Absaugen. Hände schützen bzw. Handschuhe tragen, denn die Flüssigkeit ist sehr aggressiv. Dann den Behälter mit neuer Flüssigkeit füllen.

2 Den Ringflachschlüssel an der am weitesten vom Hauptbremszylinder entfernten Entlüftungsschraube ansetzen (bei Bedarf vorher Rostlöser wirken lassen und mit einer Drahtbürste reinigen).

3 Den Plastikschlauch auf die Entlüftungsschraube setzen. Das andere Ende des Schlauchs steckt tief in dem mit Bremsflüssigkeit gefüllten Glas, damit keine Luft angesaugt werden kann. Jetzt braucht man einen Helfer, der sich in den Wagen setzt und das Bremspedal langsam durchtritt.

4 Jetzt die Entlüftungsschraube um etwa eine Viertel Umdrehung lösen. Unter dem Pedaldruck fließt die Bremsflüssigkeit über den Schlauch ins Glas. Gleichzeitig treten Luftblasen aus. Ventil sofort wieder schliessen, erst dann den Helfer bitten, das Pedal loszulassen. In dieser Phase kann keine Luft angesaugt werden. Das Bremsflüssigkeitsniveau im Behälter wieder auffüllen.
Vorgang mit Öffnen und Schließen des Ventils bei Treten und Loslassen des Pedals so lange wiederholen, bis keine Luftblasen mehr entweichen. Zuletzt die Ent- lüftungsschraube bei ganz durchgetretenem Pedal schließen. Immer darauf achten, daß das Niveau im Flüssigkeitsbehälter nicht unter die Min-Marke sinkt. In derselben Weise bei allen Radbremsen vorgehen; zuletzt kommt die dem Hauptbremszylinder am nächsten liegende an die Reihe.

5 Um abschließend zu kontrollieren, ob wirklich keine Luftblasen mehr in der Bremsanlage zirkulieren, muß der Helfer drei bis viermal hintereinander kräftig aufs Pedal treten. Das Pedal muß den Druck gleichmäßig halten ohne sich zu verhärten. Sollte sich der Druck erst beim Pumpen aufbauen, muß nochmal entlüftet werden, wie oben beschrieben. Die Bremsflüssigkeit nun bis zum Maximum auffüllen, den Deckel verschließen und einen Bremsversuch auf der Straße vornehmen.

22

Türpaneele und Sitzpolster

Die Vordersitze unseres BMW 2002 A von 1974 wurden mit Originalstoff neu bezogen, der bei BMW 2008 zu einem erstaunlich günstigen Preis noch lieferbar war. Der Polsterer unterfütterte auch Sitzflächen und Rückenlehnen. Selbst die Abnäher bekam er pefekt hin. Das originale Kunstleder und die Keder wurden wiederverwendet - nach gründlicher Reinigung. Die Kopfstützen befanden sich noch in einem guten Zustand.

Türverkleidungen zerlegen und erneuern

Normalerweise ist das die letzte große Etappe, bevor ein Fahrzeug wieder eingesetzt wird. Man schiebt sie bis zum letzten Moment auf, weil die Polsterung eine der kostspieligsten Angelegenheiten bei der Restaurierung ist. Zwar wird man die komplizierte Arbeit meist einem professionellen Polsterer überlassen, doch gibt es Fahrzeuge, deren Sitze und Türverkleidungen einfacher als die anderer Modelle zu erneuern sind, vor allem, wenn es darum geht, nur Bezüge zu erneuern. Und mit einer guten Nähmaschine und etwas Geschick kann man ohne allzu große Mühe durchaus zu einem guten Ergebnis kommen. Am Beispiel einer Sitzbank und der Türverkleidungen unserer Simca Aronde zeigen wir die einzelnen Schritte, die notwendig sind.

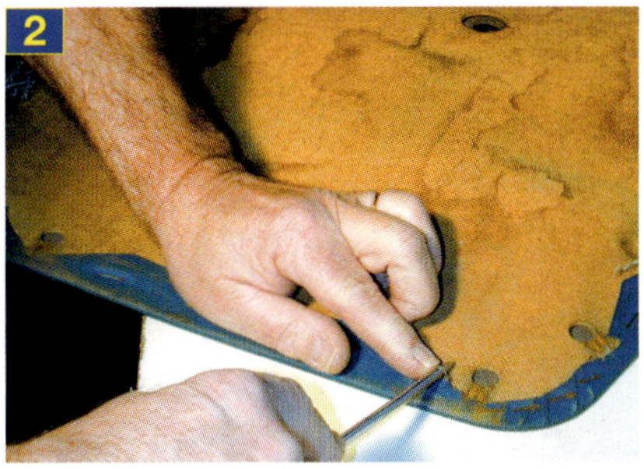

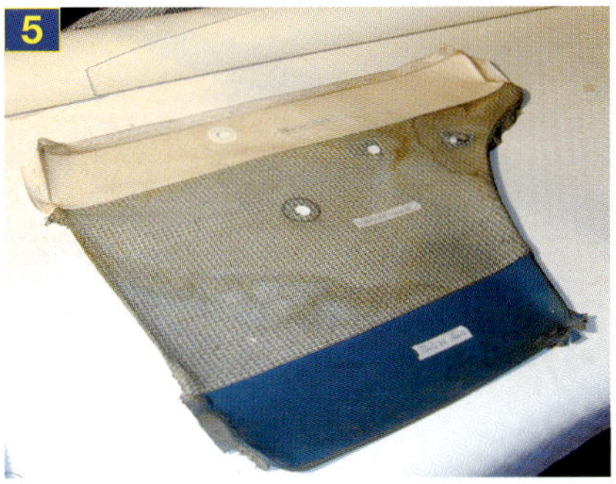

1 Man fängt gerne dort an, wo es am leichtesten ist. Also machen wir uns zuerst an die Türverkleidungen heran. Mit einer flachen Zange ziehen wir die alten Heftklammern heraus. Keine Sorge, wenn sie verrostet sind oder abbrechen: Man findet leicht Ersatz in Hobbymärkten oder im spezialisierten Zubehörhandel.

2 Es geht auch mit einem Schraubendreher: Die Heftklammern werden vom Kunstleder abgehebelt.

3 Das Kunstleder wird abgezogen.

4 Innen ist auf jede Türverkleidung eine Schalldämmung aus Filz geklebt.

5 Alle Türverkleidungen wurden abmontiert, im Bild die Verkleidung einer Hintertür.

6 Hier sieht man die Verkleidung einer Vordertür.

7 Eine neu bezogene Verkleidung; jedes Element ist mit blauem und beigem Kunstleder bespannt, dazwischen erstreckt sich der Polsterstoff. Die Unterlage wurde nach dem alten Muster aus Preßkarton hergestellt.

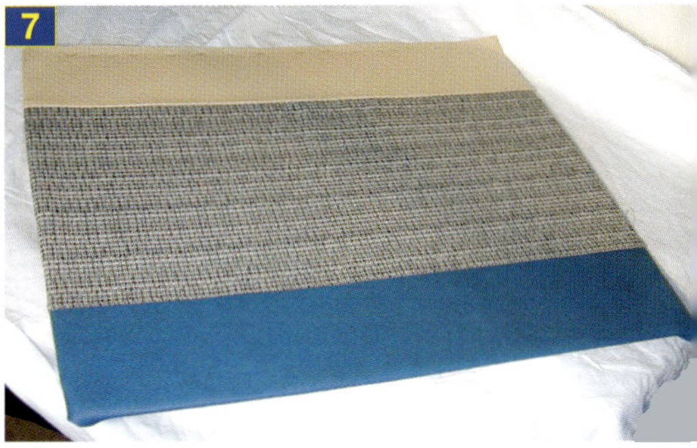

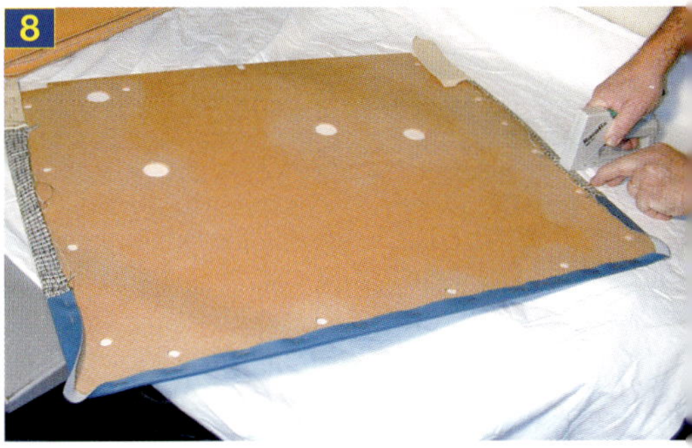

8 Alles wird gut gespannt und mit Heftklammern befestigt. Darauf achten, dass bei allen Türverkleidungen die gleichen Maße der unterschiedlichen Materialien eingehalten und im rechten Winkel verlegt werden. Zum Fixieren der umgeschlagenen Ränder 4-mm-Heftklammern verwenden. In die Türverkleidungen wurden hier bereits die Löcher für die Fensterkurbel und Armlehnenbefestigungen gestanzt.

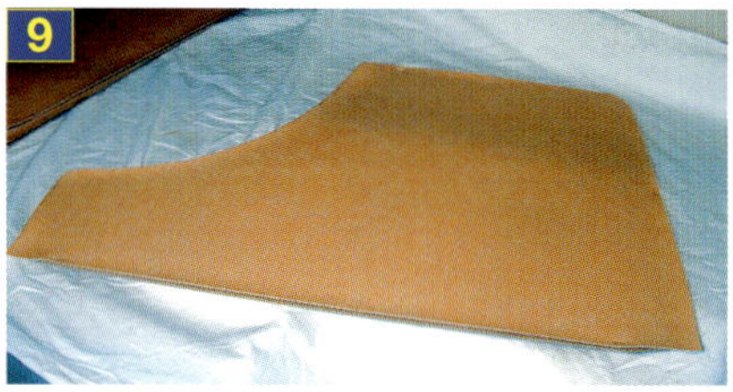

9 Zwischen der Trägerplatte und dem Bezug haben wir schalldämmendes Schaumstoff-Flies angebracht.

10 Mit einer scharfkantigen Hülse stanzen wir von der Rückseite aus die Löcher für die Fensterkurbeln und die Befestigungen der Armlehnen aus.

11 An den Löchern überhängende Fäden abschneiden, damit der Bezugsstoff nicht ausfranst.

12 Die Ränder der Kunstlederteile lassen sich sauberer ausschneiden.

13 Jetzt müssen lediglich noch die Befestigungsklammern der Verkleidungen an den Türen eingesetzt werden.

14 So sieht eine einbaufertige Türverkleidung aus. Die Klammern sitzen in entsprechend gestanzten Löchern, die aber nicht den Stoff durchdringen dürfen.

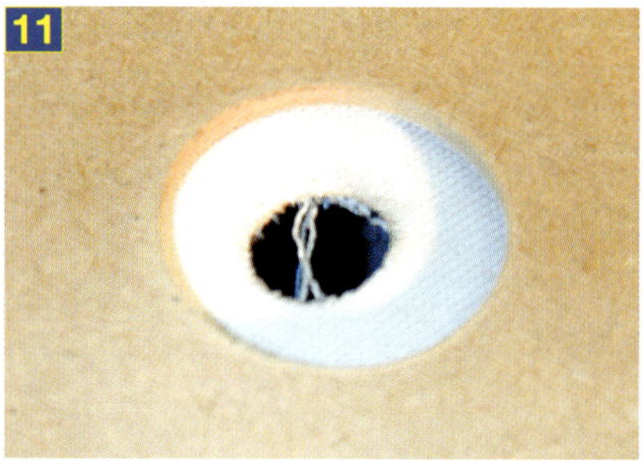

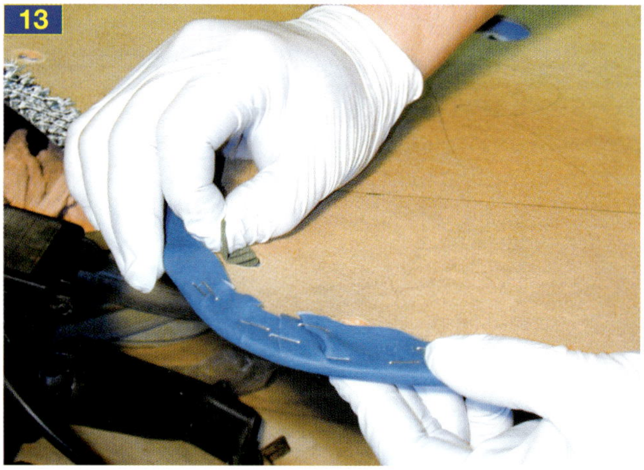

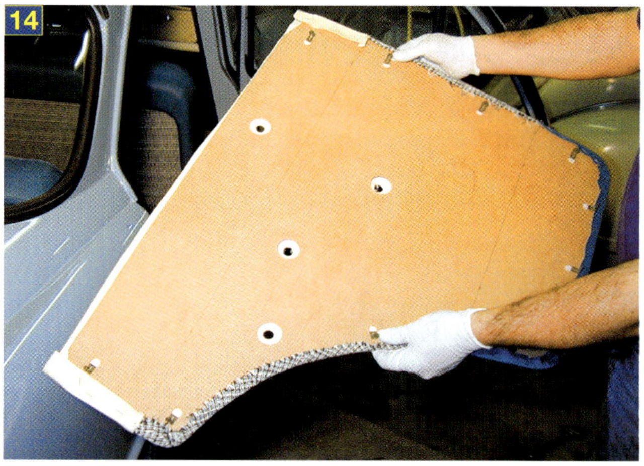

15 Luxus anno 1957: Innenraum des BMW V8 3,2 Super, wie er als Topmodell der Baureihe von 1957 bis 1963 in München gebaut wurde. Zwar wurde die B-Säule fürs Foto wegretuschiert (wenn nicht sogar abgesägt), doch auch im Normalzustand glänzte der schwere BMW durch ungewöhnlichen Einstiegskomfort: Die vier Türen öffneten gegenläufig, die vorderen nach vorn und die hinteren nach hinten.
Für den Restaurator bzw. Polsterer ist es heute eine Herkulesaufgabe, die Biesen und Abnäher nachzuproduzieren, vorausgesetzt, er findet den dem Original am nächsten kommenden Bezugsstoff. Entsprechend teuer sind derartige Arbeiten.

Prospektabbildung: BMW AG

Bezug und Polster Rückbank abnehmen

1 Jetzt werden Sitzbank und Rückenlehne abgezogen. Der Stoff ist bei beiden Elementen über das Chassis gezogen wie eine Socke über einen Fuß. Vorher müssen auch hier rundum die Heftklammern entfernt werden.

2 Beim Aufpolstern wurde der Stoff mit einer Hilfsschnur gespannt, mit der er über das Gestell gezogen wurde. Auf dem Foto sieht man das eine Ende dieser Schnur.

3 Jetzt wird der Bezug abgenommen.

4 An der vorderen Partie der Sitzfläche ist der Stoff durch eine Eisenstange, die in einer Art Futteral steckt, gespannt.

5 Auch hier finden sich noch etliche Klammern, die alle entfernt werden müssen.

6 Dann muss das Futteral um einige Zentimeter aufgetrennt werden, um die Eisenstange herauszubekommen.

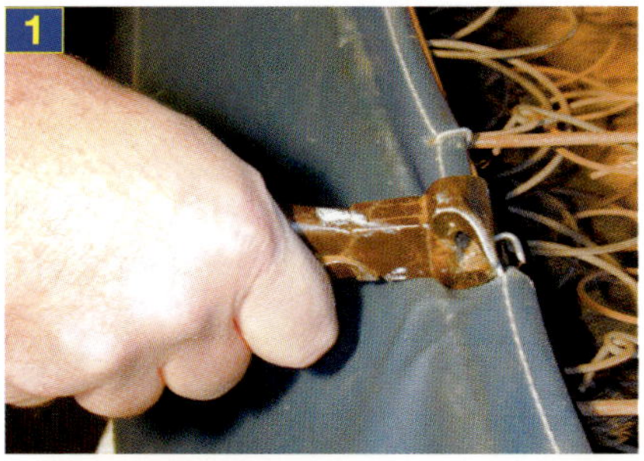

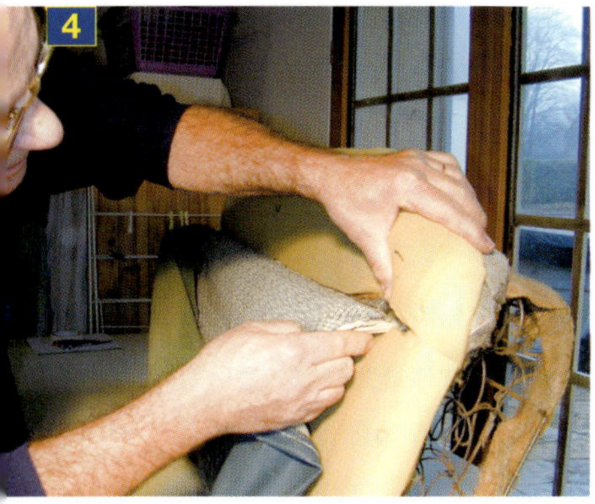

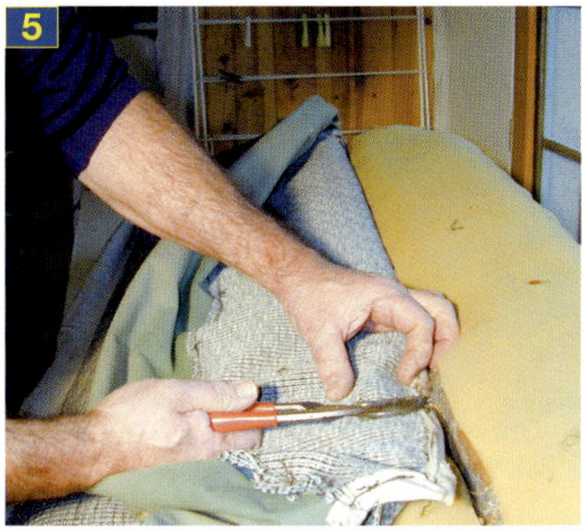

7 Die Stange herausziehen.

8 Unter dem Schaumstoff sieht es recht vergammelt aus. Hier ist die Polsterung abgenutzt und muß erneuert werden.

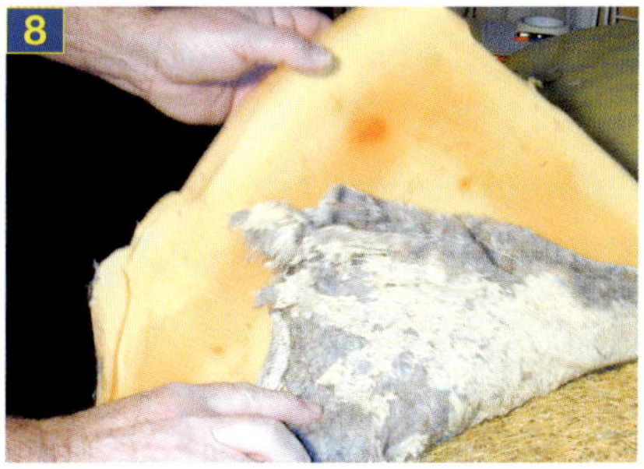

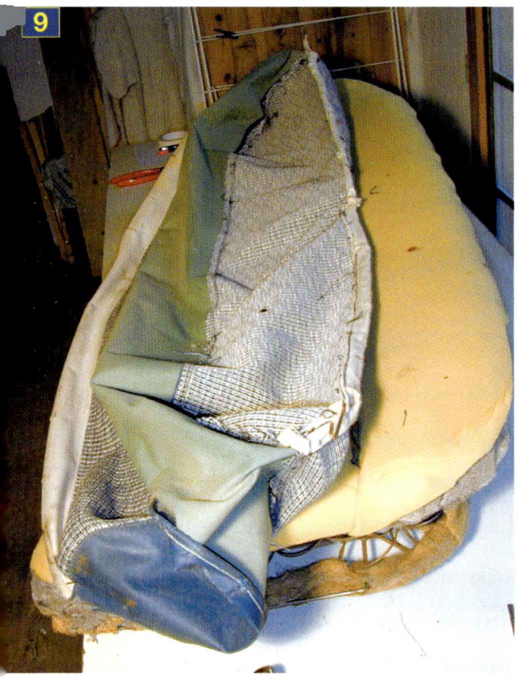

9 Da liegt nun die Stoffhülle des Sitzes.

10 Weil diese Sitzfläche komplett neu aufgepolstert werden muß, nimmt man auch den Jutebezug ab, der zwischen dem Federkern und der Rosshaarschicht angebracht ist. Auch dieser Bezug ist mit Klammern fixiert.

11 Dann trennt man den Federkern von der Abdeckung.

12 Auch hier gilt: Alle Arbeitsschritte beim Auseinandernehmen notieren!

13 Auch notieren, wie die einzelnen Elemente aneinandergefügt waren.

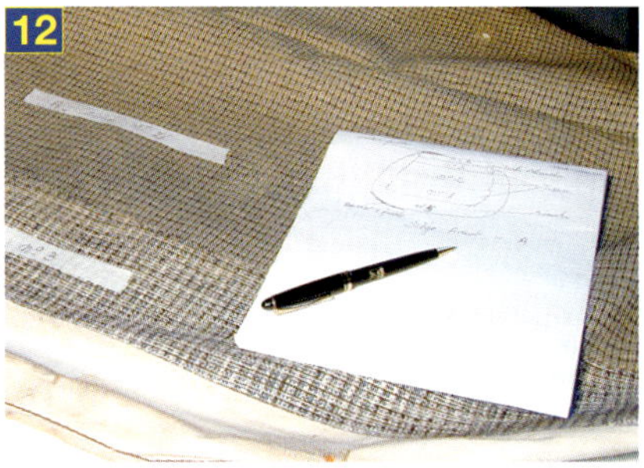

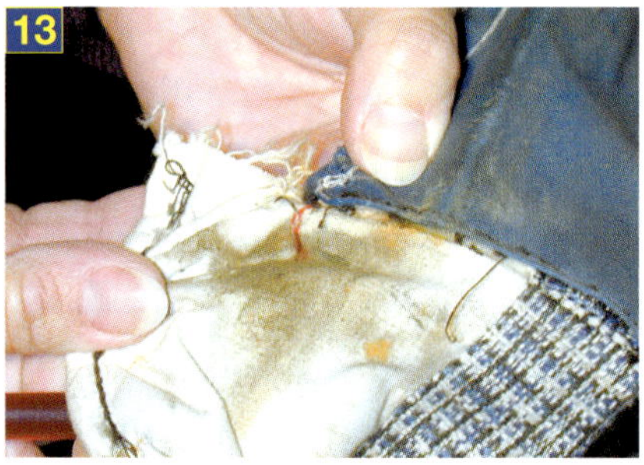

14 Wenn alles schriftlich festgehalten wurde, kann mit dem Auseinandertrennen begonnen werden.

15 Auch hier vorher genau aufschreiben, wie alles zusammengenäht war. Man sollte auch Fotos machen und zusätzlich Zeichnungen anlegen.

16 Auch auf den Zwickel achten, wenn einer vorhanden ist.

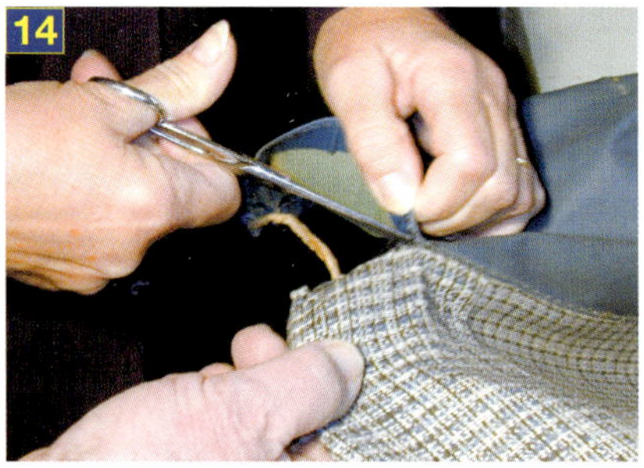

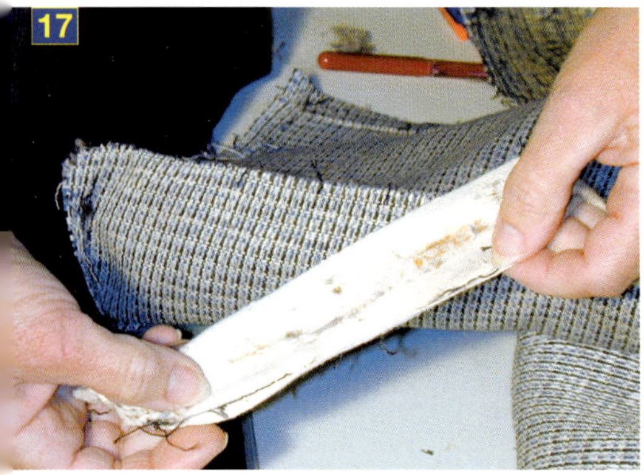

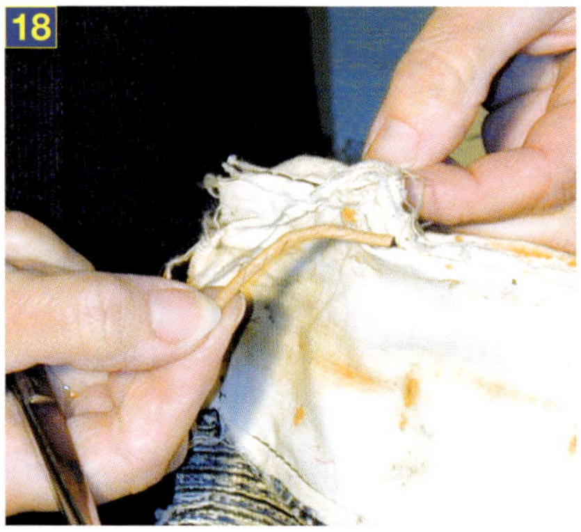

17 Die Zwickel sind mit dem Gewebe verbunden und müssen erneuert werden. Sie müssen besonders sorgfältig aufgetrennt werden, weil sie identisch wieder nachgearbeitet werden müssen.

18 Zum Schluß werden die Montageschnüre herausgetrennt, weil auch sie erneuert werden. Bei den Rückenlehnen genauso vorgehen.

Demontage der Unterkonstruktion

1 Das Stahlgestell ist mit Vinyl überzogen, das erneuert werden muß. Das Vinyl ist zum Teil mit Klammern geheftet, zum Teil geklebt.

2 Die Schrauben der inneren Halteschiene mit ihren Unterlegscheiben lösen.

3 Die Schiene ablegen. Sie muß – wie der ganze Unterbau – restauriert, d.h. entrostet und lackiert werden.

4 Beim Abziehen Notizen und Fotos machen, damit der neue Bezug richtig herum aufgezogen wird; vor allem auf den Sitz des Bezugs in den Ecken achten.

5 Jedes abgezogene Teil als Muster aufbewahren, auch das Stück steifer Pappe.

6 Die Sitzkanten sind vom Hersteller mit einem Schutz überzogen worden, damit das Vinyl nicht aufreißen konnte. Diesen zusätzlichen Schutz brauchen wir heute nicht mehr, denn modernes Kunstleder ist dicker und widerstandsfähiger als das von früher.

7 Alle Teile mit einer spitzen und scharfen Schere auseinandertrennen.

8 Wenn alle Kunststoffteile entfernt sind, kann mit der Aufarbeitung des Sitzgestells begonnen werden. Zwar ist die Korrosion nur oberflächlich, dennoch muß sie abgeschliffen werden, bevor das Gestell neu lackiert wird.

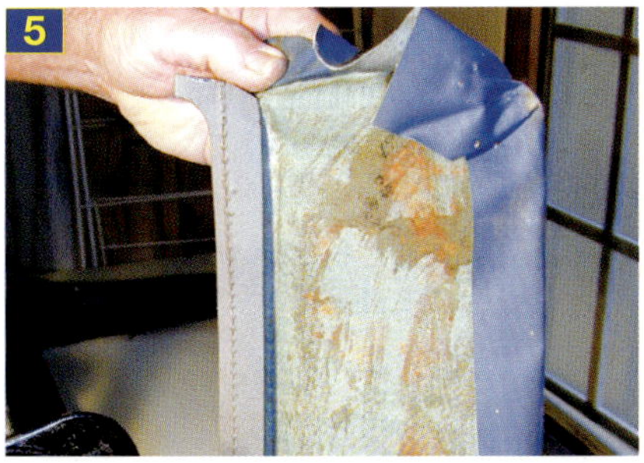

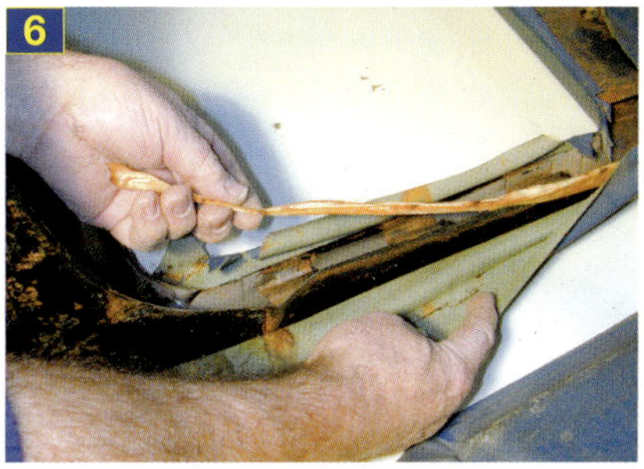

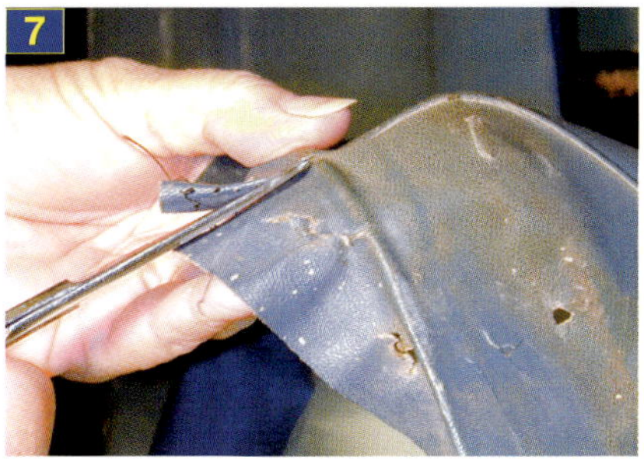

Kunstleder zuschneiden

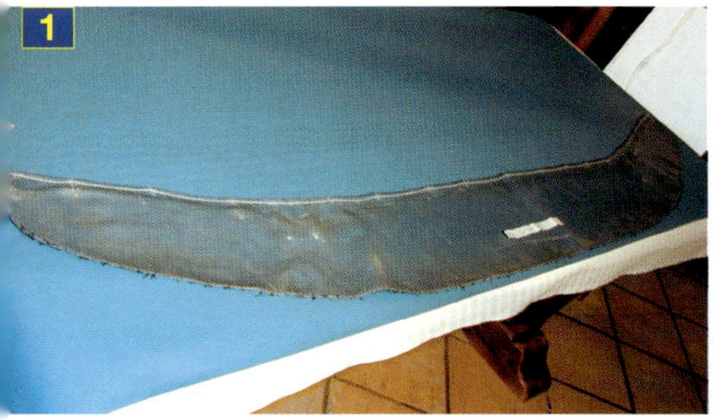

1

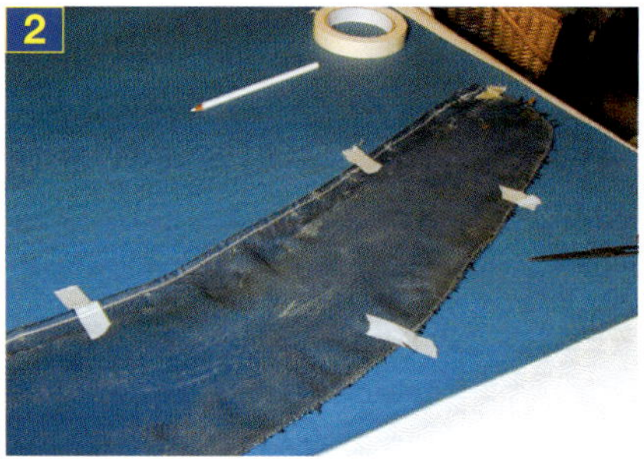

2

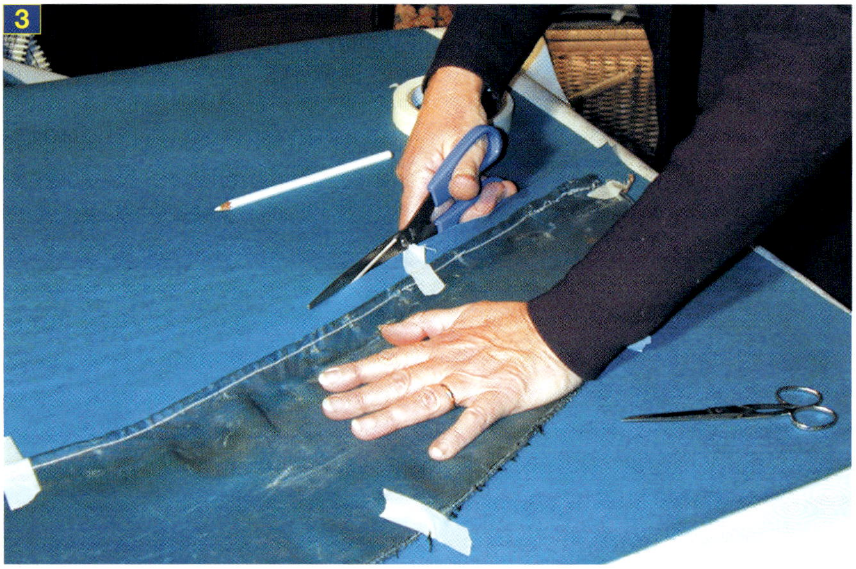

3

4

5

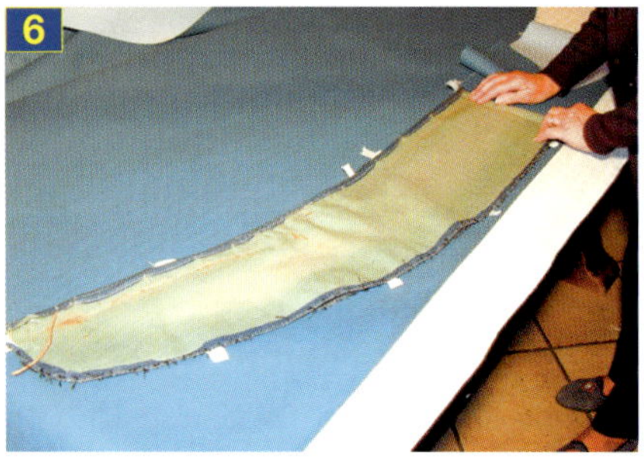

6

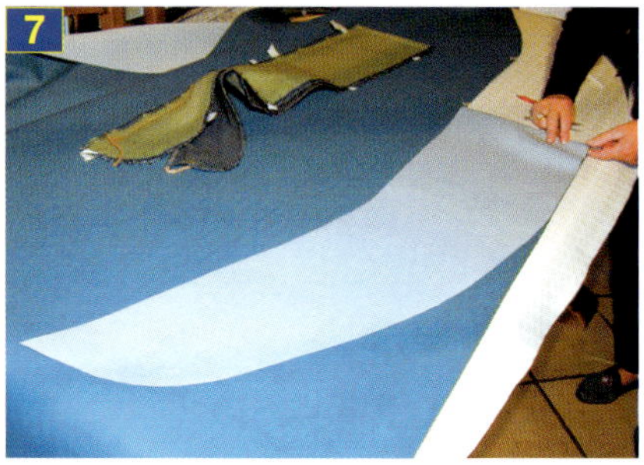

7

1 Stoff, aber auch Kunstleder hat einen bestimmten Fadenverlauf. Daher beim Zuschneiden darauf achten, daß Struktur und Faden in der gleichen Richtung verlaufen; es ist vergleichbar mit einer Tapetenbahn. Man will ja nicht, daß die Struktur der Teile nachher in alle Richtungen zeigt. Das abgezogene alte Kunstleder wird als Schnittmuster benutzt.

2 Das Schnittmuster mit Klebeband auf der neuen Stoffbahn fixieren.

3 Den Stoff mit einem Übermaß von mindestens zwei Zentimetern zuschneiden, damit genügend Material für die Ummantelung des Gestells vorhanden ist. Vor der Mitte des Schnittmusters anhalten.

4 Bevor die Partie ausgeschnitten wird, die mit dem Polsterstoff vernäht wird, die Rundung mit Schneiderkreide anzeichnen.

5 Auch dieses Stück bis zur Mitte hin ausschneiden.

6 Um eine perfekte Symmetrie rechte/linke Sitzseite zu erhalten, die rechte Partie des alten Kunstleders umdrehen und die Form mit Schneiderkreide auf die andere, linke Seite übertragen.

7 Bevor ganz ausgeschnitten wird, das neue Element in der Mitte falten und das bereits ausgeschnittene Kunstlederstück umklappen; so geht's beim Schneiden einfacher.

8 Die ausgeschnittene und umgeklappte Partie gut festhalten und dann an der aufgezeichneten Linie entlangschneiden.

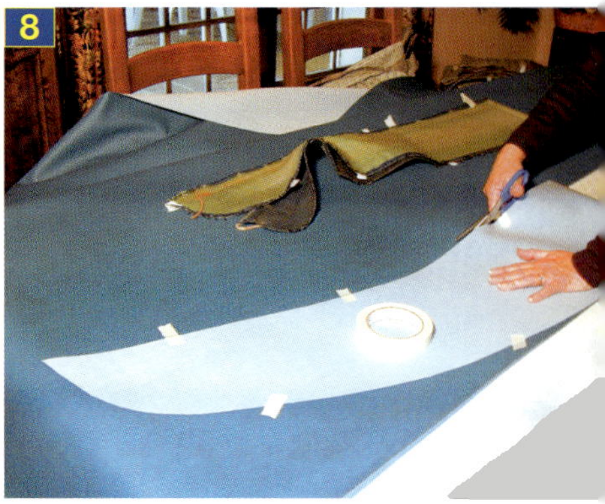

8

Polsterstoff zuschneiden

1 Das Arbeitsprinzip ist mit dem oben beschriebenen identisch. Beim Stoff muß natürlich besonders der Fadenverlauf beachtet werden. Zunächst legt man die abgezogenen Stoffteile auf den neuen Polsterstoff. Auch hier wieder mit einem Übermaß von mindestens zwei Zentimetern zuschneiden. Mitunter ist es besser, die alten Stoffteile vorher glatt zu bügeln.

2 Mit Hilfe von Stecknadeln die alten Stoffteile auf der neuen Stoffbahn fixieren.

3 Beim Ausschneiden den Überstand von zwei Zentimetern berücksichtigen.

4 Alle Teile auf dieselbe Weise ausschneiden. Die alten Teile jeweils mit den neuen zusammenlegen und zur Identifizierung aufbewahren. So lassen sich im Zweifelsfall später Position und Zusammengehörigkeit der Teile rekonstruieren.

Zusammenfügen von Kunstleder und Stoff

1 Für die obere Partie der Rückenlehne haben wir beigefarbenes Kunstleder gewählt. Auch hier vorgehen, wie zuvor beschrieben: die alten Stücke als Schnittmuster auf die neuen legen und zwei Zentimeter dazugeben. Die Teile mit Abklebeband fixieren, Stecknadeln würden Spuren hinterlassen.

2 Beim Ausschneiden zwei Zentimeter dazugeben. Dann die Teile zur Seite legen. Hier ist es einfach, es sind nur zwei Elemente herzustellen.

3 Wenn alle Teile vorbereitet sind, geht es ans Zusammenfügen. Dabei immer auf den Fadenverlauf bzw. das Stoffmuster achten, damit Sitzfläche und Rückenlehne optisch eine Einheit bilden. Achtung: Auch das Kunstleder hat einen Fadenverlauf, der beachtet werden muß. Auf dem Foto wird das Kunstleder eingeschlagen und mit Klebeband befestigt.

4 So sieht das Ergebnis aus.

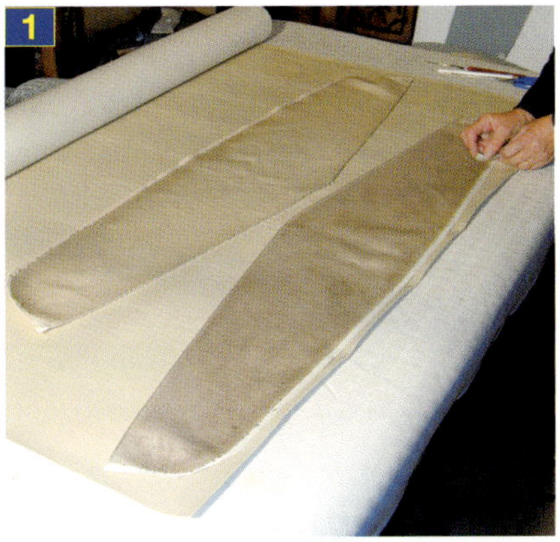

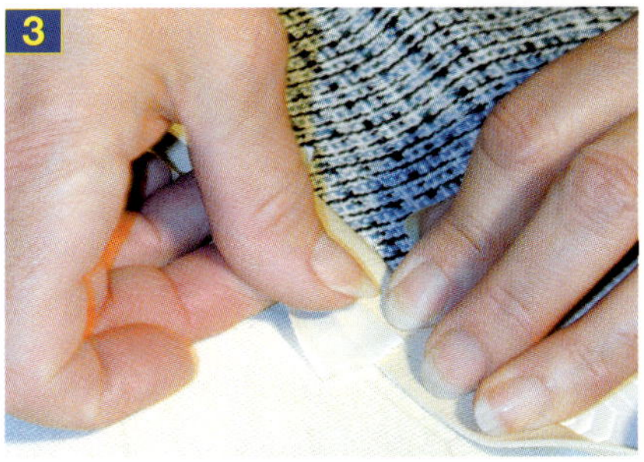

5 Mit Hilfe des alten Stoffteils wird die Lage des Futterals markiert, in das der Metallstab, der den Stoff auf der Sitzfläche spannt, eingeschoben wird.

6 Jetzt die Teile Stück für Stück mit Stecknadeln zusammenheften. Den Bezug der Sitzfläche heften wir zunächst nur bis zur Mitte zusammen.

7 Stoff bis zur Mitte umklappen.

8 Die Mitte des Kunstlederstücks genau markieren.

9 Polsterstoff und Kunstleder von der Mitte aus zusammenheften. Hierbei kann man Stecknadeln verwenden.

10 In den Rundungen das Kunstleder alle zwei bis drei Zentimeter einschneiden, damit es den Rundungen folgen kann.

11 Das Zusammenheften Zentimeter für Zentimeter fortsetzen.

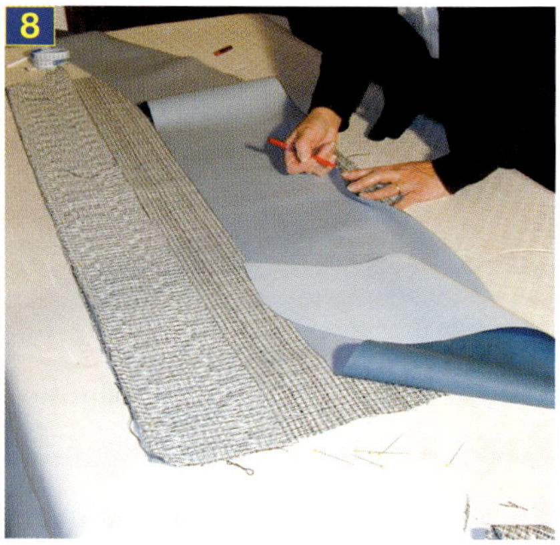

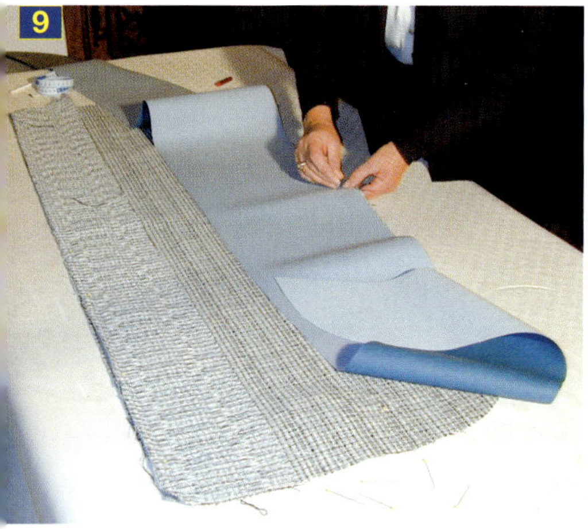

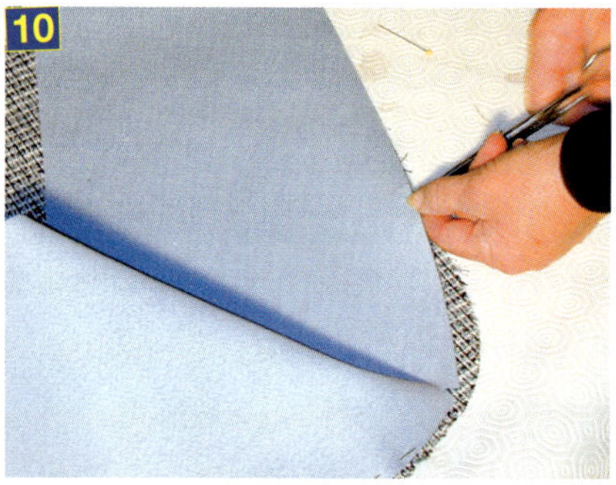

12 Die Rücksitzbank unseres BMW 2002 A zeigte nach 35 Jahren Alltagseinsatz nur minimalen Verschleiß und hatte vor allem keine Flecken, Risse oder Zigaretten-Brandlöcher. Sie wurde inklusive der Kunstlederpartien nur gründlich gereinigt, ansonsten aber original belassen. Für alle Fälle haben wir aber zwei Quadratmeter BMW-Originalstoff in Reserve gelegt. So etwas empfiehlt sich, wenn man das Glück hat, originale Bezüge aufzutreiben.

Vernähen der einzelnen Elemente

1 Natürlich braucht man dazu eine elektrische Nähmaschine, wie sie zum Säumen von Gardinen zum Beispiel schon von unseren Großmüttern verwandt wurde. Nicht gerade so eine wie sie Barthélemy Thimonnier 1829 erfunden hat oder die frühen Nachfolgemodelle von 1845 oder 1847, die bis zu 300 Stiche pro Minute schafften und zum Nähen von Wäsche, Bettzeug oder Polsterbezügen dienten. Sondern eine riemengetriebene, ganz normale und noch voll alltagstaugliche Nähmaschine.

2 Ganz wichtig ist die Auswahl der Nadeln. Weil hier relativ steifes Kunstleder genäht werden soll, benutzen wir Nadeln für Leder der Stärke 130/105 H.

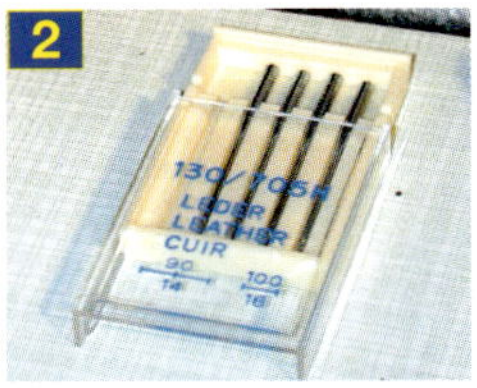

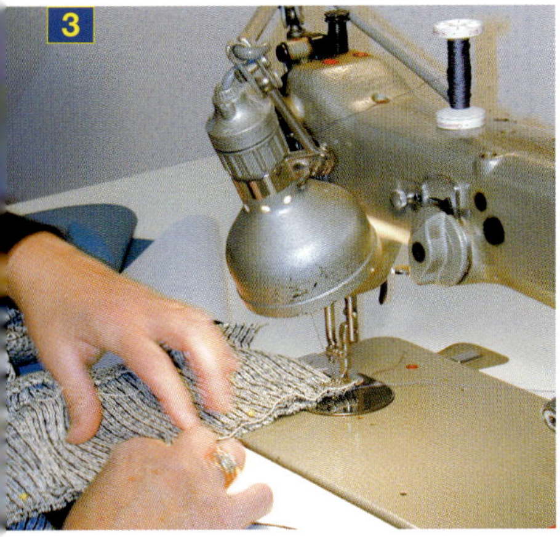

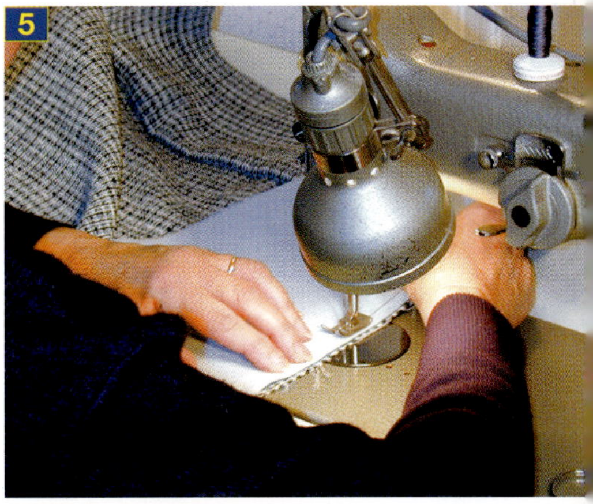

3 Es wird mit einem Seidenfaden genäht (er ist besonders reißfest), und wir haben farblich mit Polsterstoff und Kunstleder abgestimmte Farbtöne gewählt.

4 Jetzt werden die Stoffteile für die Sitzfläche zusammengenäht. Die Naht wird von der Rückseite her angebracht, wie auf dem Foto zu sehen ist, ungefähr einen Zentimeter vom Rand entfernt. Mit der linken Hand wird gelenkt, mit der rechten der Stoff gehalten und weitergeschoben.

5 In derselben Weise wird das Kunstleder an den Stoff der Sitzfläche genäht, von der Rückseite her links herum; dabei nicht vergessen, die Heftnadeln Stück für Stück zu entfernen.

6 Die Einschnitte im Kunstleder erleichtern das Zusammennähen der Rundungen.

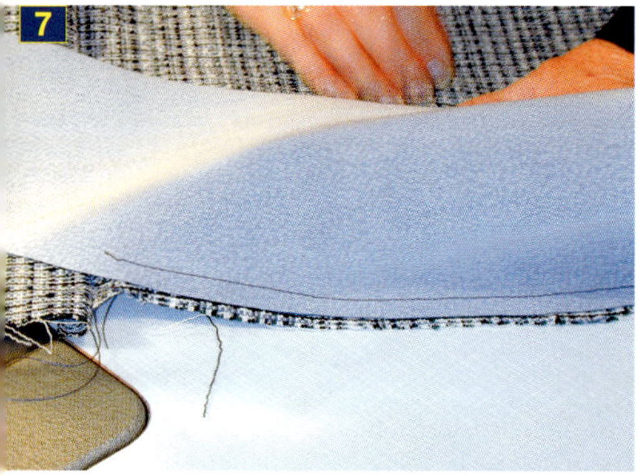

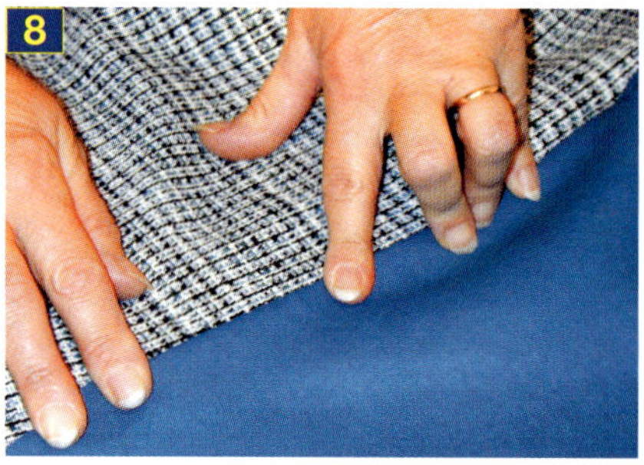

7 So sieht das Endergebnis auf der Rückseite aus.

8 Und das ist das Resultat auf der Vorderseite.

9 Der Überstand des Stoffes wird abgeschnitten.

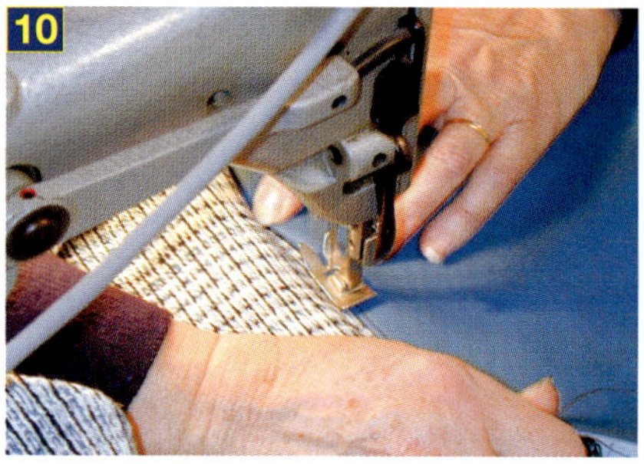

10 Bei unserem Simca wird auf der sichtbaren Seite zusätzlich eine Ziernaht gelegt, die auch die Reißfestigkeit erhöht.

11 Auch das Kunstleder erhält eine sichtbare Ziernaht, die auf dem Polsterstoffuntergrund realisiert wird. Mit dem Nähen wird von der Mitte nach außen gewandert.

12 Ein probeweises Anpassen von Zeit zu Zeit ist besser als alles fertigzunähen und nachher wieder auseinanderreißen zu müssen, wenn's nicht paßt. Zur „Anprobe" zieht man die zusammengenähten Elemente wie einen Socken über das Sitzgestell. Die Rundungen sind noch nicht genäht, man kann sie in diesem Stadium genau anpassen.

13 Jetzt wird die Stabilisatorstange in das da-für vorgesehene Futteral gesteckt.

14 Selbst für die Probe muß alles an seinem Platz sein. Der Stabilisator muß mit vier bis fünf Nadelstichen befestigt werden. Dafür nimmt man eine lange Nadel und einen Baumwollfaden wie den, mit dem der Metzger seinen Rollbraten zusammenbindet.

15 Das Futteral hinter dem Eisenstab durchstechen. Ziel ist, den Faden um den Stab zu wickeln.

16 Den Faden durch den Federrahmen des Sitzgestells führen und wieder zurückführen; Ziel ist es, den Faden um den Stabilisator zu wickeln.

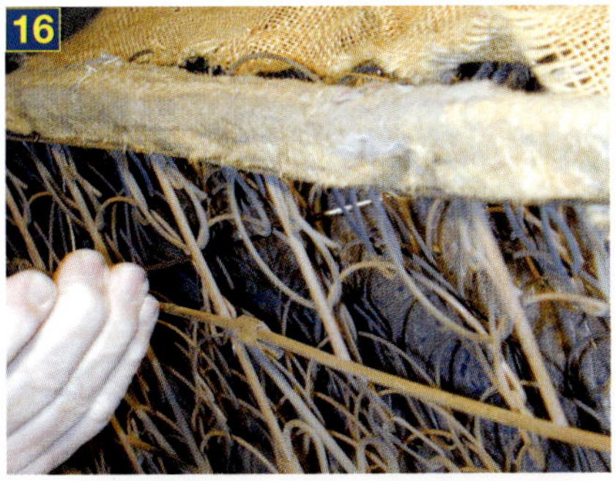
16

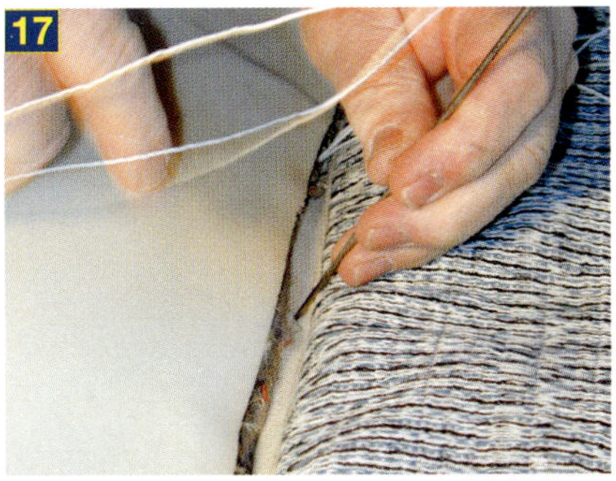
17

17 Maximal zusammenziehen und verknoten (ein Helfer hält am besten einen Finger drauf).

18 Das Probe-Beziehen der Sitzkonstruktion fortsetzen.

19 Die Anprobe läßt erkennen, daß auf Höhe der Schaumstoffunterlage ein Fehler ist. Schrecklich: Alles muß wieder abgenommen und nachgearbeitet werden. Zum Schluß werden die seitlichen Nähte mit höchster Präzision ausgeführt.

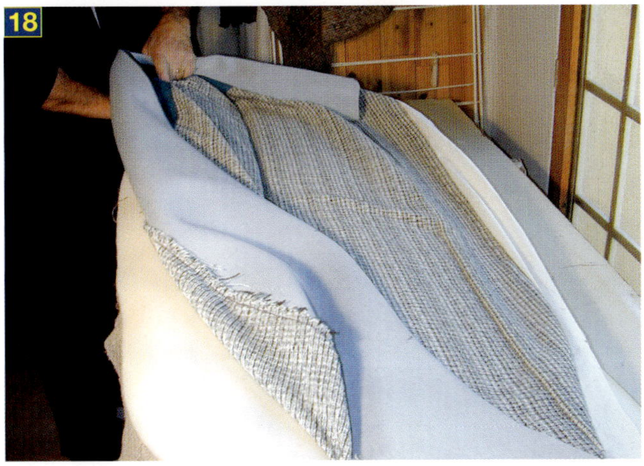
18

19

Unterkonstruktion der Sitzbank neu beziehen

1 Alle Kunstlederteile sind nach dem Muster geschnitten und zusammengenäht, das Sitzgestell ist aufgearbeitet, entrostet, gegen Korrosion behandelt und gestrichen. Jetzt muß der Unterbau, der mit Kunstleder überzogen werden soll, mit Neopren-Kleber eingestrichen werden.

2 Auch die Rückseite des Kunstleders wird mit Kleber bestrichen.

3 Einige Sekunden warten, damit der Kleber oberflächlich etwas antrocknet. Dann den Kunstlederbezug auflegen und kräftig andrücken. Den Bezug mit Kraft glattziehen, auch an den Rundungen.

1

2

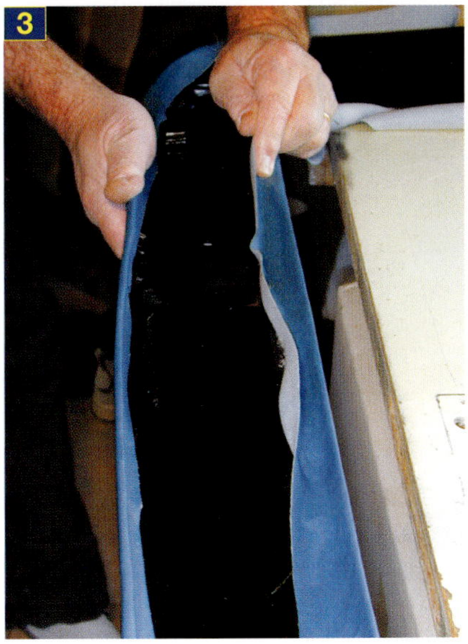
3

4 Nun müssen noch die rückwärtigen sowie die seitlichen Verkleidungen hergestellt werden. Die Verkleidungen bestehen aus Karton, der mit Kunstleder beklebt wird; wir verwenden dazu wieder Neopren-Kleber.

5 Die alten Verkleidungen auseinandernehmen. Sie sind auf Pappkarton genäht, der am Sitzgestell befestigt ist. Anschliessend werden nach den alten Mustern neue Pappen zurechtgeschnitten.

6 Dann werden passende Kunstleder-Elemente zurechtgeschnitten, die anschließend auf dem Kartonuntergrund fixiert werden.

7 Mit 4-mm-Heftklammern wird das Kunstleder auf dem Karton festgetackert; das ist haltbarer als eine Naht.

8 Die erste Seitenverkleidung anpassen.

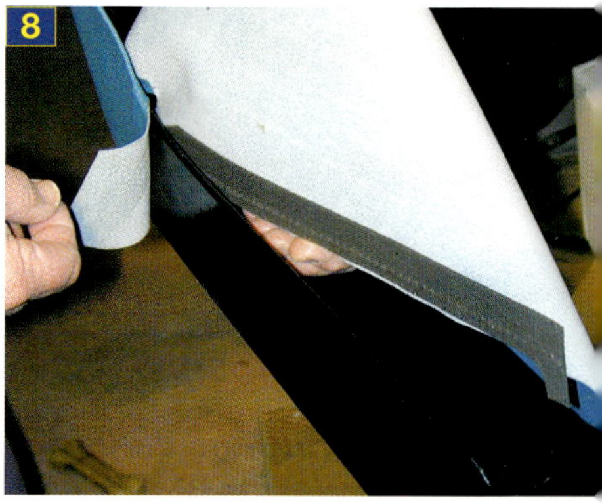

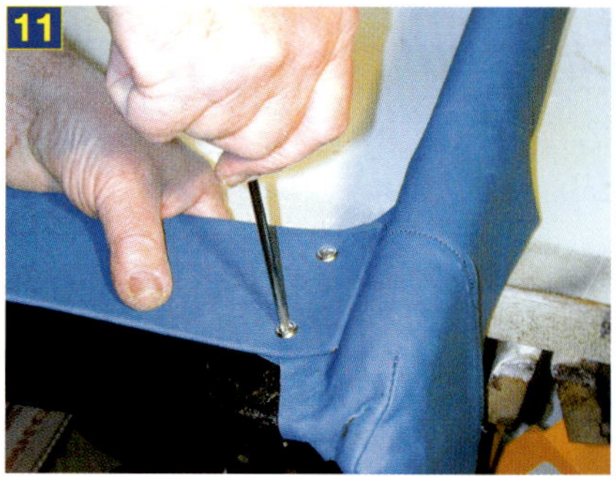

9 Das Sitzgestell und das Kunstleder werden mit Kleber bestrichen.

10 Das Kunstleder wird stramm gezogen und aufgeklebt.

11 Nun die untere Verkleidung der Rükkenlehne mit Inox-Senkkopfschrauben und passenden Hohlscheiben anbringen.

Polsterung der Sitzbank

1 Die Anprobe des fertigen Bezugs zeigt uns, wo die seitlichen Nähte sitzen müssen. Jetzt muß die endgültige Montage erfolgen. Man geht genauso vor wie bei der Anprobe, aber nun wird der Stabilisator mit der Sitzfläche über zahlreiche Befestigungspunkte verbunden, etwa im Abstand von zehn Zentimetern.
Wenn der Bezug korrekt sitzt, wird er befestigt. Dafür werden Spezialklammern und eine Klammerzange verwendet; die Zange befestigt die Klammern bogenförmig um den Stabilisator herum. Der Bezug hat unten einen Saum. Er verhindert nicht nur ein Ausfransen des Stoffs oder des Kunstleder, sondern er umfaßt auch eine Kordel, die durchgefädelt und dann strammgezogen wird; die Heftklammern müssen diesen Saum und die Armierung umschließen. Kordel und Klammern fixieren den Bezugstoff unter dem Gestell.

2 An der Kordel ziehen, um das Kunstleder zu spannen; dann die Kordelenden am Gestell festknoten.

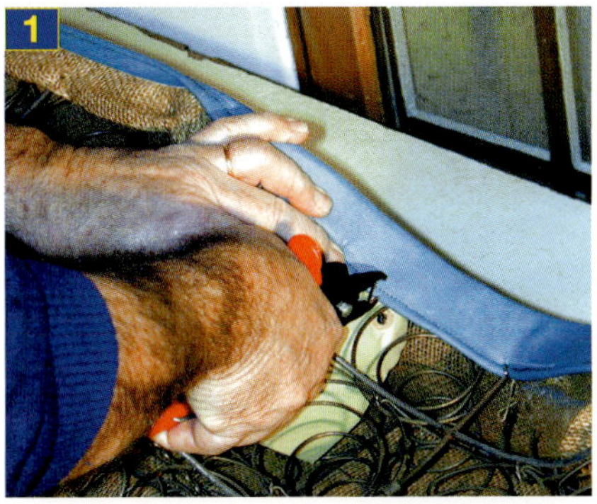

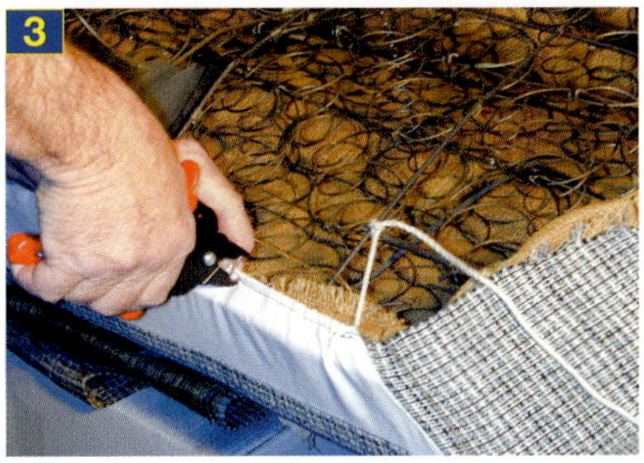

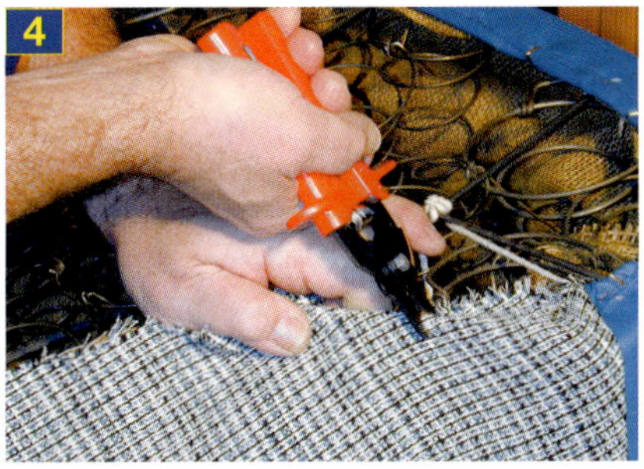

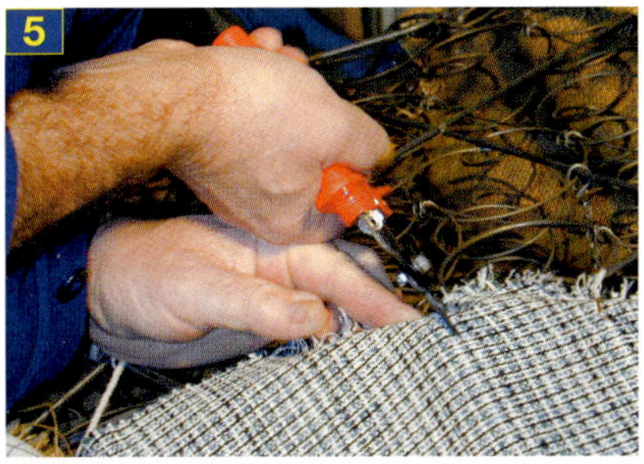

6 So sieht die fertige Arbeit von unten aus. Jetzt noch die überstehenden Fäden abschneiden, und fertig ist das Wiederaufarbeiten.

7 Man sieht, daß das Muster parallel zum Gestell verläuft, so, wie es sein muß.

8 Der fertige Rücksitz von oben. Es geht weiter mit den noch nicht aufgearbeiteten Sitzelementen des Wagens.

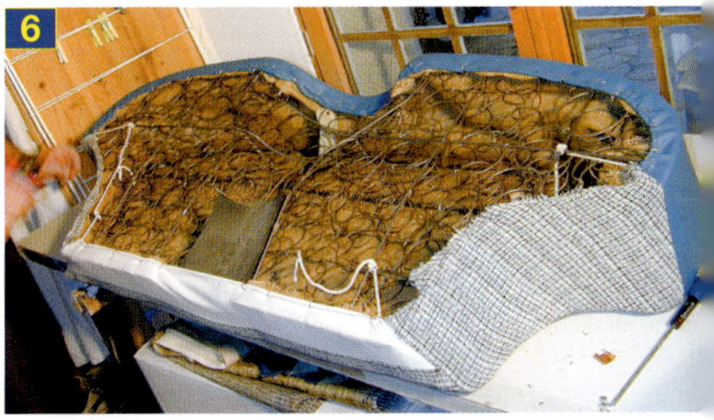

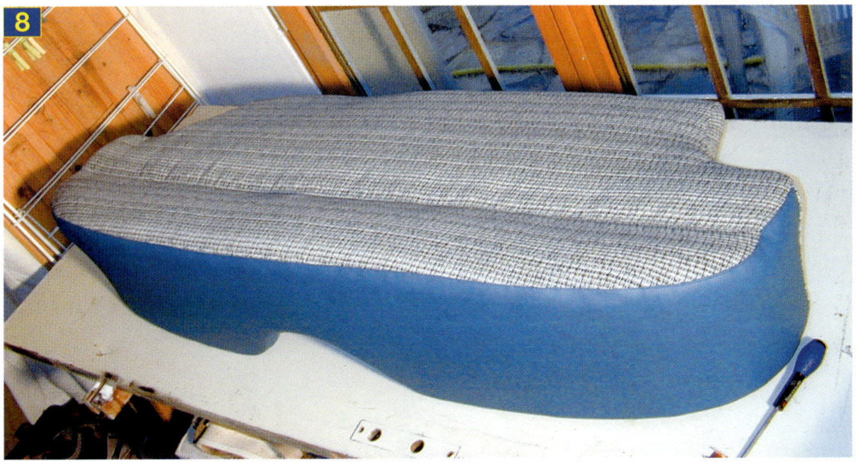

3 Dann die obere Partie des Bezugs ebenfalls mit einer Kordel strammziehen, dann Saum und Kordel ans Gestell klammern.

4 Die Seitenpartien ordentlich straffen, über das Gestell schlagen und festklammern.

5 Beim weiteren Arbeiten darauf achten, daß der Bezug schön gespannt ist.

Den Dachhimmel erneuern

1 Einen Dachhimmel anzubringen ist eine delikate Angelegenheit, die uns Jean-Pierre, Polsterer im Ruhestand erklärt. Die Arbeit wurde fachgerecht ausgeführt, wobei die verschiedenen Futterale, in die man Haltestreben schließlich einführen muß, etwas länger als nötig gelassen wurden, um später Spielraum zu haben und der Dachform optimal folgen zu können. Nach genauem Vermessen versah Jean-Pierre jedes Futteral mit einem Einschnitt an jeder Seite. Der Himmelstoff wurde anhand des alten Musters ausgeschnitten.

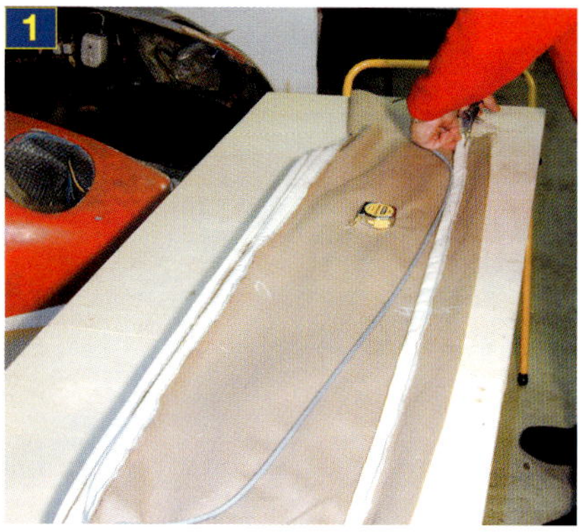

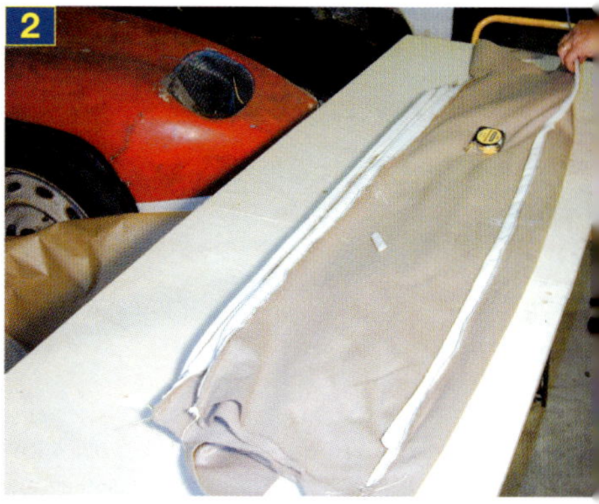

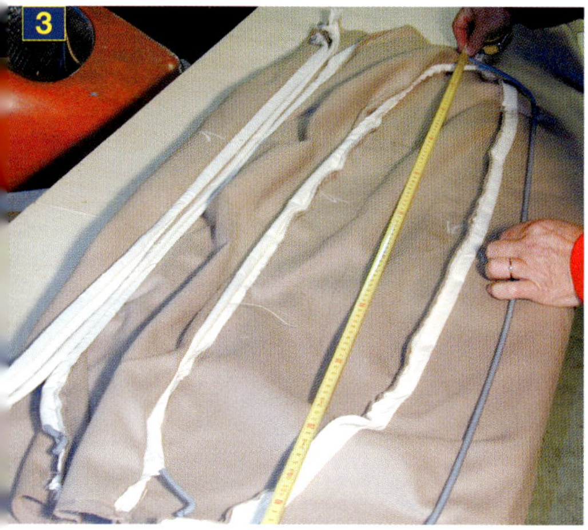

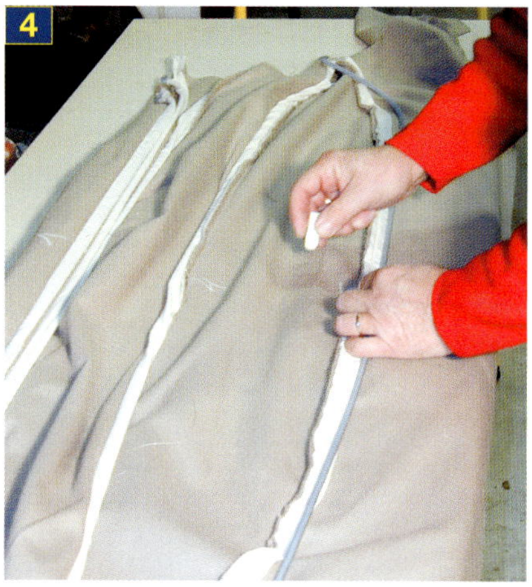

2 Der Polsterer setzt die Streben ein, die beim Ausbau von 1 bis 5 nummeriert worden waren.

3 Die fünfte Strebe wird ausgemessen.

4 Die Mitte wird gekennzeichnet, damit die Überstände an beiden Seiten gleich sind.

5 Die Streben werden in die Futterale geschoben.

6 Im Auto beginnt man hinten mit dem Anbringen des Himmels, wobei man die erste Strebe in die vom Hersteller dafür vorgesehene Aussparung schiebt.

7 Danach kommt die zweite Strebe an die Reihe.

8 Dann die dritte, vierte…

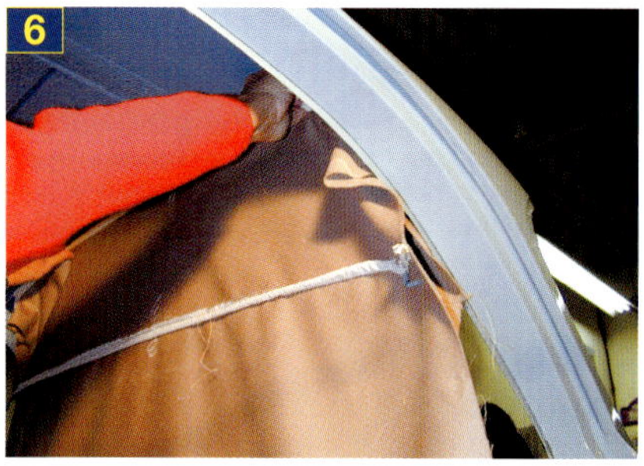

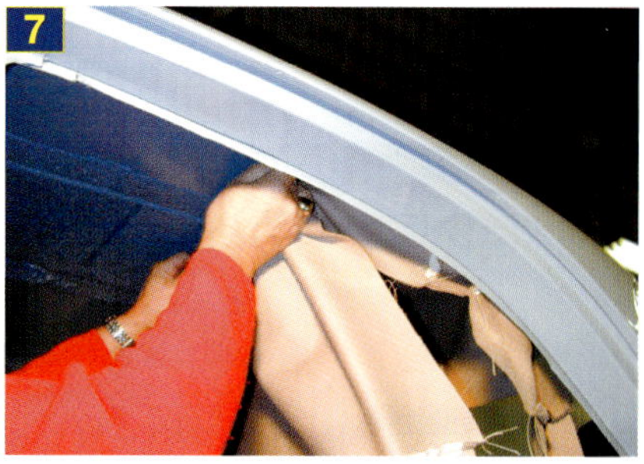

9 So weit so gut, anscheinend sieht es ganz einfach aus.

10 Aber schwierig wird es, nachdem die fünfte Strebe eingesetzt wurde. Denn jetzt muß der Stoff gespannt werden. Man fängt wieder hinten an und trägt ein wenig Neopren-Kleber auf die Scheibeneinfassung auf.

11 Etwas Kleber wird auch auf die Rückseite des Stoffes geben.

12 Dann zieht man den Stoff stramm um die Heckscheibe herum, nachdem man ihn vorher ordentlich gespannt hat. Aufpassen, daß keine Falten entstehen! Es sieht einfacher aus, als es ist, daher in kleinen Arbeitsschritten vorgehen.

13 Rund um den Frontscheibenrahmen ebenso verfahren.

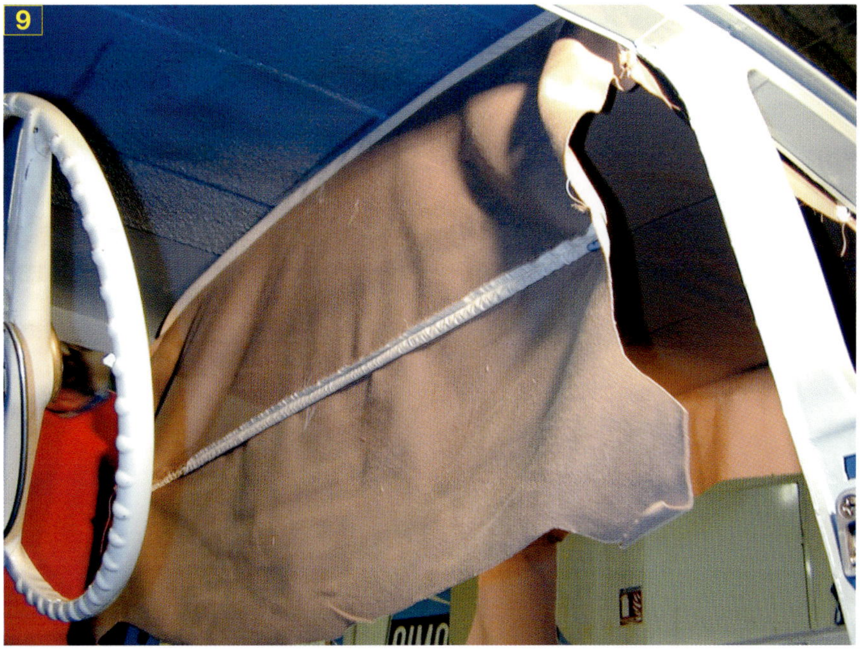

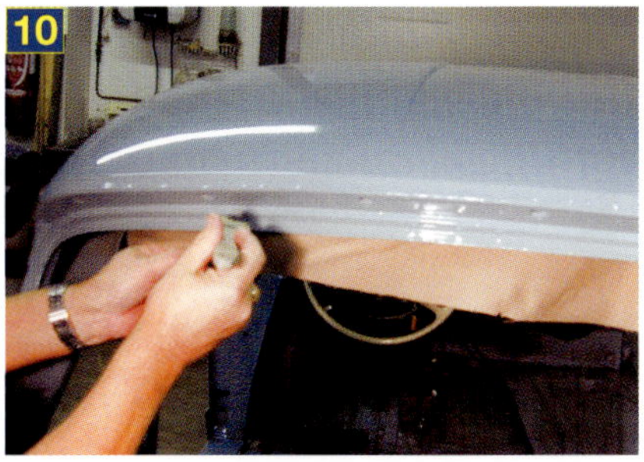

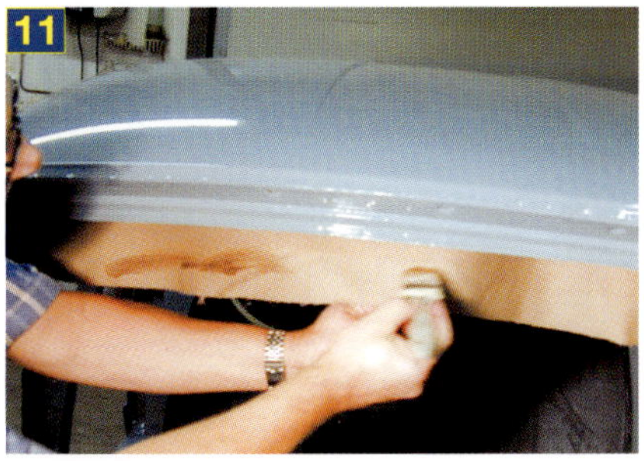

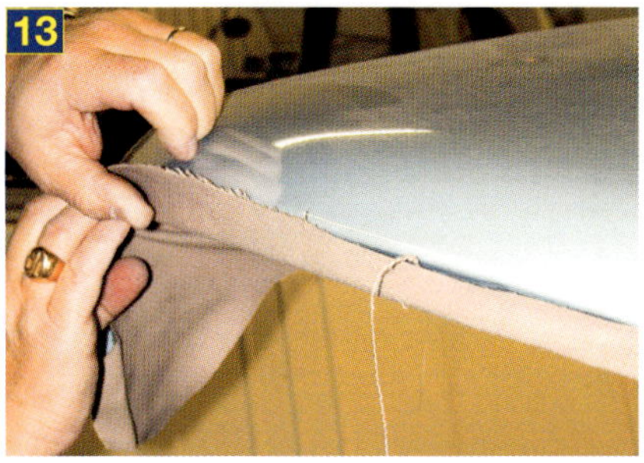

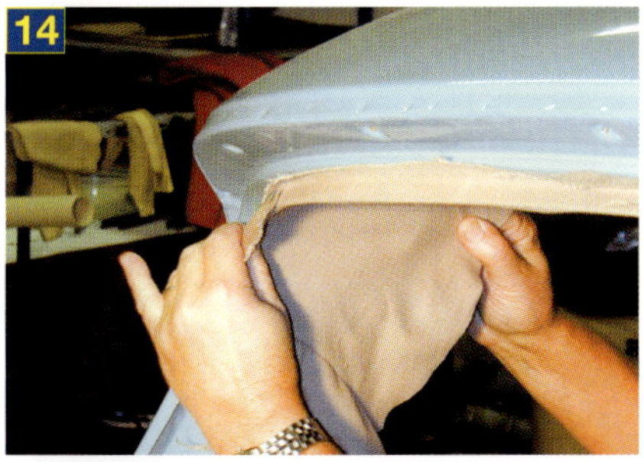

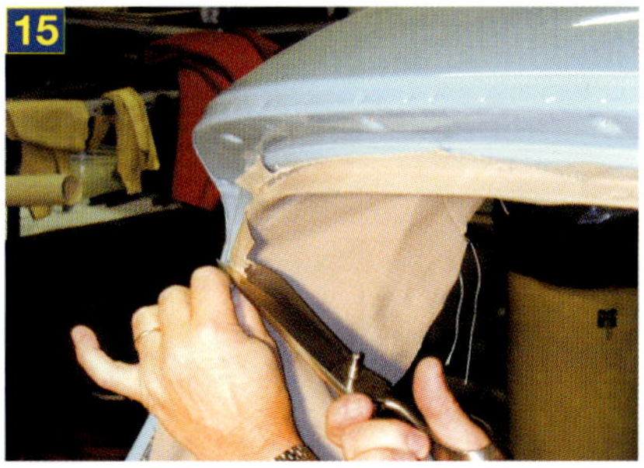

14 Bisher war es trotz allem noch relativ einfach. Doch jetzt kommen die Seitenteile an die Reihe. Aber vor lauter Begeisterung über den guten Fortschritt der Arbeit haben wir vergessen, die Schalldämmkartons zwischen Blech und Stoff einzusetzen. Ärgerlich. Aber aus Fehlern wird man klug, und wir erzählen Ihnen das, damit Sie dran denken, wenn sie einmal einen Himmel neu beziehen möchten. An den Seitenpartien muß der Stoff faltenfrei um die Einfassungen der Fenster gespannt werden. Es ist zu empfehlen, den Himmelstoff etwas breiter als das Muster auszuschneiden, sonst kann es knapp werden.

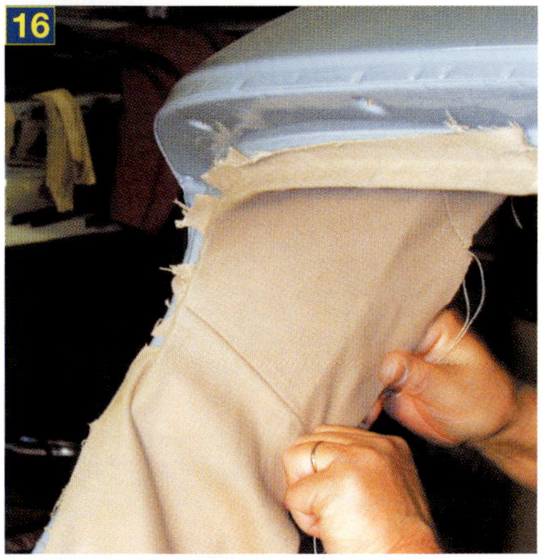

15 Damit er sauber den Rundungen folgt, muß der Stoff an den Rändern ein wenig eingeschnitten werden.

16 Auch hier wird wieder mit Klebstoff gearbeitet, der sowohl auf das Blech als auch auf den Stoff aufgetragen wird. Nachdem der Kleber etwas angetrocknet ist, ziehen wir den Stoff faltenfrei so glatt wie möglich, drücken ihn auf den Kleber und halten ihn dort einen Moment lang fest.

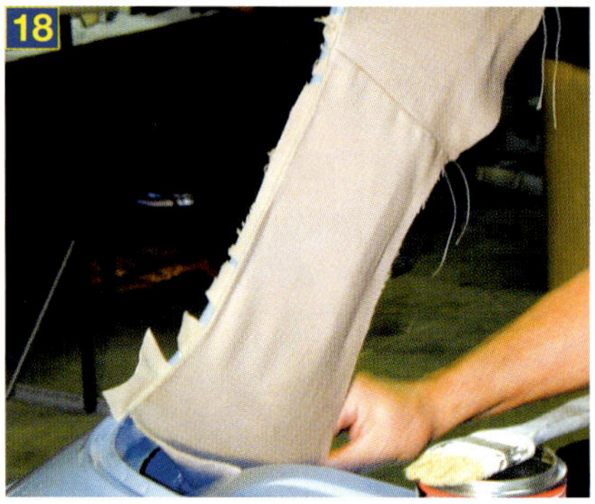

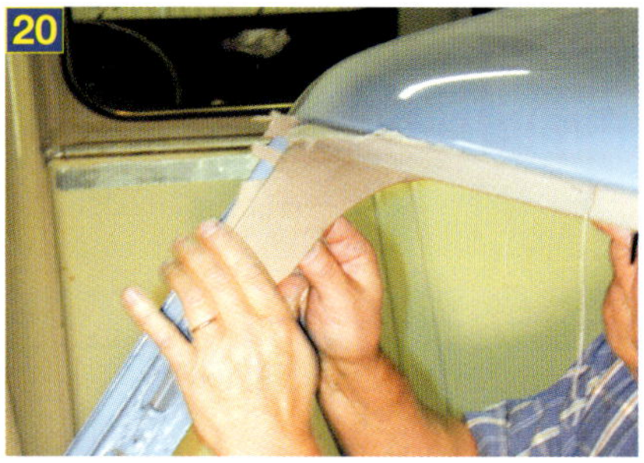

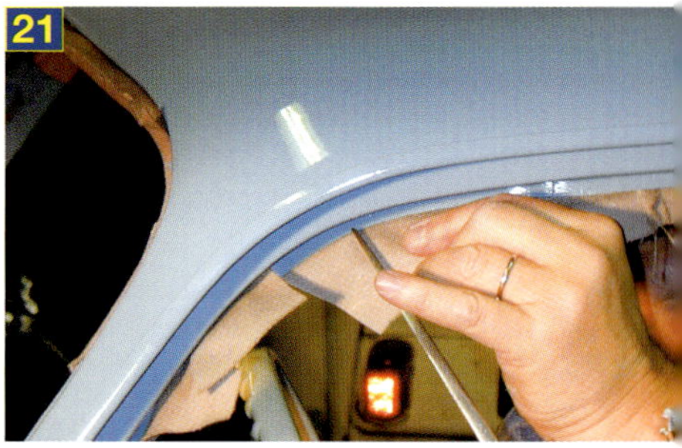

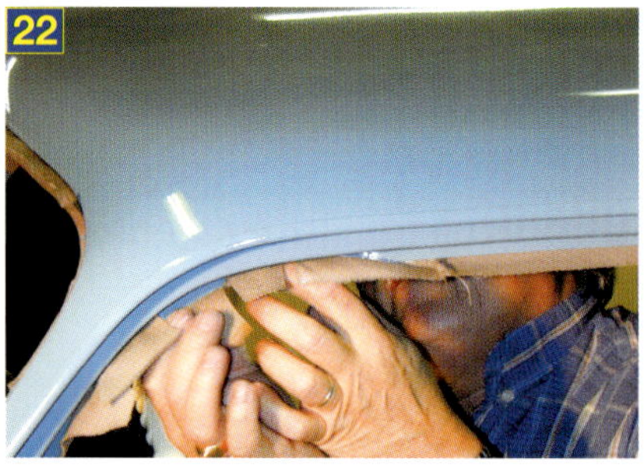

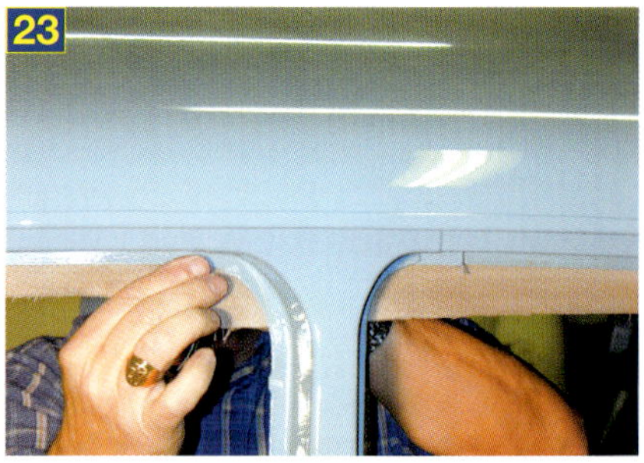

17 Inzwischen ist es Jean-Pierre warm geworden von der Arbeit! Er ist nun an der Innenseite der C-Säule angekommen.

18 Noch eine kleine Anstrengung und die Arbeit ist beendet.

19 Auch an den Rundungen der Frontscheibe muß der Stoff etwas eingeschnitten werden.

20 Und wieder kleben und ziehen, und zwar faltenfrei!

21 Dieselbe Prozedur findet an den Türöffnungen statt.

22 Auch hier wird an den Ecken leicht eingeschnitten und dann geklebt.

23 Nie vergessen, den Stoff zu spannen, um Falten zu vermeiden.

24 Zum Schluß werden Heftklammern aufgesetzt, aber nur an den Türausschnitten.

25 So müssen die Heftklammern sitzen.

Anfertigung von Kedern

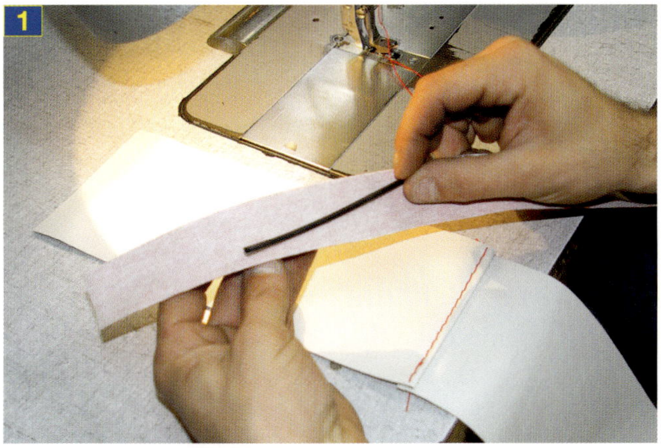

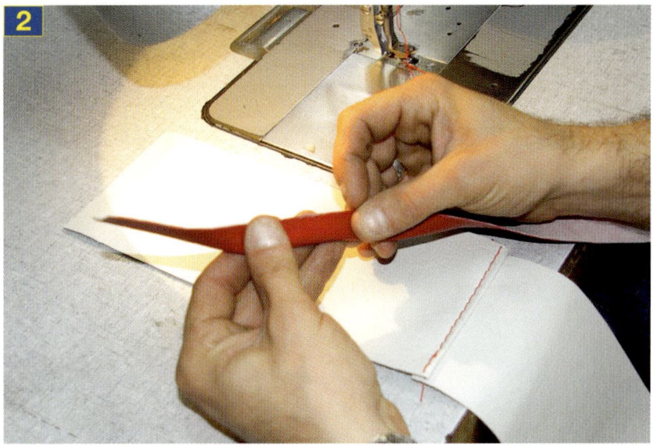

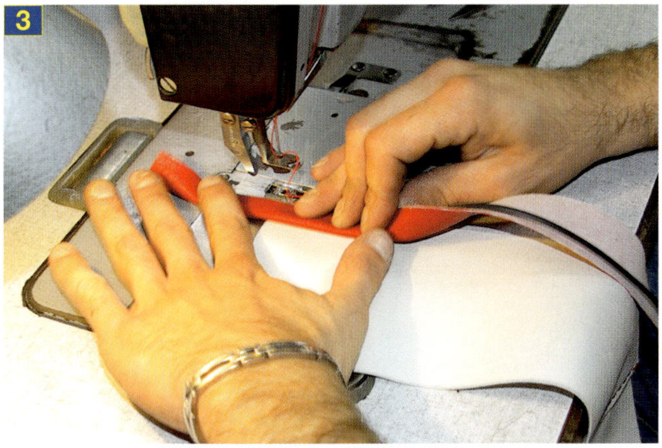

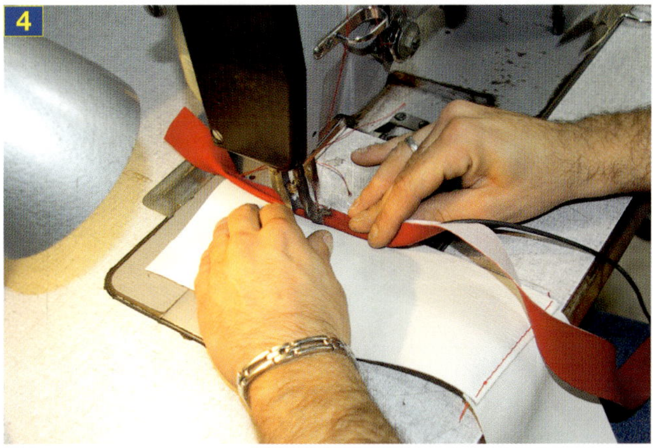

Ein Keder ist ein Zierelement, das ein Polsterteil dekorativ ummantelt. Der Keder hat sowohl eine ästhetische als auch eine verstärkende Funktion. Es ist kein Kunststück, ihn anzufertigen. Die Fotos wurden im Atelier von Alex Main in der Nähe von Vichy/Frankreich aufgenommen.

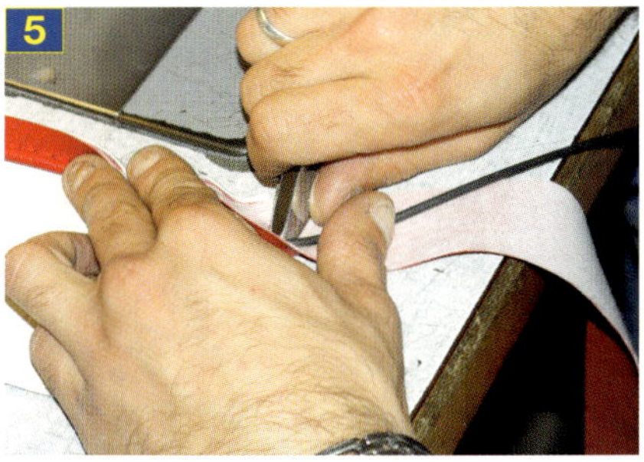

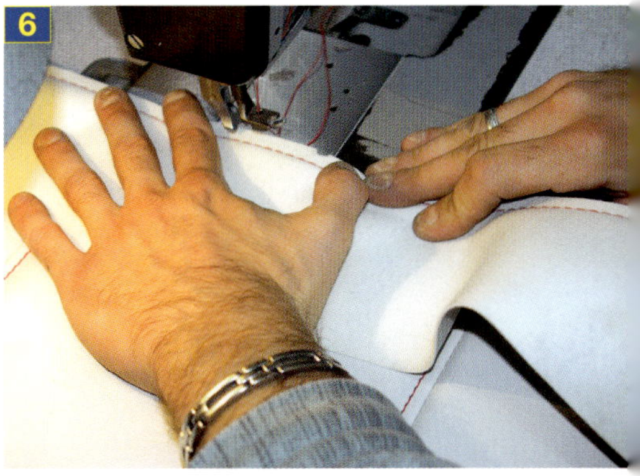

1 Zunächst einen Kunstlederstreifen von 4 cm Breite schneiden. Zur inneren Verstärkung ein zylindrisches Gummi- oder Kunststoffprofil (Kederband) von 2 mm Durchmesser (Meterware) in die Mitte des Kunstlederstreifens legen.

2 Den Streifen der Länge nach falten.

3 Die zusammengefügten Teile auf das Kunstlederstück legen, das mit dem Keder verziert werden soll. Man sieht, daß die Arbeit auf der Rückseite des Kunstlederbezugs („links") ausgeführt wird.

4 Die beiden Ränder des künftigen Keders dicht an der eingelegten Verstärkung zusammennähen. Darauf achten, daß die Verstärkung immer in der Mitte bleibt!

5 Den Überstand der Verstärkung abschneiden. Dann den Kunstlederstreifen etwas schräg schneiden, damit die Naht am Ende nicht zu dick wird.

6 Nun braucht nur noch der Keder an das Kunstlederpolster genäht zu werden: Stich für Stich rückseitig ans Polster nä#hen, wobei der Keder innen liegt.

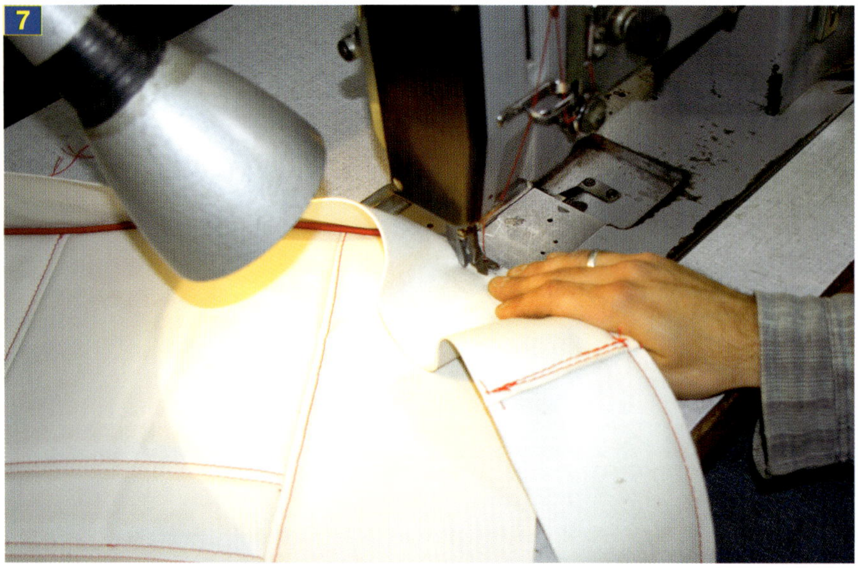

7 Der Stich muss oberhalb dessen ausgeführt werden, das den Keder und den Sitzbezug zusammenhält.

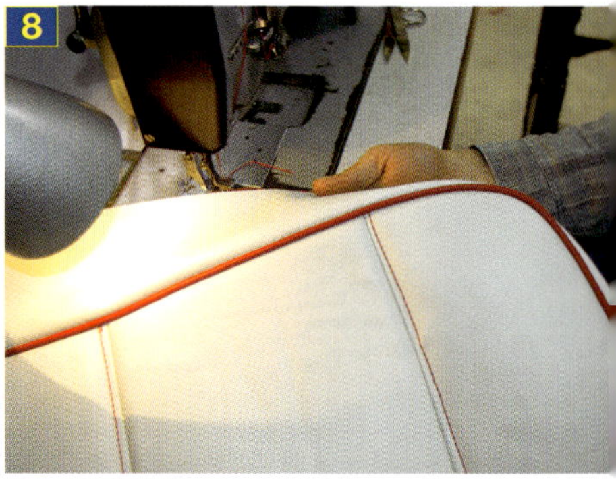

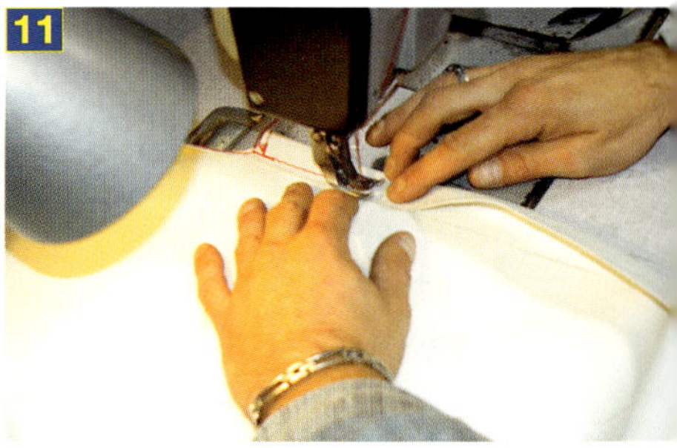

8 So sieht das Resultat aus.

9 Nun muß der fertige Bezug über den Sitz gezogen werden.

10 Noch ist die Arbeit bei diesem Sitz nicht beendet. Es muß ein taschenartiger Zwickel hergestellt werden, in den man eine Metallstange zur Verstärkung hineinschiebt und die den Kunstlederbezug spannt. Mit einer Anprobe wird zuerst bestimmt, wie der Bezug sitzen soll; die Position wird markiert.

11 Jetzt wird der Zwickel für die Verstärkung genäht.

12 Der Metallstab zur Verstärkung wird eingesteckt.

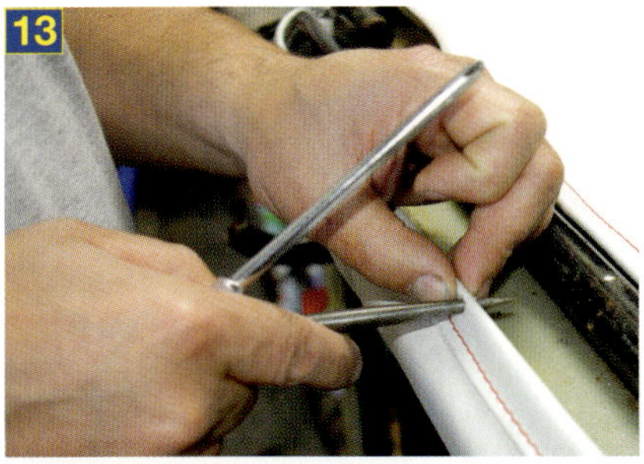

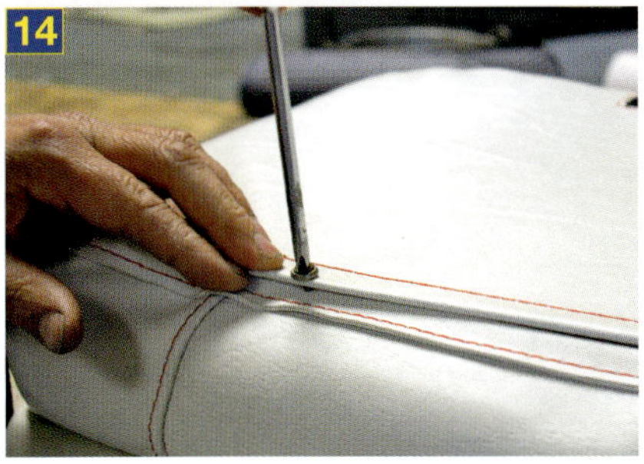

13 Mit der Ahle wird ein Befestigungsloch gestochen.

14 Mit einer Schraube und einer vertieften Unterlegscheibe wird der Sitzbezug befestigt. Alle Schrauben und Scheiben sind aus Edelstahl.

15 Hier ist das saubere Endergebnis der Polsterarbeit zu sehen.

Der Ford 17 M P5 wurde von 1964 bis 1967 in Köln-Niehl produziert und wurde von einem 1,7-Liter-V4-Motor mit zentraler Nockenwelle angetrieben. Passende Polsterstoffe für Ford-Typen dieser Jahre aufzutreiben ist schwierig. Das Foto entstand 2013, Gabriele denkt mit Nostalgie an dieses Modell, das ihr Vater damals besaß, und das sie als erstes Auto nach der Führerscheinprüfung fuhr.

23

Metallteile polieren

Die amerikanischen Straßenkreuzer der 1950er und 1960er Jahre tragen überreichen Chromschmuck, der häufiges Polieren erfordert. Dieser wunderschöne Chevrolet Bel Air von 1954 präsentiert sich in perfekt restauriertem und aufgearbeitetem Zustand, gesehen 2013.

Metallteile aufarbeiten: Vorbemerkungen

Richtig polieren ist keine Kunst. Jeder kann sich einarbeiten und bestimmte Techniken erlernen, die dann für ein perfektes Arbeitsergebnis sorgen.

Zunächst die nötigen **Vorsichtsmaßnahmen:** Ob nun Korrosion abgeschliffen oder ein Teil poliert wird, sei es mit einem Schleifteller oder einer Bohrmaschine (Mindestdrehzahl 3000/min, Leistung 700 bis 800 W), sind Handschuhe, Schutzbrille und Staubschutzmaske unerläßlich. Und die Arbeit muß an einem gut belüftetem Ort erfolgen oder, noch besser: **draußen.** Auf den Boden sollte ein Stück Teppichboden gelegt werden, falls das zu polierende Teil aus der Hand fällt.

Die rotierende Scheibe muß immer nach unten gehalten werden. So fällt das bearbeitete Teil zu Boden, falls es Ihnen aus der Hand rutscht. Anderenfalls fliegt es Ihnen ins Gesicht! Generell empfehlen wir, entweder mit einer fest verschraubten Schleif-/Poliermaschine zu arbeiten oder das zu polierende Teil zumindest in den **Schraubstock** zu spannen. **Vorsicht:** Beim Einsatz eines Winkelschleifers kann das Werkzeug verkanten, unkontrollierte Bewegungen machen und Ihnen das Teil aus der Hand schlagen, wenn es nicht eingespannt ist.

Unterschiedliche Polierverfahren

Einfach ausgedrückt, kann man sagen, daß die Poliertechnik einem von Korrosion befallenen oder stumpf gewordenen Teil das ursprünglich glänzende Aussehen zurückgibt, und zwar mit Hilfe von **Polierwatte, Schleifscheiben** und mehr oder weniger feinem **Schmirgel.**

Natürlich kann man **manuell** vorgehen, aber der Zeitaufwand ist enorm, um ein letzten Endes nur mittelmäßiges Resultat zu erzielen. Man arbeitet daher mit **Polierbürste** und **Polierscheibe,** die auf das **stationäre Schleifgerät** (s. Fotos) oder die **Bohrmaschine** gesetzt werden. Das ist weniger anstrengend, es geht schneller, und das Ergebnis ist ungleich besser, zudem dauerhafter. Eine anschließend aufgebrachte, gute **Politur** schützt das bearbeitete Teil anschliessend etwa ein Vierteljahr, die weitere Pflege beschränkt sich auf den Gebrauch eines simplen Reinigungsmittels.

Der **Poliervorgang** hängt auch vom Material des zu bearbeitenden Teils ab (Stahl, Aluminium, Chrom, Inox, Plastik...) und von der Stärke der **Korrosion** oder der **Stumpfheit.** Im Prinzip geht man vor wie bei Karosseriearbeiten: zunächst grob, dann mittel und schließlich fein, sehr fein polieren. Wie es Schmirgelpapier in verschiedenen Körnungen gibt, gibt es auch zum Polieren verschiedene grobe und feine **Scheiben** mit speziellem **Schleifbelag.** Die **Polierpaste** basiert auf pflanzlichen Produkten mit untergemischtem Schmirgel.

- Die härteste **Polierbürste** ist aus **Sisal** und wird zusammen mit grobkörniger grauer Polierpaste angewandt.
- Die nächst **feinere Bürste** ist aus aufgenähtem **Baumwollstoff** und wird mit brauner Polierpaste (mittlere Körnung) benutzt.
- Eine mit **Baumwollfäden** bestückte Bürste wird zusammen mit rosa Polierpaste (feines Korn) verwandt.
- Für die ganz Pingeligen gibt es zum Schluß noch die superfeine Polierbürste aus **Flanell** mit weißer Politur, die einem Schmir-

Material: Elektrische Schleif- oder Bohrmaschine, Rostumwandler, Polierscheiben, Schmirgel, Paste, Schutzhandschuhe, Staubmaske, Schutzbrille.
Kosten: Ein Set mit vier verschiedenen Polierscheiben, den dazugehörigen Pasten, einer Sisal-Scheibe, einem sternförmigen Einsatz und den Befestigungsteilen zum Einspannen kostet etwa 60 €. Durchschnittspreis für eine Scheibe (110 mm) mit Polierpaste: etwa 13 €.
Wann erforderlich? Um Teilen aus Metall, Inox, Kunststoff usw., die stumpf geworden sind oder Korrosion angesetzt haben, neuen Glanz zu verleihen und sie vor weiterer Korrosion zu schützen.

1 Zum Entfernen starker Korrosion nimmt man Scheiben aus mit Kleber imprägnierter Baumwolle sowie Schmirgelpuder.

2 Zum Reinigen der Polierscheiben geht nichts über Drahtbürsten.

3 Poliert, nicht poliert, verchromt, verrostet – der Motor dieses Triumph Spitfire bietet einen sehr heterogenen Anblick. Die Zylinderkopfhaube ist blank, doch die Ansaugkrümmer brauchen eine Intensivhandlung, was aber nur nach ihrem Ausbau möglich ist.

Metallteile von Korrosion befreien

gel der Stärke 1000 entspricht, wie es beim Naßschleifen von Karosserieelementen angewandt wird.

Daneben gibt es weitere Polierscheiben bzw. -bürsten, die **bei ganz bestimmten Arbeiten** eingesetzt werden:

- **Belüftete Scheiben** für ganz empfindliche, zerbrechliche Teile.
- Kleine **sternförmige Scheiben,** die es ermöglichen, verwinkelte Ecken oder Vertiefungen an Zierteilen zu erreichen.
- Dann gibt es noch die sogenannte **„Tampico"-Scheibe,** hergestellt aus einer mexikanischen Naturfaser, geeignet für hohle (konkave) Oberflächen und wabenförmige Strukturen.

Fast **alle Materialien** können poliert werden. Aber zuerst müssen die Teile **gründlichst entfettet** und **vorgeglättet** werden. Mitunter werden korrodierte Aluminiumteile ohne Vorbehandlung sofort polieri. Wenn man sich aber die Mühe macht, die Oxidschicht zuvor zu entfernen, wird das Ergebnis wirklich perfekt. Die **Vorbehandlung** kann chemisch erfolgen (mit handelsüblichem Rostumwandler) oder mechanisch (durch Strahlen oder Schleifen); Letzteres empfiehlt sich, wenn das Teil stark korrodiert ist. Dabei werden stets Dellen und Kratzer zum Vorschein kommen, die dann wieder ausgeglichen werden müssen.

Polierscheiben reinigen

Es gibt komplette **Poliersets,** die mit Kleber imprägnierte Baumwollscheiben und Schmirgelpulver unterschiedlicher Körnung enthalten. Die Scheiben werden mit dem Pulver beschichtet. Ist das Schmirgelpulver verbraucht, wird von vorne begonnen.

Für den Poliervorgang müssen die Polierscheiben tadellos **sauber** sein. Nach Gebrauch sind die Ränder schwarz vom Schleifen und auch von der entstandenen Hitze. Bei rotierenden Scheiben werden sie mit einer **Metallbürste** gereinigt, einer Messingbürste für die Flanellscheiben, mit einem Sägeblatt für Tampico-Scheiben.

Die hier beschriebene Prozedur gilt für folgende Metalle: **Stahl, Messing, Aluminium und Inox.** Bei Chromteilen beginnt man gleich mit der o.g. zweiten Polierbürste und der braunen Paste. Bei Kunststoff, Plexiglas, Holz oder Elfenbein nimmt man nur die feinste, die Flanell-Scheibe mit weißer Paste bei einer verringerten Drehgeschwindigkeit von 500/min; dabei darf nur geringer Druck ausgeübt werden.

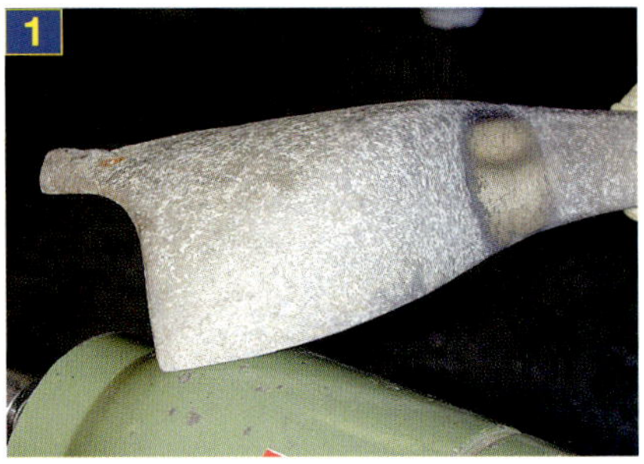

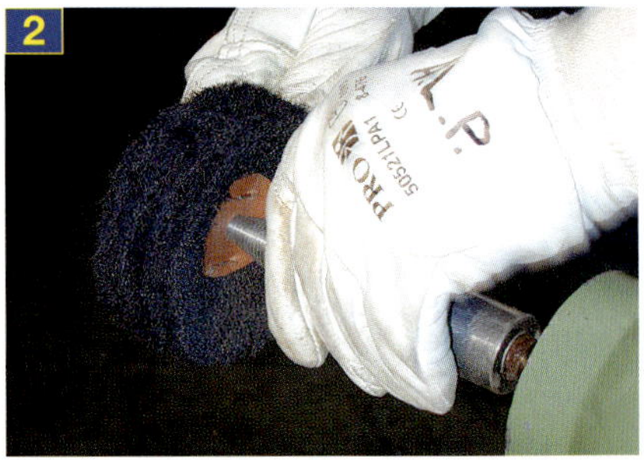

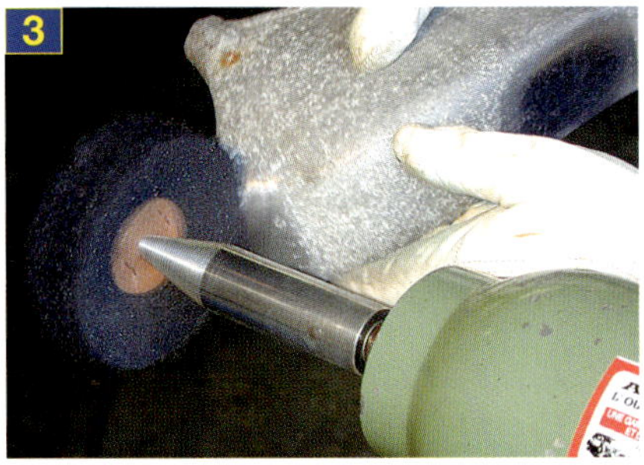

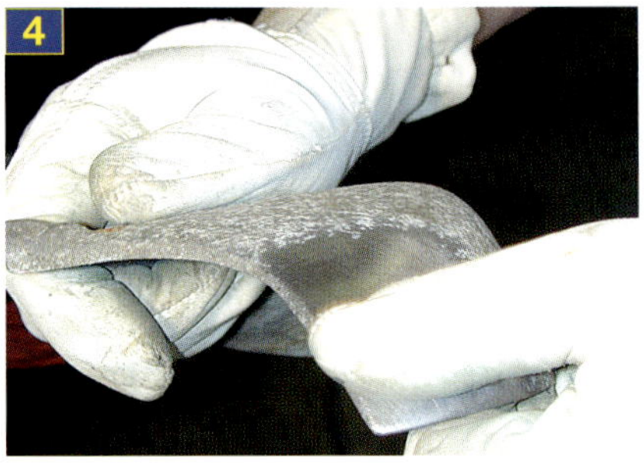

1 Soll ein Teil poliert werden, das starke Korrosionsspuren aufweist, ist eine Vorbehandlung erforderlich, die alle Unebenheiten und Kratzer beseitigt. In unserem Fall, einer Kotflügelecke, die sehr angegriffen war und tiefe Dellen aufwies, reichte die Behandlung mit Chemie nicht aus. Daher müssen wir mit einer Schleifscheibe arbeiten, die auf einen Schleifbock montiert ist.

2 Wir nehmen die Scheibe mit der größten Körnung. Die Scheibe so einsetzen, daß die Klammern nach innen zeigen, damit man sich nicht verletzt. Die Scheibe wird auf die Maschine gesetzt, sie wird bei der Drehung automatisch festgezogen.

3 Das Blechteil gut festhalten und an die rotierende Scheibe halten. Immer mit der unteren Partie der Scheibe arbeiten und nicht zu sehr auf das Teil drücken, sonst kann es sich nach innen verbiegen. Immer kreuzweise arbeiten, abwechselnd vertikal und horizontal.

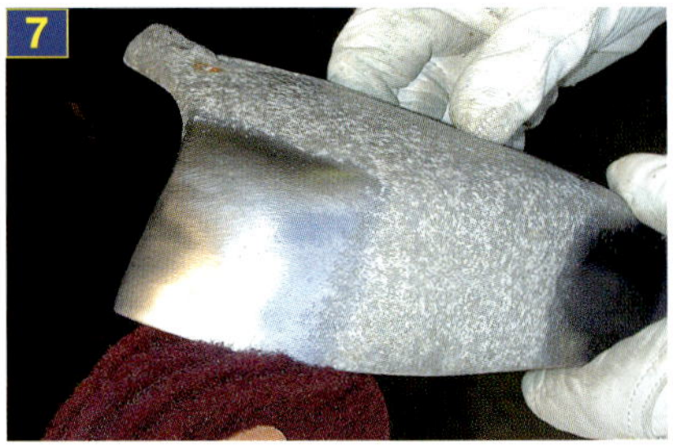

4 Hier sieht man das Resultat: unten die gereinigte Partie, oben der korrodierte Bereich. Danach müssen die beim Grobschleifen entstandenen Kratzspuren entfernt werden.

5 Jetzt wird eine Schleifscheibe mittlerer Körnung eingesetzt.

6 Anschließend wird eine Scheibe mit feinem Korn gewählt.

7 Nach fünf Minuten sieht man das Ergebnis. Anschließend muß poliert werden.

Metallteile polieren

1 Zuerst die härteste Scheibe, d.h. die Sisal-Scheibe montieren. Damit die Polierpaste gut in die Bürste eindringt, sollte diese erhitzt sein. Das zu polierende Teil an die Scheibe halten und mit sich kreuzenden Bewegungen 15 Sekunden lang bearbeiten.

2 Die graue Paste in die Bürste einreiben. Nicht zu viel davon drauf geben und daran denken, daß die Scheibe mit 3000/min arbeitet. Es dauert nur zwei Sekunden, bis die Bürste ausreichend imprägniert ist.

3 Das Teil wieder an die Scheibe halten und abermals kreuz und quer polieren. Schnell werden Sie merken, daß sich Glanz einstellt. Wird die Bürste schwarz, wird es Zeit, sie zu reinigen. Setzt sie sich schnell mit Paste zu, dann haben Sie das Zeug zu großzügig aufgetragen. Ist das Gegenteil der Fall, und wurde mit der Polierpaste zu sparsam umgegangen, dann bleibt der Glanz aus. In diesem Stadium sind immer noch leichte Kratzer sichtbar, selbst wenn das Teil schon glänzt.

4 Jetzt wird die Scheibe mit dem Baumwollstoff eingesetzt. Sie wird zunächst bei der Rotation gegen das Blechteil erwärmt.

5 Jetzt wird in kleinen Mengen die braune Paste mit mittlerer Körnung aufgetragen. Als Faustregel gilt: Lieber etwas zu wenig Polierpaste aufbringen als zu viel.

6 Kreuzweise mit dem Aluteil über die Scheibe fahren, bis schöner Glanz erreicht ist.

7 Jetzt kommt noch die Scheibe mit den Baumwollfäden zum Einsatz. Diese hier ist neu und muß noch eingearbeitet werden. Auf dem Foto kann man erkennen, wie die Fäden durch die Rotation abstehen.

8 Ist die Scheibe angewärmt, kann sie die Paste aufnehmen.

9 Kreuzweise weiterpolieren, bis intensiver Glanz entsteht, dabei immer wieder Polierpaste zufügen, bis der Eindruck entsteht, daß es nicht mehr besser geht.

10 Will man wirklich spiegelnden Glanz erzeugen, muß man noch zur Flanell-Scheibe greifen. Auch hier gilt wieder: Erst die Scheibe erhitzen, dann die weiße Polierpaste auftragen und auf dieselbe Weise wie bisher weiter polieren.

11 Und so sieht das (partielle) Resultat aus; die Mühe hat sich gelohnt.

1

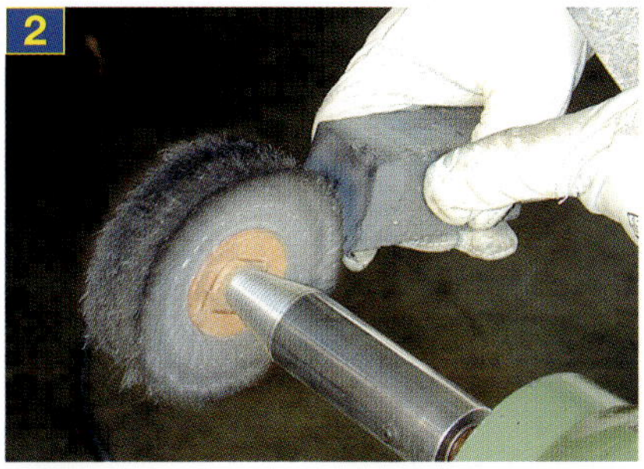
2

3

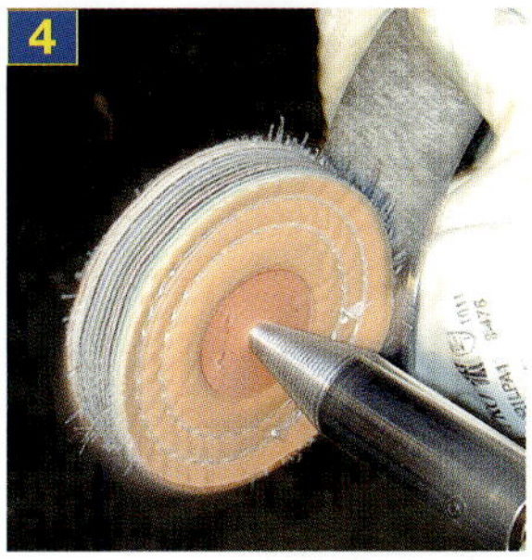
4

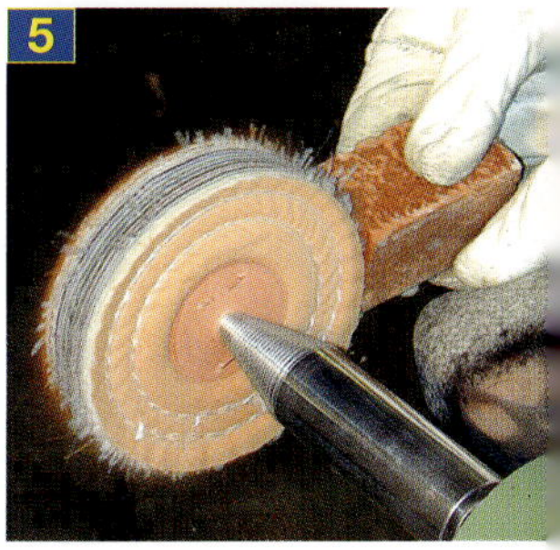
5

6

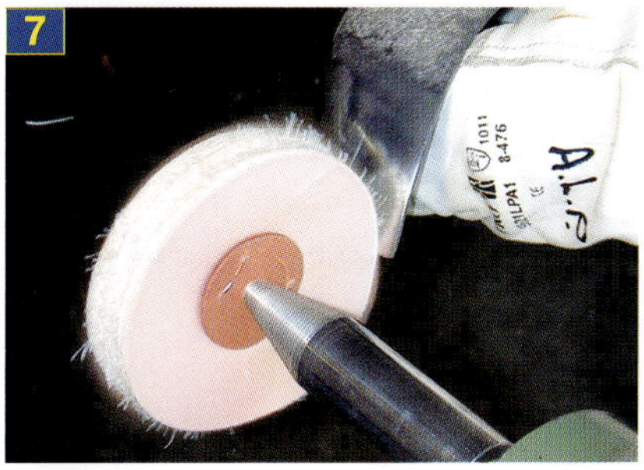

7

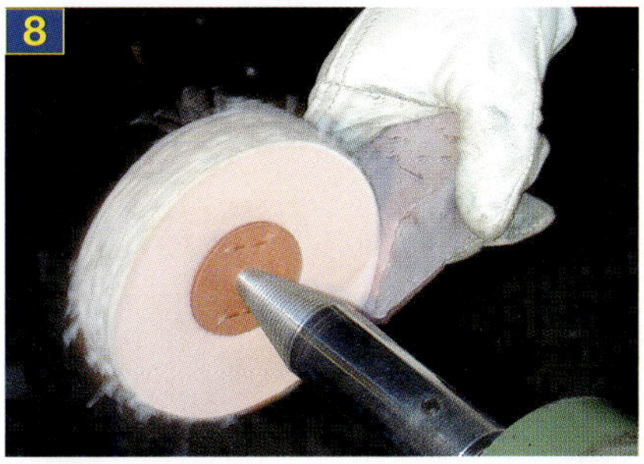
8

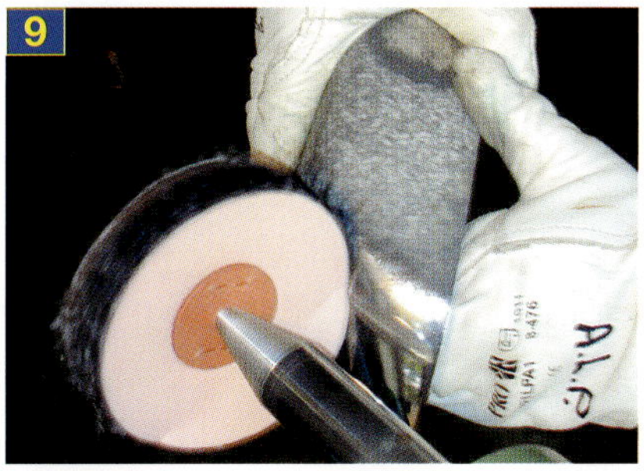

9

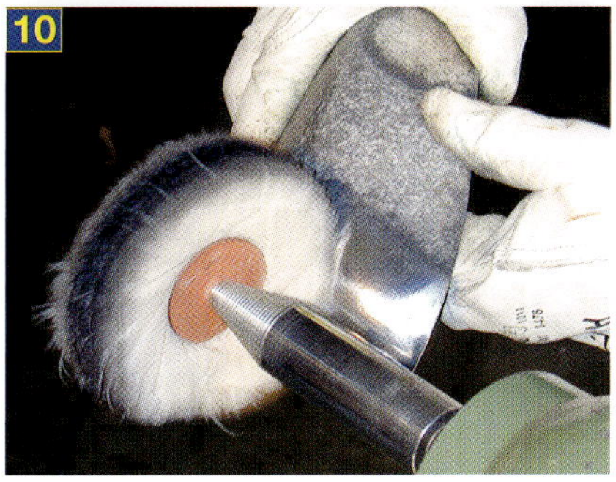
10

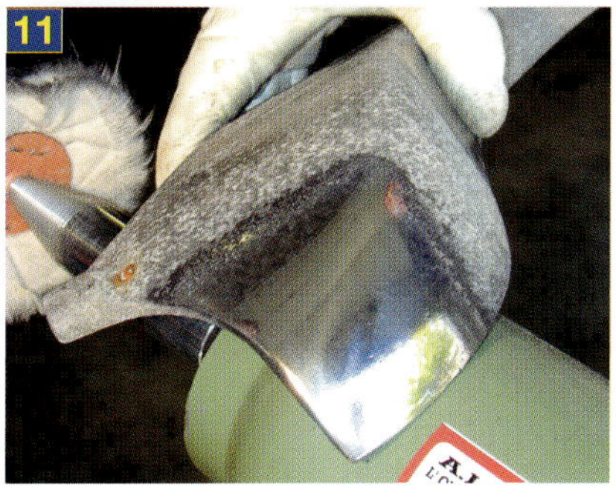
11

24

Scheiben, Tank, Dichtungen

Bis in die 1980er Jahre hinein wurden Windschutz- und Heckscheiben mit Gummiprofilen abgedichtet. Im Gegensatz zu den später üblichen, aerodynamisch günstigeren Klebeabdichtungen lassen sich Gummidichtungen relativ leicht auswechseln – zusammen mt den Scheiben wie hier beim Simca Aronde.

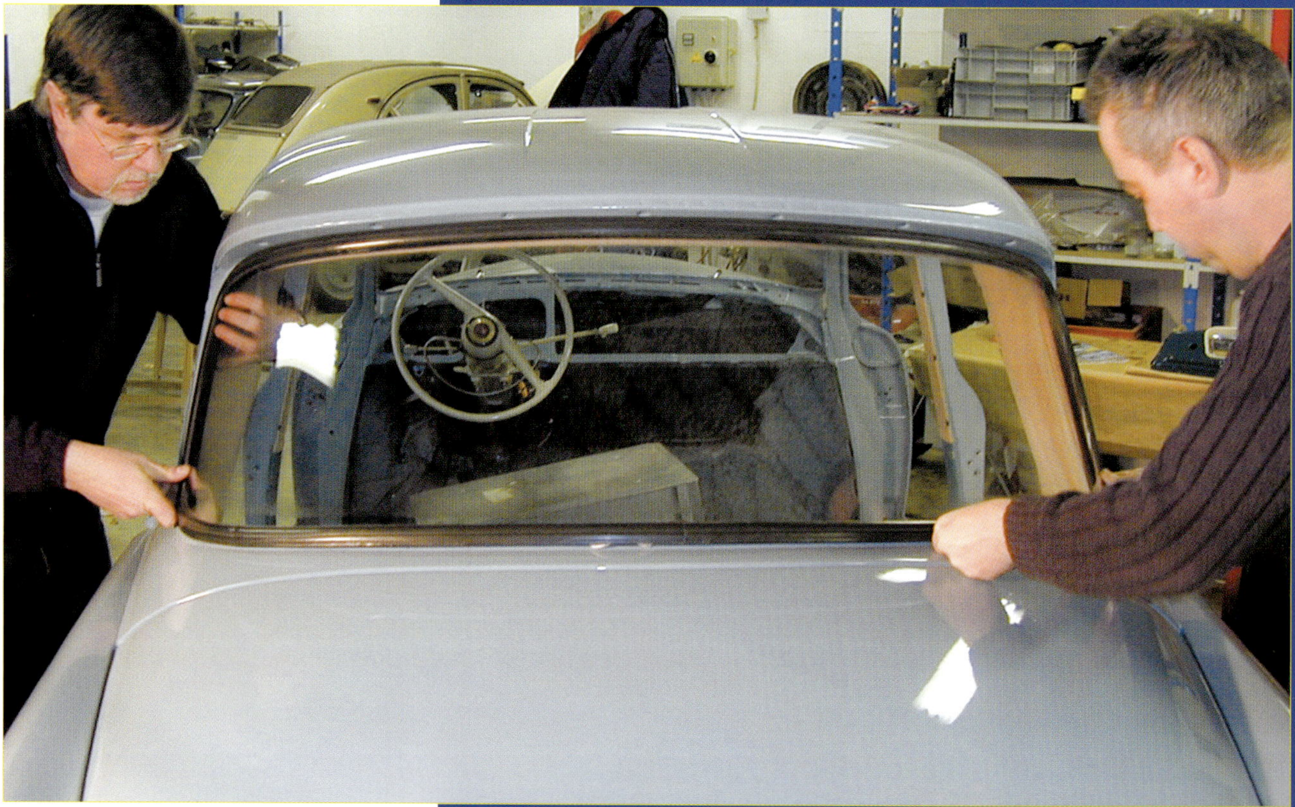

Windschutz- oder Heckscheibe einbauen

Es gibt schwierigere Arbeiten als diese. Trotzdem hat man dabei ein ungutes Gefühl und läßt lieber einen Profi ran. Verständlich, wenn man sich vorstellt, an die eingeklebte Windschutzscheibe eines Talbot Murena oder Citroën SM zum Beispiel Hand anlegen zu müssen. Wir zeigen hier das Einsetzen einer Scheibe mit traditioneller Gummidichtung, das ist einfacher als das Einkleben.

Die **Windschutzscheibe** wird auf eine dicke Decke gelegt, um Bruch und Kratzer zu vermeiden. Dann legen wir die **Dichtung** auf die Windschutzscheibe (oder auf das Heckfenster). Anschließend legt man eine **Kordel** mit 3-4 mm Durchmesser in die äussere Dichtungskehle. Nun die Scheibe mit der Dichtung korrekt aufsetzen und richtig anpassen, die obere Lippe der Dichtung liegt dabei auf dem Blech der Scheibenöffnung. Die innere Dichtungslippe wird nach innen gekniffen. So ähnlich als wenn Sie die Oberlippe einkneifen, um eine Grimasse zu ziehen. Durch Ziehen der Kordel wird die Lippe so zurück gedrückt, daß sie letztlich die gesamte Fensteröffnung fest umschließt. Die Scheibe sitzt, ihre **Abdichtung** ist gewährleistet.

Material: Windschutzscheibe mit Dichtung, eine 3-4 mm dicke Kordel, einen leeren Kugelschreiber, Seife und Wasser.
Kosten: Kommt darauf an, ob nur die Dichtung oder auch die Scheibe gewechselt werden soll, je nach Modell.
Wann erforderlich? Anläßlich einer Komplett-Restaurierung (wie es hier der Fall ist), wenn die Scheibe zu Bruch gegangen ist, Risse oder starke Spuren von Steinschlag aufweist, einen größeren Einschlag von mehr als 3 cm hat oder drei kleinere Einschläge von weniger als 1 cm Durchmesser.

1
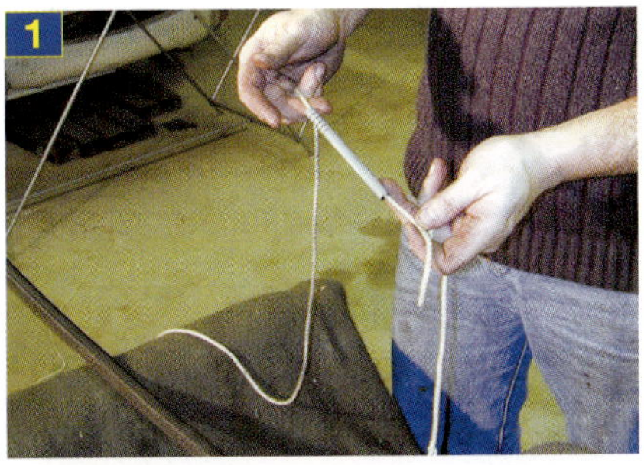

2
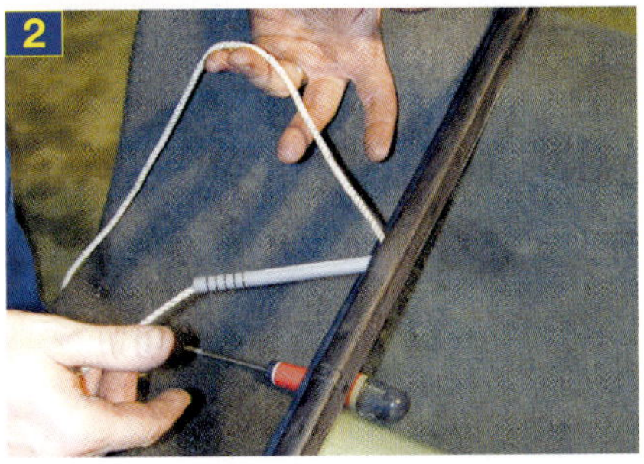

3
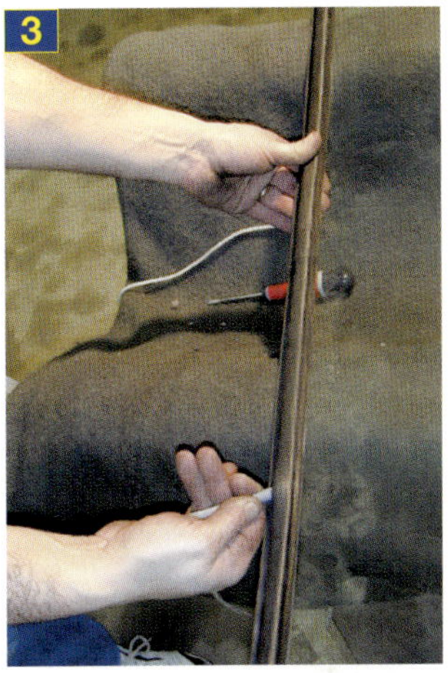

4
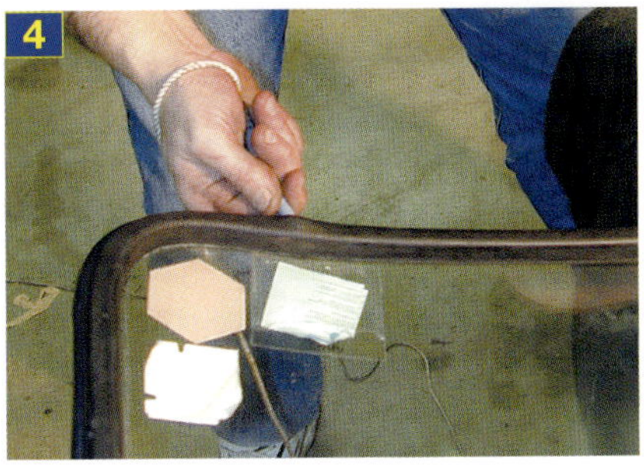

5

6
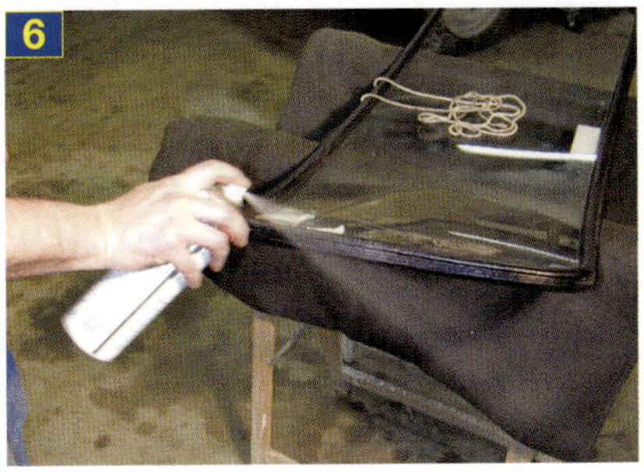

1 Es ist nicht ganz leicht, die Kordel in eine neue Dichtung einzuführen, da die Lippen fest aneinander liegen. Man hilft sich dabei mit der leeren Hülle eines Kugelschreibers, durch die man die Kordel steckt.

2 Man kann darüber streiten, ob die Kordel von oben oder von unten durch die Dichtung geführt werden soll. Wir haben es so gemacht, daß die beiden Enden der Kordel unten herauskommen. Die Kugelschreiberhülle mit der Kordel in die Dichtungskehle drücken. Auf dem Foto schaut das eine Ende der Kordel noch heraus.

3 Es ist einfach, mit Hilfe des Kugelschreibergehäuses die Kordel in die richtige Position zu bringen

4 Das funktioniert auch in den Ecken.

5 Mit dem Kugelschreiber einmal um die ganze Dichtung herumfahren.

6 Man muß sich die Montage so leicht wie möglich machen. Die Dichtung ist sehr steif, das Blech bekanntlich ebenfalls; das muß so sein für eine absolute Abdichtung. Das Problem ist nur: Man braucht viel Kraft, um die Dichtungslippe zurückzudrücken. Um die innere Dichtungslippe besser gefügig zu machen, nimmt man Montage-Seife zu Hilfe, die in Sprühdosen angeboten wird oder auch eine warme Seifenlauge, die man mit einem Schwamm großzügig auf die Dichtung aufträgt.
Man kann auch die ganze Dichtung in einen Eimer mit warmer Seifenlauge einlegen, um sie geschmeidig zu machen. Bei neuen Dichtungen ist das eine sehr gute Methode, um die Montage zu erleichtern. Also, mindestens die Dichtungslippen mit Seife einreiben, um die Dichtung mühelos einziehen zu können.

7 Von jetzt an muß zu zweit gearbeitet werden. Die Scheibe mit der eingesetzten Dichtung an die Fensteröffnung halten, am unteren Teil abstützen und dann vorsichtig hochdrücken.

8 Die Scheibe nun in die Öffnung bugsieren, bis sie auch an den Rundungen perfekt abschließt.

9 Jetzt wird's am schwierigsten. Die innere Dichtlippe muß über den Blechfalz der Fensteröffnung gestülpt werden. Von außen muß der zweite Mann mit aller Kraft auf die Dichtung drücken und sie, so weit es geht, über den Blechfalz schieben. Der andere, der im Innenraum agiert, beginnt gleichzeitig, an der Kordel zu ziehen.

10 Es muß versucht werden, die Kordel im 90°-Winkel zur Dichtung zu ziehen.

11 Hier kann man sehen, wie die Lippe sich über den Blechfalz schiebt. Weitermachen und abwechselnd an den beiden Kordelenden ziehen, während der Helfer außen weiterhin mit Kraft auf die Dichtung drückt.

12 Wenn alles rundherum richtig sitzt, und die Kordel aus der Lippe heraus gekommen ist, dann geht's an die Feinarbeit. Außen kann durch das Ziehen an der inneren Lippe die äußere Lippe hervorgetreten sein. Mit einem Finger muß sie wieder in Position gedrückt werden. Nehmen Sie nie ein scharfes Instrument zu Hilfe wie Schraubendreher oder Dorn. Wenn der Druck mit dem Finger nicht ausreicht, dann nehmen Sie einen Holz- oder nicht zu harten Kunststoffspachtel zu Hilfe.

13 Sieht gefährlich aus, ist aber richtig: Der Monteur haut ziemlich kräftig auf die Dichtung, damit sie perfekt anliegt. Wir hatten festgestellt, daß die Scheibe etwas zu hoch eingesetzt war.

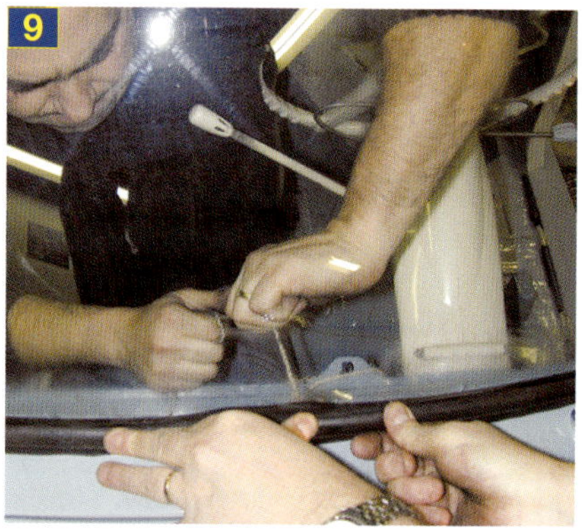

14 Die Schläge mit dem Handballen von oben nach unten sorgen nun dafür, daß die Scheibe in die richtige Position kommt.

15

15 Bei Bedarf wird auch nochmal auf die Dichtung gedrückt. Auch von innen muß nochmal gedrückt werden. Hinterher die Scheibe gut säubern, sie ist voller Fettspuren und Fingerabdrücke.

16 So, und nun ist die Heckscheibe des Simca Aronde an der Reihe.

16

Fensterschachtabdichtung herstellen

Es ist sehr schwierig geworden, originale Fenster- und Türschachtdichtungen zu bekommen. Daher helfen wir uns selbst.

Fensterschacht-Abdichtungen bestehen aus einem starren Element, meist aus **Aluminium,** ummantelt von einem **Textilband,** das mit **Filz** bezogen ist. Man kann diese filzbezogenen Leisten als Meterware in verschiedenen Stärken bekommen. Sie sind schnurgerade und haben keine Biegung, was bei den Fensterschächten unserer Autos eher die Ausnahme ist. Wir müssen sie also anpassen. Die Abdichtungen sind einfache und kaum sichtbare Elemente, die aber sehr wichtig sind: Die große Ausführung reinigt die Fensterscheibe von innen, die kleine von außen.

1

2

3

4

1 Hier ist der Filzbelag dermaßen abgenutzt, daß er ersetzt werden muss.

2 Wir kaufen die Fensterschacht-Abdekkung als Meterware. Die alten Heftklammern sollten aufgehoben werden.

3 Bevor die Abdeckung auf Maß geschnitten wird, müssen die zu beschreibenden Kurven beachtet werden. Die Alukederleiste, die auch zur Verstärkung dient, wird dort eingeschnitten, wo die Biegung sein soll.

4 Wir machen mehrere Einschnitte im Abstand von etwa 7-8 mm.

5 Die Stücke aus der Kederleiste entfernen, die von der Zange abgebrochen wurden.

5

6 Die alte Fensterschacht-Abdeckung dient als Muster, um den Kurvenverlauf nachzubilden.

6
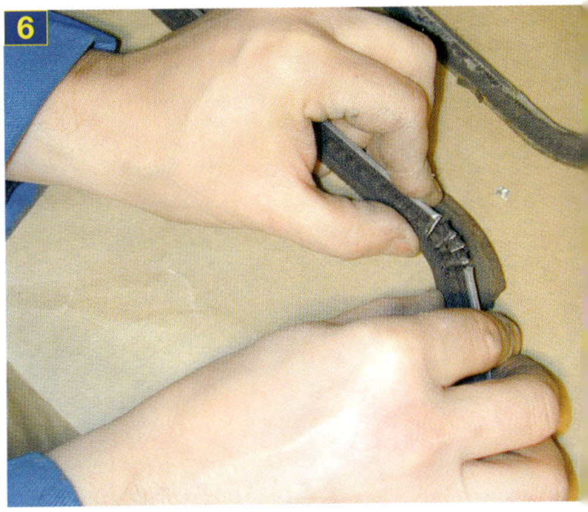

7 Überprüfen, ob die Rundung richtig ausgeführt wurde.

8 Die Überstände abschneiden.

9 Dann die gesamte Abdichtleiste auf die richtige Länge zuschneiden.

10 Jetzt müssen die Löcher gestanzt werden, durch die die Heftklammern gesteckt werden, um die Fensterschachtdichtung an der Tür zu fixieren. Als Muster nimmt man wieder die alte Dichtleiste. Mit einem Dorn markiert man die Stellen, die gelocht werden müssen.

11 Den Durchmesser des nötigen Bohreinsatzes ermitteln.

12 Zum Bohren eine Holzscheibe unter die Dichtleiste legen, um größtmögliche Steifigkeit zu erreichen.

13 Hier sieht man das erste Loch.

14 Den überstehenden Filz am Bohrloch entfernen.

15 Die Heftklammer einsetzen.

16 Senkrecht zum Loch der Heftklammer die Kederleiste mit einer kleinen Flachzange zusammendrücken, damit sich die Heftklammer mit ihren zwei Haken gut hält.

17 Die Arbeit ist getan, es geht weiter mit den anderen Fenster- und Türdichtungen.

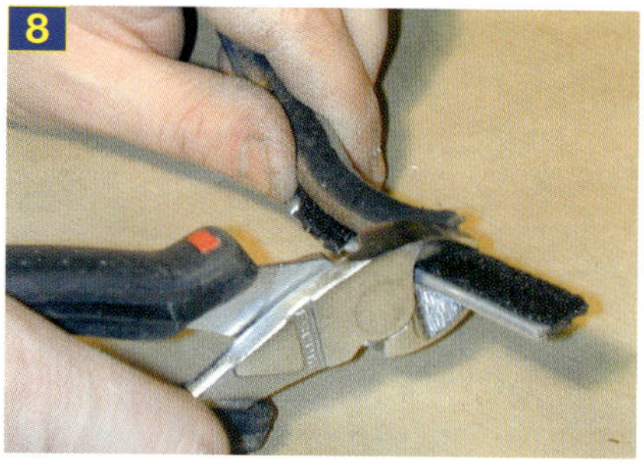

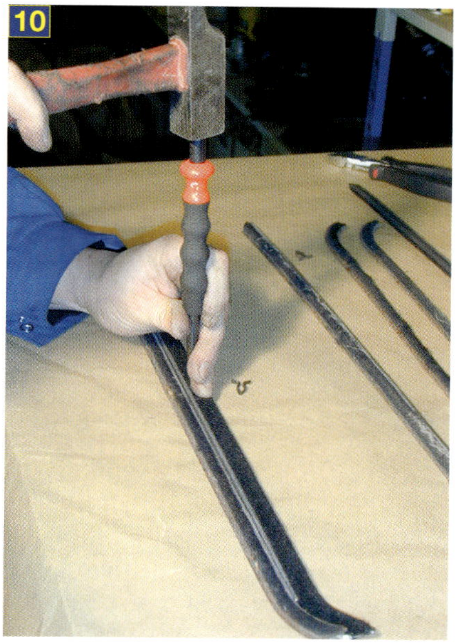

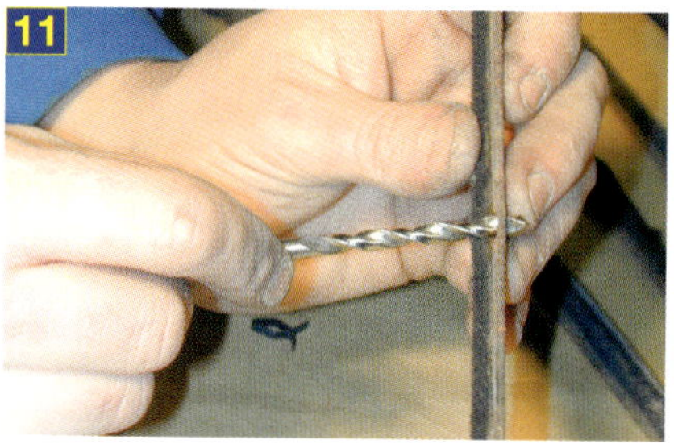

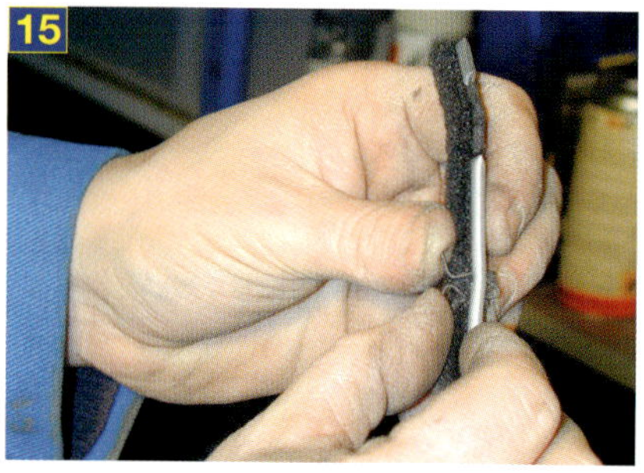

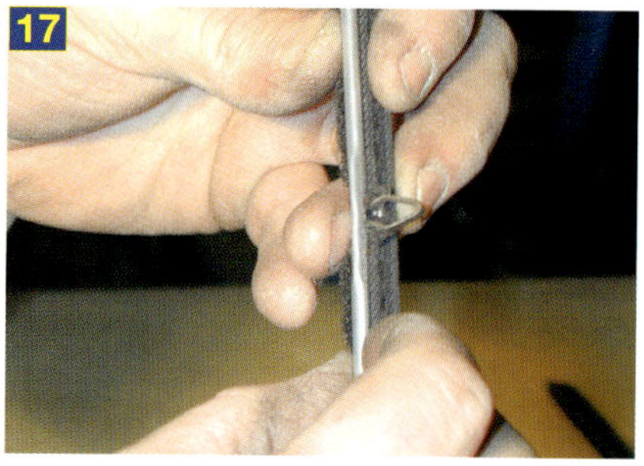

Benzintank entrosten

Ein Benzintank mag es nicht, wenn sein dazugehöriges Auto lange Zeit nicht bewegt wird. Luftfeuchtigkeit schlägt sich darin nieder. Wassertropfen bilden sich und setzen sich am Tankboden ab, denn Benzin ist leichter als Wasser. Hier beginnt das Wasser dann, Schaden anzurichten.

Anfangs ist es unbedeutend, aber mit der Zeit wird es ein bedeutender Schwachpunkt. Es kommt dann der Tag, an dem die Sonne scheint und Sie sich entschließen, Ihren schönen Oldtimer aus der Garage zu holen und eine **Spritztour** damit zu machen. Sie fahren gemächlich los, ein Lächeln im Gesicht. Sie haben 100 Kilometer abgespult, haben volles Vertrauen in die überholte Mechanik und werfen nun einen Blick auf die Benzinuhr. Der Zeiger tendiert gegen „Reserve", und Sie denken sich, daß es kein Luxus wäre, jetzt vollzutanken. Sie halten an der erstbesten Tankstelle an, wählen 95er Sprit und befüllen fröhlich den Tank, ein Lied auf den Lippen. Der kräftige Strahl vermischt sich gründlich mit dem im Tank verbliebenen Benzinrest – und trifft dabei auch auf den **Tankboden,** wo er viele winzige **Rostpartikel** ablöst. Die schwimmen nun im Kraftstoff.

Pannengarantie: Rost innen im Tank

Nicht ahnend, welches Drama sich ankündigt, gehen Sie zur Kasse, greifen tief ins Portemonnaie und setzen die Fahrt fort. Sie denken, nun könne Ihnen nichts mehr passieren, der Tank ist voll, die Sonne scheint, die Vögel singen... Und dann fängt nach zehn Kilometern der Motor auf einmal an zu stottern, manchmal verschluckt er sich auch.

Sie fahren rechts ran, öffnen die Motorhaube, schauen sich ahnungsvoll den Benzinfilter an, und dann fällt es wie Schuppen von den Augen: Die Flüssigkeit darin ist rostrot, Sie sehen sogar kleine **Rostpartikel** darin schwimmen. Verdammt, die Tankstelle hat verunreinigtes Benzin verkauft! Aber nicht doch: Die Rostpartikel stammen aus dem Autotank, sie wurden durch den kräftigen **Benzinstrahl** vom Boden abgelöst. Die korrodierten Teilchen haben eine Düse oder den Filter am Eingang zum Vergaser verstopft. Der Schaden ist größer als Sie zunächst glauben: Sie kommen nicht weiter, und der Tank ist schrottreif.

Der Ärger hätte vermieden werden können, wenn der Benzintank vorsorglich gegen **Korrosion** behandelt worden wäre, wenigstens von innen. Es gibt tatsächlich Mittel, die die Tankinnenfläche versiegeln

Material: Rostschutz-Kit für Benzintanks. Es sind zwei Produkte erhältlich, deren Anwendung und Ergebnis identisch ist. Anbieter: Restom (www.restom.net), Belles anciennes (www.belles-anciennes.fr).

und somit verhindern, daß **Feuchtigkeit** mit dem Blech in Kontakt kommt. Anschließend können Sie ruhig den Tank mit Wasser befüllen – er wird nie wieder Rost ansetzen! Die Arbeit ist recht einfach zu machen, auch wenn sie ziemlich langwierig ist. Aber Sie sind künftig vor entsprechenden Pannen sicher.

Kondenswasser am Tankboden

Die Gefahr besteht vor allem bei Fahrzeugen, die lange mit leerem Tank herumgestanden haben. Denn Korrosion braucht Sauerstoff und Feuchtigkeit. Bei Fahrzeugen mit z.B. **halbvollem Tank** kann Wasserdampf im Raum über dem Spritpegel kondensieren und sich dann am Boden absetzen. Das führt dann wegen des Sauerstoffmangels nicht zu Korrosion. Aber die **Benzinpumpe** saugt irgendwann das **Wasser** an, das sich am Tankboden abgesetzt hat. Folge: Der Motor hustet kurz und bleibt dann stehen. Eine sehr aufwendige Totalreinigung der Systems der Kraftstoffversorgung steht dann ins Haus.

1 So sieht ein Tank von innen aus, wenn man nur selten mit dem Auto fährt und den Wagen mit leerem Tank lange hat herumstehen lassen. Auch ein Tank, der jahrelang unbenutzt und leer in der Ecke gestanden hat, setzt innen Rost an.

2 Zu allererst muß geprüft werden, ob der Tank überhaupt dicht ist. Wir haben den Tank bis zum Einfüllstutzen mit Wasser befüllt und einen Tag lang stehen lassen. Wir hatten Glück: Kein Tropfen Wasser ist ausgetreten, der ganze Tank war äußerlich knochentrocken. Dann haben wir ihn ausgeleert und den Einfüllstutzen abgebaut.

3 Erster Schritt: Die Innenfläche grob abreiben. Wir machen das mit einer großgliedrigen Stahlkette. Man kann auch Rollsplitt in den Tank füllen.

4 Nicht vergessen, eine Kordel an die Kette zu binden und diese am Tank zu befestigen. Sonst kann es problematisch werden, die Kette wieder aus dem Tank heraus zu bekommen.

5 Jetzt wird der Tank kräftig in alle Richtungen geschüttelt, damit die Kette die Innenseite gründlich abkratzt und damit den Rost ablöst.

6 Das ist langwierig und anstrengend, aber unverzichtbar.

7 Und es geht noch eine Weile weiter so. Ganz Schlaue füllen den Tank mit grobem Split, binden ihn auf eine Betonmischmaschine und lassen diese zwölf Stunden lang drehen! Das kostet Strom, aber keine Kraft und ist sehr effizient.

8 Manuell muß man eine Stunde lang schuften, dann kann die Kette wieder herausgeholt werden.

9 Dann muß so viel Rostabrieb wie möglich aus dem Tank herausgeschüttelt werden, zum Schluß wird er noch mit Druckluft ausgeblasen.

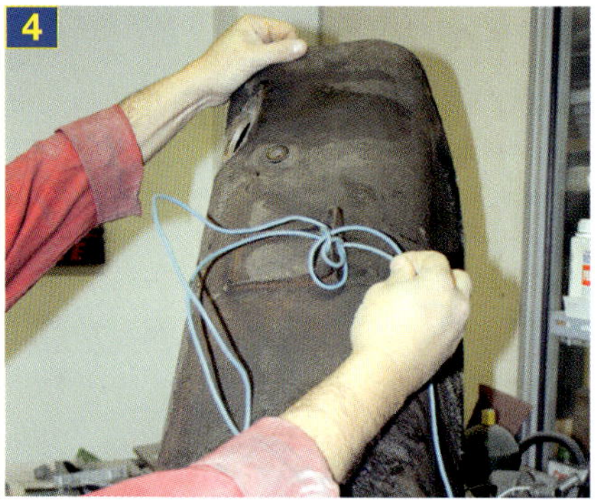

10 Zweiter Schritt: Die Korrosion bekämpfen. Von Restom gibt es ein Kit, das ein Harz beinhaltet, das die interne Abdichtung gewährleistet (bei der Bestellung das Volumen des Tanks angeben) sowie den phosphathaltigen Rostschutz PAC2030, den wir seit Jahren regelmäßig anwenden. Das Rostschutzmittel wird in den Tank geschüttet, verdünnt mit zwei Anteilen Wasser. Den Tank erst auf die eine, dann auf die andere Seite legen und jeweils eine Stunde lang auf jeder Seite einwirken lassen. Dann die Flüssigkeit ausgießen; sie wird ganz braun gefärbt sein. Anschließend das Reservoir gut mit klarem Wasser ausspülen.

11 Dritter Schritt: Das Dichtmittel wird in den Tank gefüllt. Dieses Produkt wird aus zwei Komponenten in einem Plastikbehälter gemischt. Zunächst den Harz eingießen.

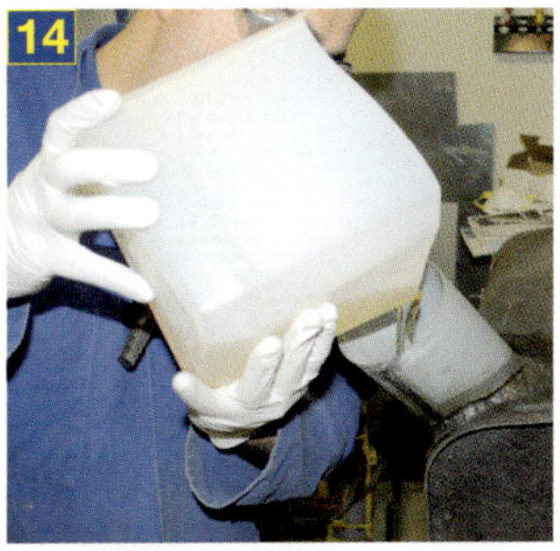

12 Dann wird der Härter dazu geschüttet. Die Dosierung ist 1 : 1.

13 Nun alles gut verrühren.

14 Jetzt kann das Produkt in den Tank gefüllt werden.

15 Man sieht auf diesem Foto, daß trotz aller Behandlung noch Rostspuren im Tank zu sehen sind. Aber das ist nicht schlimm, denn die Harzschicht versiegelt sie dauerhaft.

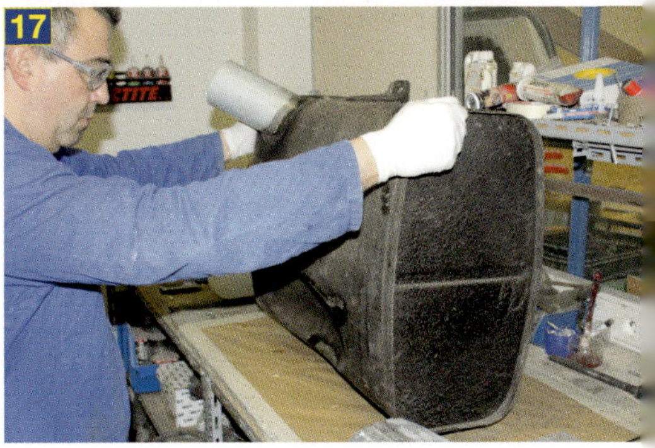

16 Hier wird der Tank nicht geschüttelt, sondern (bei mit Aluklebeband versiegelten Öffnungen) mehrfach umgedreht. Wir lassen das flüssige Produkt langsam in alle Ecken des Tanks fließen.

17 Wichtig ist, daß keine Seite bzw. Partie ausgespart wird. Lassen Sie sich Zeit, Ihre Geduld wird mit einem guten Ergebnis belohnt. In vertikaler Tankposition das Produkt eine Viertelstunde einwirken lassen. Dann den Tank umdrehen und eine weitere Viertelstunde warten. So fortfahren, bis die Versiegelung rundherum angekommen ist. Jetzt den Tank mindestens eine Woche lang trocknen lassen, bevor er eingebaut und mit Benzin befüllt werden kann.

Löcher im Tank verschließen

Das Harz wirkt keine Wunder. Selbst wenn es Durchrostungen von weniger als einem Millimeter Durchmesser zu verstopfen vermag, so kann es bei größeren Löchern, die das Reservoir undicht machen, nicht viel ausrichten.

Wenn Sie feststellen, daß Tropfen am Blech des Tanks herunterlaufen, gibt es zwei Lösungen für das Problem: Entweder Sie besorgen sich gleich einen **neuen Tank,** was natürlich nicht immer einfach oder für manche Automodelle gar unmöglich (und meist teuer) ist oder Sie **restaurieren** ihn richtig. Es gibt Handwerksbetriebe, die auf solche Arbeiten spezialisiert sind, aber man kann sich auch selbst helfen. Aber es braucht Zeit. Wir verschließen solche Löcher mit **Zinn.**
Zu allererst muß der Tank aber gründlich gestrahlt werden. Danach sieht man genau, wo der Tank durchlöchert ist. Und Sie werden staunen, wie viele **Durchrostungen** zu Tage treten, von denen Sie noch gar nichts ahnten! Außerdem erhalten Sie so eine ideale Oberfläche, um dem aufgebrachten **Zinn** eine gute Haftbasis zu schaffen. Aber **Achtung:** Auch ein leerer Tank ist **feuergefährlich!** Vor dem Löten muß er mit **Wasser** gefüllt werden, randvoll, aber gleichzeitig so, daß aus dem Loch nichts austritt; darunter darf nur ein winziger Luftraum übrig bleiben. Austretende Wassertröpfchen verdunsten beim Löten.

1 Die durchlöcherten Stellen markieren. und mit Alu- oder Teerband abkleben, bis auf dasjenige, das versiegelt werden soll. Füllen Sie den Tank mit Wasser und legen Sie ihn so, daß der zu lötende Bereich horizontal liegt. Dann präparieren Sie Ihren Lötkolben mit kleiner Düse. Erhitzen Sie die zu lötende Stelle, austretende Wassertröpfchen verdampfen. Das Zinn an die heiße Stelle halten; es beginnt sofort zu schmelzen und bildet einen Tropfen auf dem Loch.

2 Mit einem Holzspachtel wird das Zinn über dem Loch verteilt, und das ist schon alles. Jetzt braucht der Tank nur noch eine Rostschutzbehandlung und dann wird er gestrichen.

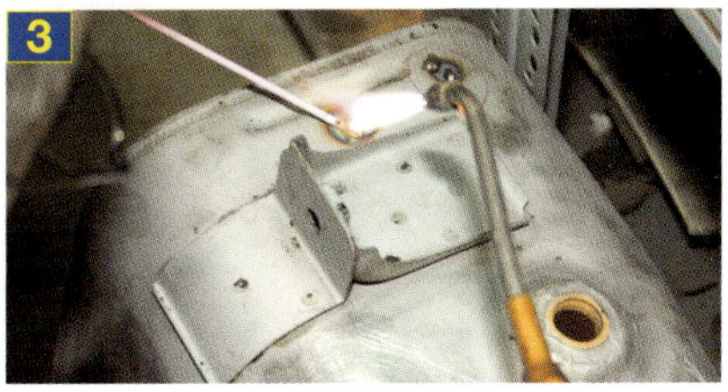

3 Ist das Loch allerdings größer, wie hier auf dem Bild, dann muß eine Hartlötung mit Silberdraht vorgenommen werden. Nach der Operation das Wasser aus dem Tank lassen und den Behälter trocknen lassen. Mit Druckluft nachhelfen.

Nach aufwendigen Instandsetzungs-arbeiten ist der Frontantriebsblock des Citroën CX 20 von 1986 einbaufertig. Die Freude ist Valentin deutlich anzusehen. Nach der Fertigstellung im Jahr 2008 spulte die französische Komfortlimousine problemlos 30.000 Kilometer in halb Europa ab, nahm u.a. am Citroën-Welttreffen in Rom teil. Restaurieren lohnt sich – und macht Spaß!